本书由国家自然科学基金（No.71503031）和
大连理工大学人文与社会科学学部专著出版专项基金资助出版

# 全文引文分析

## 理论、方法与应用

胡志刚　著

科学出版社

北　京

**图书在版编目（CIP）数据**

全文引文分析：理论、方法与应用 / 胡志刚著. —北京：科学出版社，2016.10

ISBN 978-7-03-050019-9

Ⅰ.①全… Ⅱ.①胡… Ⅲ.①引文分析 Ⅳ.①G353.1

中国版本图书馆 CIP 数据核字（2016）第 230555 号

责任编辑：邹　聪　张翠霞 / 责任校对：张怡君
责任印制：张　伟 / 封面设计：有道文化
编辑部电话：010-64035853
E-mail:houjunlin@mail. sciencep.com

科 学 出 版 社 出版
北京东黄城根北街 16 号
邮政编码：100717
http://www.sciencep.com

北京京华虎彩印刷有限公司 印刷
科学出版社发行　　各地新华书店经销
*

2016 年 10 月第 一 版　　开本：720×1000 B5
2017 年 2 月第二次印刷　　印张：14 插页：5
字数：258 000
**定价：78.00 元**
（如有印装质量问题，我社负责调换）

# 序

## 迈向引文分析 4.0 时代

科学文本，其形式包括论文、报告和专著，与非科学文本的突出区别，就在于其带有引文，即引用参考文献。科学文本及其引文，是科学交流与传播的方式和痕迹，也是科学情报获取与文献检索的手段和方法。科学情报及其引文数据库的建立促使科学计量学从对科学数据的统计分析转向以引文分析为主的方法，并不断升级，深化拓展。如今随着全文本开放获取数据库的出现，科学计量学开始进入全文引文分析的新阶段，迈向引文分析 4.0 时代。

呈现在读者面前的《全文引文分析：理论、方法与应用》一书，就是作者胡志刚在这一背景下做出的一项创造性成果。

然而，由科学引文带来的引文分析、科学评价等研究活动及相关的被引次数与影响因子等测度指标，或因使用不当，或因人们误解，而一直颇遭诟病。有的学者甚至试图撇开引文，以替代计量学（altmetrics）来取代引文分析。这是对引文分析的严峻挑战，我们必须回应和回答。因此，这里想借为本书作序之机，对上述疑惑和问题做必要的历史追溯和理论说明。事实上，科学文本的引文现象，以及由此发生的引文分析，有着久远的历史渊源和广泛的理论基础。

科学文本的引文存在，是近代科学产生以来的一种特有现象。科学引文是科学共同体在逐渐达成的两个基本共识——科学的无偿馈赠性和发现优先权的基础上，实现科学文本规范化、制度化的产物。从科学学的一般研究范式看，一方面，科学作为一种认识现象，离不开前人获得的知识、方法与工具，据以对自然的观察实验获取新的知识，前人的科学知识是不费分文而可以自由引用的；另一方面，科学作为一种社会现象，又必须尊重和承认前人科学发现的优先权，无论引用的目的和动机如何，都要注明被引文献及其作者，承认被引文献的署名权或著作权，否则会被视为学术不端行为。因此，引文既是科学文本的知识基础和依据，又是对被引作者权利的承认和尊重，从而成为科学文本的组成部分，使科学文本取得合理又合法的地位，由此形成规范化的引文制度和文化。这可以称为引文发生的知识馈赠 - 知识产权二重性理论。

引文发生和引文分析的另一个理论基础是科学交流与知识流动理论。科学文本是科学传播与交流的基本单元，而引文就是科学传播与交流的痕迹。随着科学论文数量的急剧增长，科学期刊发文的周期变长、效率变低，科学情报处理的手工作业方式严重妨碍了科学传播和交流，各门学科最新进展无法得到及时迅速传递而影响到科研活动。科学学奠基人贝尔纳（J. D. Bernal）最早敏锐地察觉到这一科学情报危机，在多种场合提出各种举措加以解决。从 1939 年的《科学的社会功能》[①]、1958 年的《科学情报传播：用户分析》[②]，到 1964 年的《科学的科学》[③]，贝尔纳反复强调以多种科学服务方式来取代科学期刊，实现科学成果的直接交流，同时主张借助自动化机器进行科学情报的处理、编目与归档，以加快科学情报的传播与交流。众所周知，在 20 世纪 60 年代以前，科学界一直凭借科学交流留下的引文踪迹，作为人工获取科学情报，查找与检索科学文献的一种途径与线索。加菲尔德（Eugene Garfield）据此提出了科学文献检索的新方法。1955 年，他发表了《科学引文索引：文献学中贯穿观念联系

---

① J. D. 贝尔纳 . 科学的社会功能 . 陈体芳译 . 北京：商务印书馆，1982：292-409.

② Bernal J D. The Transmission of Scientific Information: A User's Analysis. Contribution to International Conference on Scientific Information.Washington,1958,Published in Report on Proceedings.

③ J. D. 贝尔纳 . 二十五年以后 // 戈德史密斯，马凯 . 科学的科学 . 赵红州，蒋国华译 . 北京：科学出版社，1985：245-267.

的一个新维度》<sup>①</sup>一文，提出借助科学论文之间的引用文献所构成的观念联系，作为检索科学情报的新手段。这就使科学交流从文本单元深化到知识单元。同时，加菲尔德受贝尔纳关于机器处理科学情报的意见启发，尝试建立起科学引文索引（SCI）系统，这不仅创造了一种新的情报检索工具，而且由此意外地诞生了一个副产品——科学引文分析，引起科学计量学方法的深刻变革。这样，加菲尔德将贝尔纳基于文本单元的科学交流思想，发展为基于知识单元的知识流动理论<sup>②</sup>，从而成为引文分析的核心理论。引文分析的知识流动理论，阐明引文分析的本质是知识流动的过程，展现了知识单元的离散和重组、继承和创新、演进和升华的复杂过程。另外，一个知识领域的科学共同体，其最活跃的成员往往能敏锐地把握学科发展态势，产生新观念的知识共鸣，成为知识流动的共同来源，却又各自独立平行地获得类似的科研成果。这样，知识流动理论也为非引文关系的科学文献进行基于知识单元的共词分析提供了理论依据。

值得关注的是，引文分析还有一个更为厚实的理论基础——科学网络的模型，包括贝尔纳关于科学发展的网络模型和科学计量学之父普赖斯（Derek John de Solla Price）关于科学引文的网络模型。早在 1955 年贝尔纳就指出："科学中的总的发展模式还是相当清楚的：这种模式与其说像树，不如说像网。与课题或应用直接相关的科学工作的内容，可以比作网的网眼。各条线的交叉点是经验和思想集合的地方，是中心点，是一些新发现，从这里产生各种各样的应用技术和科学学科。……网不断在编制，网上尚有未连接起来的线头，可用不同的方法把它们连接起来。"<sup>③</sup>对此，普赖斯与贝尔纳气息相通，他透过加菲尔德发明的科学引文索引看到更加激动人心的引文网络模型。他说："出人意料的是，作为一项处理科学文献的引文索引法的副产品，把它用于进一步扩大上述各种模型的应用，是很完备的。而这一点主要应归功于贝尔纳为解决后来人们才认识到的情报危机而提出的那些颇具革命性和建设性的意见。

---

① Garfield E. Citation indexes for science: A new dimension in documentation through the association of ideas. Science,1955 , 122(3159): l08-111.

② 梁永霞，刘则渊，杨中楷.引文分析学的知识流动理论探析.科学学研究，2010，28 (5)：668-674.

③ 贝尔纳.科学研究的战略 (1955)// 科学学译文集.北京：科学出版社，1981：25-33.

因为引证许多论文，也就形成了一个以某种复杂的方式，把它们全都连接在一起的网络。借助这种网络模型，人们就可以用图论和矩阵的方法来加以研究。它似乎还向人们暗示，论文一定会聚集成团，而形成几乎绘制成地图（显示出拥有高地和不可逾越的沼泽地）的'陆地'和'国家'"①。紧接着在著名的《科学论文的网络》（1965）② 一文中，普赖斯把上述构想变成了现实："每篇已发表论文和与之有直接关联的其他论文链接起来，从而展现出当代世界科学论文网络的总体特征。"此文开启了以引文分析和网络分析为基础的科学计量学新方向，阐发了绘制科学引文网络图谱来探测科学前沿的可能性。该文开头，普赖斯有一句箴言："参考文献的模式标志科学研究前沿的本质。"这句话是贝尔纳的创意、加菲尔德的发明和他自己的破解三者的结晶。它表达的引文网络模型，连着你、我、他，连着昨天、今天和明天，连通全球知识世界，从现有知识基础走向科学研究前沿。普赖斯特别强调指出，正是研究前沿将科学从其他学问中区别开来，并确认引文使科学比非科学更快速累积的机制。

综上所述，关于科学文本引文现象与引文分析的三个基础理论——知识馈赠-知识产权理论、科学交流与知识流动理论、科学网络与引文网络理论，揭示了科学文本引文现象的内在基本特征，解开了科学引文分析持续发展、长盛不衰的奥秘。

如前所述，科学文本不可分离的参考文献，是区别于非科学文本的显著特征。科学文本的引文，所引注的参考文献，无论是夹注、脚注还是尾注，都是科学文本的组成部分。人们从引文可以追索论题、领域或学科的来龙去脉，一直追到概念和思想的源头，由此引发科学文本内容的更新换代、日新月异、突飞猛进。而非科学文本却并非如此，其引注虽然也有多种方式，如朱熹的《四书集注》采用夹注方式，对《论语》等四书的每一句话都引经据典做了批注，但这只是后人对先贤的解读，反映了儒家思想从孔子（公元前551—公元前

---

① 普赖斯.科学的科学//戈德史密斯，马凯.科学的科学.赵红州，蒋国华译.北京：科学出版社，1985：227-245.

② 普赖斯.科学论文的网络//刘则渊，王续琨.科学·技术·发展——中国科学学与科技管理研究年鉴 2008/2009 年卷.张嵗译，梁立明校.大连：大连理工大学出版社，2010：29-39.

479）到朱子（1130—1200）长达1700年的缓慢变化，文学作品则几乎没有引文。正是科学文本引证不同理论、不同领域、不同学科的参考文献，形成复杂的科学引文网络，直接或间接地反映了不同理论之间、理论与实验之间的矛盾关系，科学引文之间多学科、跨学科的结构关系，引文代际继承与创新、基础与前沿的关系，从而表现出科学文化相对于非科学文化的优势与特征，最终构成科学生生不息、加速累积的内在机制与发展动力。

　　同时，科学学视野下的三个科学引文理论，反映了科学引文分析的内生动力与神奇魅力，展现了引文分析方法的发展潜力与广阔前景。自1961年SCI数据库诞生以来，引文分析方法应运而生，迅速起步，不断深化与拓展，大致可以分为如下几个阶段：普赖斯、加菲尔德首创基于SCI的引文分析，可谓引文分析1.0，以普赖斯的《科学论文的网络》为代表，虽然这个阶段仅10多年时间，却预见到基于引文分析的科学图谱革命必将到来；继之，著名科学计量学家斯莫尔（Henry Small）的科学文献共被引分析[1]、两位著名科学计量学家怀特（Howard D. White）和麦肯（K.W.McCain）的作者共被引分析[2]先后突起，上升为引文分析2.0，以斯莫尔的《科学文献的共被引》为代表，这个阶段持续长达1/4世纪，艰难探索引文分析的知识图谱；之后，20世纪末信息可视化技术产生并引入科学引文领域，导致基于引文网络分析的科学知识图谱悄然兴起、迅速发展，堪称引文分析3.0，以著名信息可视化专家、引文网络分析可视化软件CiteSpace发明人、美籍华人学者陈超美（Chaomei Chen）的《科学前沿图谱：知识可视化探索》[3]为代表。这样，自20世纪60年代至21世纪初叶，科学计量学进入引文分析主导的黄金时代。现在伴随全文本开放获取数据库的出现，新一代的引文分析——全文引文分析问世了，我们开始迈向引文分析4.0的时代。

　　全文引文分析，作为引文分析4.0，相对于与引文分析3.0有些什么变化

---

①　Small H.Co-citation in scientific literature: A new measure of the relationship between publications.Journal of the America Society of Information Science,1973,24(4):265-269.

②　White H D, McCain K W. Visualizing a discipline:An author co-citation analysis of information science, 1972-1995. Journal of the American Society for Information Science,1998, 49(4):327-356.

③　陈超美. 科学前沿图谱：知识可视化的探索. 第2版. 陈悦，等译. 北京：科学出版社，2014.

呢？任何引文分析的研究对象都涉及施引文献（科学文本）与被引文献（参考文献）之间的交集，而作为高端的引文分析 3.0，CiteSpace 知识图谱体现了知识流动的引文时空分布，它巧妙地设置表示时序的色调实现其引文时间分布；它从施引文献提取基于知识单元的标识词，以表征共被引聚类显示的研究前沿；它凝聚了被离散的知识单元，从而发现了科学文本与其参考文献之间交集的共性知识内容。然而，由于依托非全文科学引文数据，缺失科学文本本身的空间信息，CiteSpace 图谱的"引文空间"只是笼统的抽象空间，无法展现知识流动在现实科学文本中的空间分布。与引文分析 3.0 不同，全文引文分析最突出的特征在于依托全文科学文本中的引文空间信息，反映施引文献全文与其被引文献之间交集内容的知识流动理论，拓展为完整的引文时空结构与分布理论。全文科学文本蕴藏的丰富引文空间信息，是一片尚待开垦的处女地，为拓荒者提供了大展宏图的机遇与场所。令人欣慰的是，一批意气风发、脑洞大开的中外学者，包括大连理工大学 WISE 实验室的年轻博士，几乎同时开展全文引文分析的探索，引领引文分析 4.0 的新潮流。

《全文引文分析：理论、方法与应用》就是作者站在这个引文分析 4.0 潮头大胆弄潮的一部力作。我高兴地看到，该书在原来博士论文的基础上，经过修改、调整和补充，展示出结构更加严谨、创新更加突出的全新面貌。其独到创新之处主要有以下几方面。

首先，设计和开发了一种基于 XML 格式全文数据的引文分析系统，进而通过对施引文献与被引文献之间的交集内容进行辨识，构建了一个由引文空间要素的位置、强度和语境所组成的全文引文分析框架，并推演出全文引文分析方法的基本功能，从而搭建了可供引文空间分析及其应用研究的全文数据分析平台。

其次，以国际期刊《信息计量学学报》（*Journal of Informetrics*）全部论文（2007～2013 年）的全文数据为案例，借助 XML 格式全文数据分析平台，实现了全文引文空间的位置、强度和语境及其特征的分析，其中独创了一种直观展现全文引文位置空间分布的可视化图谱，显示出被引经典文献在施引论文中的空间分布规律性。

最后，从全文引文的位置、强度和语境三个方面，分别应用于科学知识图谱、科学论文评价和科学文献检索等领域进行了探索性的研究，取得了全文引文分析所特有的优越效果。例如，基于全文不同章节高被引文献的共被引网络知识图谱，展示了不同章节引文图谱的不同内涵，从而更加微观地反映了科学研究前沿及其知识基础。

诚然，这部著作毕竟是对全文引文分析的初探，难免存在一些不尽如人意之处。在我看来，某些术语、概念存在纠结，值得深入推敲；对全文引文分析的理论基础研究尤为单薄。该书所利用的全文引文信息远不及全文遮蔽的引文信息，它所研究处理的全文引文几个方面的问题远少于它所引出但未予关注的问题。对此，我相信作者当会在全文引文分析领域继续研究中给予关注和探讨。

作为该书基础的博士论文，我作为指导教师之一，提出的许多意见和建议得以接受和吸收；该书仍有个别方面与我的见解不尽一致，在学术上是正常的，我们师生之间相互尊重、彼此相长。我尤其欣赏志刚的创意和其细致、坚韧的精神与学风，他不轻易放弃个人观点和独立的人格，显得更为难能可贵。这是这部著作成功之所在。

现在，针对一些人对于引文分析领域产生的一些疑虑和责难，我们可以从全文引文分析的视角和前述三个基础理论的高度做出回应了：我认为这些质疑和责难，在很大程度上在于人们对引文作为科学文本不可分割的基本特征认识不足，对引文作为科学与非科学的区别并使科学比非科学更快累积的机制不甚了解，对科学文本的引文特征作为科学评价的内生指标及其不可替代性缺乏理解，对引文分析作为科学文本的内生方法及其潜力估计不足。

因此，蔑视科学文本内生的引文分析，企图用替代计量学取而代之，是不可能的。但是科学文本的传播与影响涉及诸多方式与方面，在科学评价中补充一些指标是完全应当的，或许把全文科学论文的内生指标与外生指标结合起来进行科学评价更为合理。基于此，我建议改用"补充计量学"（suppmetrics, supplementary metrics）的术语来取代"替代计量学"。

至于科学界反对用期刊影响因子进行科研评价的呼吁和行动，我认为是完全正义的。期刊影响因子与引文分析本身不同，倒是成为科学期刊阻碍科学交流的新例证，因此与其抨击影响因子，不如响应伟大科学家和科学学奠基人贝尔纳的一贯倡导，取消科学期刊，实现直接交流。现在一系列科学论文预印本数据库的涌现，为科学直接交流、废止科学期刊创造了条件。

末了，似应对全文引文分析的前沿问题与未来方向做一个概括，但我以为不必如此，细心的读者或许已从前面的讨论中了解到我的基本看法，如果再发表几条，不仅有画蛇添足之嫌，而且会误导或限制刚刚兴起的全文引文分析研究与发展。

所以，还是回到为该书做序的本意上来，向我们的科学学及科学计量学界、科学情报学界、科研管理界和对引文分析领域感兴趣的广大读者，推荐《全文引文分析：理论、方法与应用》这本值得一读的书。同时，也期待作者胡志刚博士，继续奋发努力，永不停息，向着引文分析 4.0 的无尽前沿迈进，做出无愧于这个伟大时代的贡献。

刘则渊

2016 年 10 月 18 日于大连新新园

# 前　言

　　这可能是世界上第一部叫做"全文引文分析"的著作。当然，从学术的角度来看，这未必是一件值得骄傲的事情。一个选题如果过于小众，也可以以所谓的"新颖性"和"开拓性"自居。选一个别人还没有涉足的研究领域并非难事，难的是押中的这个领域将来是否能够脱离小众、成为主流，是否能够得到同行专家和学者的认可和肯定。否则，一项"开拓性"的研究选题就会陷入自娱自乐的尴尬境地，在坚持和放弃之间进退两难。这当然不是我愿意看到的局面。

　　当然，我也不相信这样的局面会发生在全文引文分析领域。虽然这一领域还处在研究范式形成的初期阶段，但我有着远超于此的信心和乐观。正如我的博士导师刘则渊教授在为本书所写的序言里所说，"全文科学文本蕴藏的丰富引文空间信息，是一片尚待开垦的处女地，为拓荒者提供了大展宏图的机遇与场所"。对于文献分析和科技评价领域有所涉足的同行专家来说，洞察基于全文数据的引文分析所能带来的研究前景并非难事。因此，我并不想在这里浪费读者的时间去论述全文引文分析这一领域的研究意义和学术价值，虽然在这方面我其实很有经验——在我博士论文的创新点和国家自然科学基金的申请书中，都有大量的论证全文引文分析是如何重要和前沿的段落。我更愿意借此机会回顾一下自己是如何进入全文引文分析这一领域的。

2011 年，我最早进入全文引文分析领域的时候，并没有"全文引文分析"这个术语。那年秋天，我正以大连理工大学联合培养博士生的身份，在美国费城的德雷塞尔大学跟随陈超美教授进行为期 18 个月的学习。时间已经过半，但是我关于科学家新陈代谢规律的研究还是没有大的突破，于是陈老师建议我换一个方向。那时候，他刚刚获得了 Elsevier Consyn 数据库的试用权限，可以批量下载 Elsevier 收录的期刊论文的 XML 格式的全文数据，他让我试试能不能从这些全文数据中挖掘出一些有意义的东西。多番尝试以后，我们都认为最有价值的信息是正文中出现的引用信息，比如引用的位置和引用的语境等。于是，我试着编写程序从中抽取并索引所有关于引用的信息，同时也对全文的章节结构进行解析和切分，以便判断引用所在的章节位置。

程序的编写持续了数周，以 *Journal of Informetrics* 期刊所载论文为案例而做的引用信息抽取工作终于完成，这些引用信息被分别存放到 MySQL 数据库的几个表中，等待随后进行的分析和解读。这时候，设计一个全面而系统的分析和解读框架，以确定我接下来的研究边界，是首先需要完成的任务。在大量文献研读的基础上，我最终选择引用位置、引用强度和引用语境这样三个"完备正交"的研究维度，作为我这一研究的总纲领。

研究框架确定之后，就进入实证分析环节。实证分析是对好奇心的巨大煎熬或满足：基于实证研究的结果，一个个研究假设被验证或推翻，一个个研究结果被呈现或遗弃。回国以后，我把筛选出的有价值的研究结果进行汇总，形成初稿向刘则渊老师进行了系统的汇报。刘老师非常支持我以这个新的方向作为博士论文的选题，并提出了很多富有建设性的建议。半年之后，博士论文初稿完成，开始进行细节上的雕琢和意义上的拔高。这时候，我需要一个宏大到足以概括上面三个研究维度的论文题目。

首先浮现在脑海里的选项，当然是朴实到近乎直白的"基于全文的引文分析"。然而一个四平八稳的标题，也意味着少了很多可供讨论和升华的空间，因为过于苍白平实的论文题目，总能一瞬间消解掉论文中蕴含的内在创新。刘老师建议我直接简写成"全文引文分析"。他在邮件中说道，用"全文引文分析"作为标题，比原来的标题更简洁有力，更令人印象深刻，也更能凸显这项研究的价值。

我最终接受了刘老师的这个建议，虽然一开始还带着对于创生一个"新生名词"的心虚、紧张和小心翼翼。我渐渐习惯了别人问我"什么是全文引文分析"。回答这个问题固然要费一些口舌，不过这总好过人们甚至都懒得问我"什么是基于全文的引文分析"。正是在这一点上，我非常敬佩刘老师的学术自信和大科学观，也更深一步地体会到刘老师当年开创"科学知识图谱"领域的勇气和意义。

对于博士论文题目上的思忖对我而言始终是件大事。还有一阵，我和刘老师争论是用"全文引用分析"还是用"全文引文分析"。因为我觉得全文引文分析的对象其实是施引文献中的"引用"而不是"引文"。"引文"分析和"引用"分析代表了不同的研究视角："引文"分析主要是站在被引论文的角度，研究的是引文的被引次数以及其作为影响力评价的优势和劣势；而"引用"分析则是站在施引文献和施引者的角度，研究的是引用的行为和引用行为背后的动机。因此，用"全文引用分析"虽然拗口，但就研究对象而言，或许比"全文引文分析"更诚实。但是刘老师认为"引用分析"的说法割裂了与现有引文分析方法之间的继承关系，还可能造成引文分析概念的异化，容易给领域同行造成理解上的混乱。因此，在定题的时候，我们本着奥卡姆（Ockham）的"若无必要，勿增实体"原则，最终没有采用"全文引用分析"的术语。

我在这里不厌其详地陈述"全文引文分析"术语的由来，除了为了还原当初进入这一新领域时的忐忑心情；也是为了徽帜以变，器械以革，为全文引文分析的"勃发"而点题明义。诚然，目前的全文引文分析还只是引文分析领域下的一个小小的分支，或许还算不上一个研究领域。但当一项研究试图论证其内涵也框定其外延，设计其框架也约定其边界，那么我想它是有"野心"在更大的学术版图中划疆自治的。这也是为什么我给本书起了这样一个有野心的标题——"全文引文分析：理论、方法与应用"。所谓"名不正则言不顺"，对于社会科学领域的研究来说，取一个足够抢镜的标题从来不是一件无关宏旨的小事。

当然，全文引文分析并不是无源之水，无本之木。全文引文分析仍然是现有引文分析的延续，是文献计量学的自我演化和发展的必然结果。我们知道，文献计量学是典型的数据驱动型研究领域，数据类型的演变一直主导着文献计量学的发展和迭代。当文献数据库还只是索引题录信息的时候，文献计量学就只能是对作者、机构、出版物、关键词进行一些数量的统计。科学引文索引（SCI）数据库的出现，使得基于篇末引文的引文分析方法成为可能。而今天全文引文分析的兴起，则有赖于近年来各种 XML 格式的结构化全文数据库的出现。

与 PDF 格式这种非结构化全文数据不同，以 XML 或 HTML 格式呈现的结构化全文数据，对正文中的各种信息单元进行特殊标记，因此可以借助计算机技术非常方便地抽取其中的章节、图表、引用等信息。随着开放获取（Open Access）运动的兴起，越来越多的开放获取期刊和数据库开始提供机读性更好的 XML、HTML、ePub 等结构化全文的阅读和下载。这些结构化全文使得对论文全文的解析和引用信息的抽取不再像以往那么困难。

全文中的引用信息给了引文分析更大的研究空间。通过测度引用的位置、强度、语境等信息，可以刻画每一个引用行为的不同立面。比如，有的引文在施引文献中被引及多次，那么它就要比那些只被提及一次的引文更为重要；有的引文在引用时被给予正面评价，那么它就比那些被负面引用的引文要更有意义。引用方法，信息让被引论文与施引论文之间的关系开始变得丰富而多元。不同于基于篇末引文的引文分析方法，全文引文分析不再忽视每一篇引文的不同价值，而是赋予它们以不同的角色和作用。

从这种意义上说，全文引文分析正肩负着未来"洗白"引文分析的重任。作为最常用的一种科技评价方法，引文分析近年来一直饱受学术圈的批评和质疑。其中最被诟病的一点是，它将所有的引用都进行无差异的对待，被引次数指标中忽略了引文之间的具体差异。"一个带有批评意味的引用和一个完全正面的引用怎么能够一视同仁呢？"这是科学界对于引文分析评价方法的最掷地有声的拷问。今天，借助引用信息和对引用类型的分析，致力于全文引文分析方法的研究者们，终于可以在一定程度上直面来自学术界的这种苛责。我和我的师兄王贤文博士在私下里甚至还达成了这样的"共识"：引文分析的困境有两条出路，一条是替代计量学（altmetrics），抛开引用评价另起炉灶；另一条是全文引文分析，针对引文分析的缺陷进行修补和改进。毋庸讳言，王贤文师兄和我都自持分别在替代计量学和全文引文分析两个领域选对了方向，并占了一点先机。

　　本书展现了我自攻读博士学位以来在全文引文分析领域所做的一些探索。由于时间和能力有限，本书还有很多值得深入讨论和改进的空间。在理论阐释部分，虽然已经竭力追溯了全文引文分析应有的经义渊源：从引文分析的璀璨历史和当前困境，到学术论文文本的电子化和结构化进程，再到正文中引用信息提取的常用方法和既有工具。但是百密终免一疏，难免不在千丝万缕的知识网络和浩如烟海的参考文献中挂一漏万。在实践案例部分，选取单一期刊案例和单一数据格式作为样本，虽然保证了全书的结论一致性，但是对于一本方法论著作来说略显单薄。另外，作为一本基于博士论文改写的著作，虽然在行文上已经做了大量的删改和增补，但仍然可以看出自卖自夸和第一视角描述的痕迹。聊以慰藉的是，花了很大精力修改了全书的整体架构，采用了一般常见于国外著作中的那种问答式的主副式标题，这使得本书，至少在目录上看，显得还算"洋气"。

　　在引文分析领域，有这样一个残酷的事实：你可以决定引用谁，但你不能决定将被谁所引用。一部著作也是一样。当本书付梓印刷的时候，作者的使命也就完成了。至于该书今后的因缘境遇，或褒或贬，或嗔或喜，自有其兴衰浮沉的命数，已经不是作者可以决定的事。但是交稿的喜悦还是实实在在的，因为今天，毕竟是我第一次——以一本著作的形式——向我所毕生向往的学术海洋里扔下了一颗小小的石子。我也满心期待着，看到由它激起的层层涟漪。没有作者会在扔下石子的瞬间转身离开。因为他们知道，无论如何竭尽全力，读者才是一本书的意义和归宿；给一本书画上圆满句号的，从来不是作者自己。

胡志刚

2016 年 10 月

# 目　　录

# 01

# 全文引文分析：引文分析的新阶段

## 1.1 引文分析的诞生和发展

1917 年，科尔（F. J. Cole）和伊尔斯（N. B. Eales）最早将引文分析方法应用于文献计量分析（Cole & Eales, 1917）。1955 年，加菲尔德（E. Garfield）博士在美国 *Science* 期刊上发表了一篇题为"科学引文索引"（Citation Indexes for Science）的论文，系统地提出了通过引文索引来对科技文献进行检索的方法，从而开启了从引文角度来研究文献及科学发展动态的新领域（Garfield, 1955）。1958 年，他创建了美国科学信息研究所（Institute for Scientific Information，ISI），并于 1963 年起开始编制出版科学引文索引（Science Citation Index，SCI），20 世纪 70 年代又相继出版了"社会科学引文索引"（Social Science Citation Index，SSCI）和"艺术和人文科学引文索引"（Arts & Humanities Citation Index，A&HCI）。现在这些引文数据可以通过汤森路透集团（Thomson Reuters，1992 年收购了 ISI）的 Web of Knowledge 平台进行检索和下载。引文索引数据库的出现，使文献计量学从题录分析的时代进入引文分析的时代。

加菲尔德不是唯一一个认识到引文数据的应用价值的学者。同一时期的科学家、科学计量学家普赖斯（J. D. de Solla Price），也发现了引文分析在文献计量学上的潜力和重要价值。在其著名的《小科学、大科学》一书（de Solla Price, 1963）中，普赖斯研究了引文的半衰期现象，指出在化学文献中参考引文的价值每过 15 年就会减半，在物理领域半衰期的时间更短。而且，随着科学文献的指数式增长，半衰期正变得越来越短。在他的另外一篇发表在 *Science* 上的论文中（de Solla Price, 1965），普赖斯又分析了引文被引次数的不均等性，有的论文的被引次数高，有的论文的被引次数低。他还利用引文索引数据构建了一个简单的引文网络，验证了利用引文构建学术论文网络的可行性。

加菲尔德、普赖斯与其他学者一起，在引文索引的基础上逐渐发展了引文分析的方法，并使得这一方法发展成为科学计量学中的应用最多和最重要的方法之一，深刻地影响了科学计量学的学科面貌。进入 20 世纪 80 年代后，随着斯莫尔（H. Small）的共被引研究（Small, 1980）和怀特（H. D. White）等的作者共被引研究（White & Griffith, 1981）的提出，各种与引文有关的新指标、新算法、新模型和新的可视化方法不断出现。引文分析方法在文献计量学中的地位逐渐上升，文献计量学从题录分析的时代进入引文分析的时代。

引文分析被迅速应用到科技评价、科学发现等各个领域。利用被引次数对学术论文的影响力和质量进行评价，相对于同行评议等其他评价方式更为直观和客观。基于对单篇论文的评价，引文分析还可以进一步用来评价科研人员的学术水平和学术期刊的质量，或者评价一个科研机构、国家和地区的科研能力。1986 年，美国信息学家斯旺森（D. R. Swanson）提出了一种基于引用关系的知识发现方法（literature-based discovery）（Swanson, 1986a, 1986b）：如果文献集 A 和文献集 B 都和文献集 C 有引用关联，而文献集 A 和文献集 B 之间没有这种联系，那么文献集 A 和文献集 B 之间就可能存在着潜在的或者说未被发现的相关性。利用这一方法，斯旺森等先后进行了关于雷诺病与鱼油（1986 年）、镁缺乏与神经系统疾病（1994 年）、雌激素与阿尔茨海默病（1996 年）、游离钙磷脂酶与精神分裂症（1998 年）等案例的研究。

进入 21 世纪以后，随着计算机技术的发展，各种基于引用关系尤其是共被引关系的可视化工具应运而生。以美国德雷塞尔大学的陈超美教授开发的 CiteSpace 软件为代表，一系列功能丰富、图谱绚丽的文献分析软件将引文分析方法带入可视化阶段。CiteSpace 工具将科学文献中的引文视为一个"引文空间"，将引文定义为研究基础，施引文献作为研究前沿，通过构建引文之间的共被引网络，绘制出美观、生动且可交互的科学知识图谱。在大连理工大学刘则渊团队的带动下，主打共被引关系的 CiteSpace 工具在国内科学计量学界得到了广泛的应用，并被迅速推广到图书情报学、管理学、教育学等社会科学领域中。

然而，随着研究的不断深入，引文分析方法也遇到了一些发展的瓶颈。作为科学评价的一种手段，利用论文被引次数和期刊影响因子作为评价指标的做法正受到越来越多的批评和质疑（Vanclay，2011），也在科学共同体内部受到了前所未有的挑战。2012 年 12 月，在旧金山举行的美国细胞生物学学会上，包括美国科学促进会在内的 75 家机构和 150 多位知名科学家发起了一项呼吁停止使用影响因子评价科学家个人的工作和贡献以及用于招聘、晋升和项目资助等评审的公开签名倡议，这一倡议被称为《关于科研评价的旧金山宣言》（*San Francisco Declaration on Research Assessment*，*DORA*）。这一宣言在科学界引起了很大的反响，截至 2016 年 6 月，已经有 12 000 多名科学家和 591 个组织签名支持这一宣言。

## 1.2 对引文功能和引用动机的探索

对引文分析方法的质疑，其中重要的一个原因是传统的引文分析方法只关注引文的被引次数和定量测度维度，而不关心对引文的功能和引用的动机。其实，一篇引文被引用的原因多种多样，常见的引用动机包括向前人致敬、进行背景介绍、标识研究方法，甚至批评和质疑等。引用动机不同，引文的功能不同，引文分析的效力也不同。

在引用行为的动机问题上，有两种相互竞争的理论：一种是默顿（R. K. Merton）的规范性理论（Merton, 1973）；另一种是吉尔伯特（G. Gilbert）等的建构主义理论（Gilbert, 1977）。前者认为引用类似于科学界的货币，是科学界中对前人成果的一种信誉加分（credit），体现的是一种所有权（property）。吉尔伯特则对默顿的这一观点提出了质疑，他认为科学的规范性理论假说过于理想化，没有考虑到科学问题中建构主义因素。吉尔伯特认为，引用的目的是为了通过"诉诸权威"的方法来支持自己的结论以及说服读者，体现的是一种说服力（persuasion）。两种理论都有各自支持的实证研究，几乎无法完全证实其中任何一种结论（Baldi, 1998; Collins, 1999; White, 2004）。两种理论并不是完全对立的关系，而是提供了互补互融、相辅相成的两种思路。

其实，引用行为的类型远比这两种理论的划分要复杂得多。从社会学的视角来看，引用行为是一项个人行为，牵涉到个人的写作习惯、心理活动、个人偏见、宗教信仰，以及所处的社会或政治环境等。西班牙学者卡马乔－米尼亚诺（Camacho-Miñano）等曾列举出了科学家在引用时的常见偏见（Camacho-Miñano & Núñez-Nickel, 2009）。他指出，引用不仅是一种规范行为，还是一种社会行为。引用行为显著地受到地域因素、语言因素甚至政治因素的影响。作者虽然看似有权决定自己引用或不引用哪些文献，但这种自主性必须在学术规范和社会制度的约束下进行。

在过去的 50 多年里，有很多学者对引用行为和引用动机进行了分类，并形成了各种不同的分类框架。克朗宁（B. Cronin）在 1984 年曾对引用的分类框架进行了综述（Cronin, 1984）。这里将这一综述工作进一步延伸到现在，统计 20 世纪 60 年代至今尤其是 1984 年之后有关引用分类研究的最新成果。

从研究角度来看，引用的分类框架主要分为两种，一种是基于引用的动机，代表人物有加菲尔德（Garfield, 1962）、穆拉维斯基（Moravcsik & Murugesan, 1975）、楚宾（Chubin & Moitra, 1975）、布鲁克斯（Brooks, 1985）、温克勒（Vinkler, 1987）等；另一种是基于引文的功能，代表人物如利佩茨（Lipetz, 1965）、斯皮盖尔－罗辛（Spiegel-Rosing, 1977）、佩里茨（Peritz, 1983）、凯斯（Case & Higgins, 2000）等。

其实，基于引文功能的引用分类研究是基于引用动机的引用分类研究的一体两面。基于引用动机是从施引文献的角度来说的，而基于引文功能是从被引文献的角度来说的。从被引文献的角度来看，施引文献的引用动机反过来体现为被引文献在施引文献中的功能和作用。

从研究方法来看，引用的分类研究又可以分成两类，一类是单纯依赖作者自身的个人主观判断，代表人物有加菲尔德（Garfield, 1962）、穆拉维斯基（Moravcsik & Murugesan, 1975）、楚宾（Chubin & Moitra, 1975）等；另一类是基于问卷调查的专家意见研究，代表人物有布鲁克斯（Brooks, 1985）、温克勒（Vinkler, 1987）等。

1962 年，加菲尔德最早研究了引用行为的动机问题，并识别出进行引用的可能原因。那时加菲尔德刚刚创建了科学引文索引和 ISI 公司，他认识到科学界对引文和引用的研究远远不够，引用行为实际上是一件非常多元的行为，引用的动机多种多样。他列举了引用的 15 种典型动机，分别是：①向开拓者致敬；②向同行致敬；③标识出方法、器材等；④提供背景资料；⑤对自己之前工作的修正；⑥对他人之前工作的修正；⑦对前人工作的批评；⑧充实性的声明；⑨对将来工作的预告；⑩提醒之前未扩散、索引和被引用的文献；⑪对事实性数据及分类（如物理常量）的验证；⑫标识某想法和概念的原始文献；⑬标识出以个人名字命名的某概念和术语的原始文献；⑭对别人工作的否定（负面评价）；⑮对别人发现的优先权的否定。

1965 年，美国纽约州立大学信息科学与政策学院的利佩茨（B. Lipetz）根据被引文献的特征和功能对引用行为进行了分类（Lipetz, 1965）。他将引用关系分成四类：①施引文献做出了原始性贡献；②施引文献做出了非原始性贡献；③施引文献与被引文献具有共同点和延续性；④将被引文献的贡献投影到施引文献中。在每类关系下面还列有具体的情况。

1975 年，美国俄勒冈大学理论科学研究所的穆拉维斯基（M. J. Moravcsik）和穆鲁哥山（P. Murugesan）基于对 *Physical Review* 中的 30 篇文章的调查，将引用行为分为五个分类维度（Moravcsik & Murugesan, 1975）：①概念性（conceptual）引用或方法性（operational）引用；②有机（organic）引用或敷衍（perfunctory）引用；③演进式（evolutionary）引用或并列式（juxtapositional）引用；④肯定的（confirmative）引用或否定的（negational）引用；⑤珍稀型（valuable）引用或冗余型（redundant）引用。

穆拉维斯基和穆鲁哥山的这项研究引起了来自康奈尔大学的楚宾（D. E. Chubin）和莫伊切（S. D. Moitra）的注意，他们在 *Social Studies of Science* 期刊上发表了一篇短文（Chubin & Moitra, 1975），表达了对前者的研究方法的赞赏，因为他们的引用行为分类方法不是基于引文自身而是基于引用时的上下文语境。楚宾和莫伊切进一步扩展了穆拉维斯基的方法，将引用行为分成六个小类，分别是：①基础的必要引用；②辅助的必要引用；③额外的补充引用；④敷衍的补充引用；⑤部分的负面引用；⑥全面的负面引用。其中，前四类属于正面引用（affirmative citation），后两类属于负面引用（negational citation）。通过对 43 篇高能物理学论文中的引用动机的考察，他们发现，只有 5% 的引用属于负面引用，其余大部分都属于不同程度的正面引用。

1977 年，法国学者斯皮盖尔 – 罗辛（I. Spiegel-Rosing）选择了社会科学领域的期刊 *Science Studies*，通过对引用内容的分析和引文功能的解读，对引用行为进行了分类（Spiegel-Rosing, 1977）。他将引用行为分为 13 类：①引文出现在引言和讨论中，给出研究问题的历史或前沿；②引文是所研究问题的具体出发点；③引文包含了所用的概念、定义和解释；④引文中包含施引文献中的非重要数据（简单提到）；⑤引文中包含施引文献中的重要数据（用于比较或者出现在图表中）；⑥引文中包含施引文献中的非重要数据（出现在图表中）；⑦引文包含了所采用的方法；⑧引文证实一个陈述或假设，或给出了更详细的信息；⑨对引文进行了正面的评价；⑩对引文进行了负面的评价；⑪施引文献的结果证明、验证、证实了引文中的数据和解释；⑫施引文献的结果反驳、质疑了引文中的数据和解释；⑬施引文献的结果为被引文献的数据提供了新的解释。其中，类别⑧在所有 13 种类别中占据绝对优势地位，属于类别⑧的引用占全部引用数量的 80%，类别①和类别⑤的占比相对也比较多，各在 5%以上。

1978 年，英国伦敦城市大学的学者奥本海默（C. Oppenheim）和雷恩（S. P. Renn）基于楚宾等的分类框架，站在被引文献的视角，提出了一种更容易使用和理解的新框架（Oppenheim & Renn, 1978），并将这一框架应用于 978 篇物理学领域的论文中。他们的引用行为分类框架是：①引文用于描述历史背景；②引文用于描述相关研究；③运用引文中的理论公式；④提供与引文可比较的信息或数据；⑤运用引文中的方法；⑥批评引文中的理论或方法；⑦为引文补充信息或数据。

1982 年，斯莫尔提出了一个更为简洁的引用行为分类框架（Small, 1982），他将引用行为分成"发展""支持""运用""反驳"和"记载"五类。他的分类方法主要是基于施引文献与被引文献之间的关系："发展"和"运用"都是指施引文献中的工作是基于被引文献进行的，只不过前者发展了这一方法而后者没有；"支持"和"反驳"反映了施引文献对被引文献的态度——是肯定的态度还是否定的态度；"记载"是施引文献对被引文献的一种中性引用。这一分类框架简明直接，得到了普遍的认可。

1983 年发表在 *Scientometrics* 上的一篇论文中，以色列学者佩里茨（Peritz, 1983）将引文按照其作用分成 8 类：①展示过去的研究；②背景信息；③方法，包括研究设计上的借鉴和分析方法上的借鉴；④比较；⑤辩论、推测、假设；⑥记录；⑦历史；⑧非刻意引用。佩里茨强调这一分类框架是专门针对社会科学及相关领域而做出的，只适用于理论类论文和方法类论文，在实验科学上的使用应该经过进一步的修改和检验。他选了 5 种不同学科的期刊论文作为案例，研究发现，类别①占 1/3～1/2 的比重，其余的类别分布较平均，但各学科之间又有所区别，比如类别④在社会学中较少，而在作为对照的非社会科学领域的期刊 *American Journal of Epidemiology* 中则占了 1/3 左右。另外，佩里茨不赞成对正面引用和负面引用的划分，因为很多引用其实是既褒又贬，或者很难区分其褒贬性；他也不赞成关于冗余引用的概念，并认为一切夹杂着主观判断的分类框架都存在着个人偏见而不可取。

1985 年，美国的艾奥瓦大学图书馆情报学院的布鲁克斯（T. A. Brooks）研究了引用动机的复杂性（Brooks, 1985），他列出了 7 种常见的引用行为动机，并通过问卷调查的方法进行了实证分析。这 7 种引用动机分别是：①流通程度（currency scale，指是否为最新的文献）；②负面评价（negative credit）；③操作性信息（operational information）；④说服（persuasiveness）；⑤正面评价（positive credit）；⑥提醒读者（reader alert）；⑦社会舆论（social consensus，指没有特别的原因而只是因为大部分同行都这么做）。这 7 种动机分成 0～3 四个级别，26 位学者被要求对每篇引文的动机进行打分，0 分代表完全不符合，3 分代表非常符合。统计各动机的最终得分，类别④得分最高，而类别②和类别⑦得分最低。1986 年，通过因子分析，布鲁克斯又将上面 7 种类别进行了合并和简化（Brooks, 1986），分成如下三类：①说服、正面评价、支付学术货币、社会舆论；②负面评价；③提醒读者、操作性信息。

1987 年，匈牙利科学院的温克勒（P. Vinkler）同样采取问卷调查的方法，将引用按照专业动机（professional motivation）和关联动机（connectional motivation）进行了分类。其中，专业动机包括：①在引言或文献综述部分，为了"全面"而引用"先前"的文献；②引文中的一小部分（如方法）被采用；③引文确证或支持施引文献中的结果；④引文的主要部分（理论、测量方法）被采用；⑤工作主要基于被引文献完成；⑥引文因一些细微的缺憾而被批评；⑦引文因为某个重要的原因被反驳或批评；⑧引文被完全地反驳或批评。关联动机包括：①自引，试图通过引用来增加曝光度；②出于对引文作者的敬仰、尊重而进行引用；③希望建立与被引作者的学术联系；④引文作者是非常有名和受尊重的作者；⑤希望借此使施引文献获得关注；⑥引文是由作者所信赖的人所写的；⑦引文发表在一个重要的很有信誉的期刊上；⑧看见别人引用了该引文而进行引用；⑨希望通过引用而获得专业上或个人的利益；⑩只是为了有更多的引用而进行引用。这一分类框架是目前最为复杂的分类框架之一。

美国孟菲斯大学的心理学教授沙迪什（W. Shadish）是研究引用动机问题的不多的几个非信息科学领域的专家之一。1995年，他利用问卷调查和因子分析的方法，分析了在心理学领域的引用行为，并从28种引用动机中找出6种主要的引用动机（Shadish et al., 1995），分别是：①举例式引用（exemplar citations）；②负面性引用（negative citations）；③支持型引用（supportive citations）；④创造性引用（creative citations）；⑤基于个人影响力的引用（personally influential citations）；⑥基于社会原因的引用（citations made for social reasons）。

2000年，美国肯塔基大学的凯斯（D. O. Case）和希金斯（G. M. Higgins）根据引文的功能和特点，对引文和引用行为进行了分类（Case & Higgins, 2000）：①引文对该领域之前的研究进行了综述；②引文系概念创造者，代表了该领域的某个研究流派或专门术语；③引文记载了该方法或特征的来源；④引文有助于构建文章的合理性和主题；⑤引文是由该领域的公认权威做出的；⑥其他引用动机。他们选择了56篇引文，通过问卷调查的方法，对上述6类引用行为所占的比例进行了统计。值得一提的是，凯斯和希金斯还研究了高被引论文和低被引论文在引用动机上的区别。

国内在引用行为的系统性研究成果不多。1998 年，陈晓丽曾研究了对引文进行分类的 7 种维度，包括：①按照引文称谓分为"参考文献"和"注释"；②按引文在文中出现的位置分为文末引文、页末引文和文中引文；③从引用形式上分为直接引文、间接引文；④按被引内容分为理论引用、方法引用、材料引用、叙述引用；⑤按引用强度分为有力引用、适度引用、表明引用、无关引用、高频引用、中频引用、低频引用、未被引用；⑥按引文动机分；⑦按引用文献类型划分。这 7 种分类维度，基本囊括了对引用行为进行分析的各种视角。

## 1.3 全文引文分析应运而生

近些年来，随着互联网技术的进一步发展，以 Elsevier ConSyn 全文数据库和 PLOS、PeerJ 等开放获取期刊网站为代表，一种 XML 格式的结构化全文数据开始出现，为引文分析乃至整个文献计量学的进一步发展提供了新的契机，基于结构化全文数据的全文引文分析应运而生。

### 1.3.1 结构化全文数据的出现

在文献计量学领域，文献索引格式的发展程度决定了文献计量学的发展程度。早期，文献数据库仅索引文献的题录信息，即文献的题目、作者、关键词、发表年份，发表期刊、期卷号、页码、摘要等。这个时期的研究主题主要是文献增长规律（指数增长定律）、作者发文量的分布（洛特卡定律）（Lotka, 1926）、核心期刊的分布（布拉德福定律）（Bradford, 1948）、关键词的分布（齐普夫定律）（Zipf, 1949）等。随着引文索引数据库的创建，一系列基于文献的被引情况的研究开始出现，包括文献被引用的衰减现象（普赖斯指数）、期刊的影响因子（Garfield, 1973）、衡量作者发文水平的 $h$ 指数（Hirsch, 2005）等。

近些年来，随着互联网技术的进步和开放获取运动的兴起，结构化全文数据开始出现。结构化全文数据指的是以 XML 格式的全文数据为代表的，利用结构化标记语言进行存储和发布的科学文献全文数据。与常见的 PDF 格式的全文数据不同，由于结构化全文数据对全文中的各种元数据进行特殊标记，相当于对学术论文的全文进行了索引。也就是说，它除了"索引"论文的题录信息（位于篇头）和引文信息（位于篇尾），还"索引"论文正文中的各种信息，如图表信息、章节信息、引用信息等。

相对于传统的 PDF 这种非结构化格式的全文，XML 格式的文献全文具有如下优势：①结构化，XML 是一种结构化的标识语言，更易于标识文章的题录信息、章节信息、图表信息和引文信息；②通用性，XML 是一种由浏览器支持的通用格式，不受软件和平台的限制，并且可以自定义各种丰富的显示样式；③交互性，XML 中可以包含丰富的超链接，以方便在文章中或数据库中进行跳转，大大提高了文章的交互性和数据库的连通性。由于这三个优势，XML 格式的科学文献数据库的出现，极大地方便了对学术论文全文的自动化解析和信息处理，并使得大样本的学术论文全文数据采集、分析和实证研究成为可能。

目前，XML 全文格式已经开始成为各文献数据库中一种重要的全文存储和显示方式。世界著名科学期刊发行商 Springer、Elsevier 和 Wiley 等都提供或部分提供 XML 格式的全文阅读或下载。在各类 XML 格式标准中，Elsevier 的 XML 全文数据格式以其精良的设计在科学出版界得到了广泛的采用，PLoS 开放平台就是采取了 Elsevier 的 XML 数据格式作为数据的存储和中转中介。Elsevier 的 XML 格式数据的文档类型定义（Document Type Definition, DTD）和 XML 架构（Schema）的具体描述可以从 Elsevier 的官方网站上获取①。

2011 年，Elsevier 推出 ConSyn 数据平台（目前处于邀请试用阶段），可以提供 XML 格式全文的检索和批量下载。由于 Elsevier 是全球最大的科学期刊出版商，拥有 *Cell* 和 *The Lancet* 在内的 2000 多种学术期刊，涵盖自然科学和社会科学的各个领域，因此 Elsevier ConSyn 数据平台的出现，对于科学文献数据的发展具有非常重要的示范作用。

由于结构化全文数据刚刚出现，目前基于结构化全文的分析还比较少。大部分全文研究都是利用自然语言处理的方法对非结构化全文的索引和检索研

---

① http://www.elsevier.com/author-schemas/elsevier-xml-dtds-and-transport-schemas.

究。基于全文索引的信息索引和检索主要兴起于 1990 年，研究者们主要致力于将自然语言处理的方法应用到信息索引和检索中，如去除停用词（Wilbur & Sirotkin, 1992）、分词（Saffran et al., 1996）、取词根（Lovins, 1968）、词性标注（Schmid, 1994）、短语识别（Chou et al., 1998）、实体识别（Tjong Kim Sang & de Meulder, 2003）、概念抽取（Kontogiannis et al., 1996）、指代消解（Soon et al., 2001）、词义消歧（Yarowsky, 1995）等。

对于结构化或半结构化全文数据的索引出现得稍晚一些。1999 年，托伊费尔（S. Teufel）在她的博士论文（Teufel, 1999）中，率先采用了结构化的文件格式。她采用的文件格式即为 XML 格式，所选的案例是 360 篇刊载在期刊 *Computation and Language E-print Archive* 上的文献。拉杜罗夫（R. Radoulov）所用的数据格式是由 PDF 转换生成的 HTML 数据，所选案例是来自期刊 *Journal of Biological Chemistry* 和 *PNAS* 的共计 100 篇论文和 8258 次引用（Radoulov, 2008）。

在国内，研究 XML 格式的结构化数据较多的主要有武汉大学的刘丹等（刘丹等，2010）。2009 年，他们针对信息检索角度的 XML 的结构化检索问题，采用基于文件的方法，探讨基于 XML 的数字图书馆检索实验系统实现结构化检索的思想和算法（刘丹等，2009）。他们以 Wikipedia 网站的数据为例，展示了如何对 XML 格式的结构化全文进行索引和检索实现。2010 年，刘丹在其另一篇论文中着重研究了中文 XML 数据的索引问题，包括对内容的索引和结构的索引（刘丹，2010）。她选择博士和硕士论文作为案例，对博士和硕士论文中的内容和结构进行了解析，以满足关键词检索和结构化检索的要求。

## 1.3.2 兴起中的开放获取全文运动

开放获取运动的兴起，让结构化全文变得更为普及，从而间接上为全文引文分析提供了极好的发展契机。近年来广受关注的开放获取出版物，如 *PLOS One*、*Scientific Report*、*PeerJ* 期刊或期刊群，都提供了 XML 格式的结构化全文的免费下载，从而为全文引文分析提供了丰富而鲜活的数据来源和实证案例。

开放获取（Open Access，又译为开放存取）是指读者可以通过公共网络免费获取所需的文献，开放获取全文允许读取、下载、拷贝、分发、打印、检索，以及法律允许的其他目的（李春旺，2005）。根据学术出版与学术资源联盟（Scholarly Publishing and Academic Resources Coalition, SPARC）、PLOS 等机构联合发布的《期刊开放获取手册》（SPARC et al., 2014）的指导原则，开放获取由以下六个原则构成：读者阅读权（Reader Rights）、再使用权（Reuse Rights）、版权（Copyrights）、作者发布权（Author Posting Rights）、自动发布（Automatic Posting）及机读性（Machine Readable）。这其中既包含了读者的权利（免费阅读权）和作者的权利（作者发布权），也包含了第三方的权利（再使用权、自动发布、机读性）。

自从 2002 年布达佩斯开放获取计划（Budapest Open Access Initiative）发布以后，越来越多的学术期刊开始完全或不完全地支持开放获取。近年来，随着 *PLOS One*（2006 年）、*Natural Communications*（2010 年）、*Scientific Report*（2011 年）、*PeerJ*（2012 年）等新的开放获取期刊的创办，人们对于开放获取运动的关注越来越多。根据 DOAJ（Directory of Open Access Journals）网站的统计，截至 2016 年 6 月，开放获取期刊已经有 8889 种。传统的基于订阅的期刊出版模式正在失宠，我们正迎来一个学术出版的开放获取时代。

与传统的基于订阅的期刊不同，开放获取期刊通常以电子论文的格式进行在线发表（online print），因此传统适用于纸质版的 PDF 格式开始让位于更适合网络传输和表现的电子文本交换格式，如 XML。XML 自 1998 年首次发布后，已经成为开放型信息组织处理技术框架的基础，是网络环境下信息的定义、组织、处理和交换的核心。董坚峰和张少龙（2009）对国内外全文文献数据描述的发展历史和格式特点进行了回顾，他们指出全文文献的内容多样性、格式复杂性，决定了对全文文献正文必须采用灵活性强、能够自定义标记的置标语言，如 XML 或 SGML。梁问溪（2001）对科技期刊全文上网技术方式如 HTML、XML 和 PDF 进行了比较。沈锡宾等（2011）以美国动物科学学会联盟（Federation of Animal Science Societies，FASS）的出版工作流作为案例，描述了如何借助相关软件将 Word、LaTex 等格式文档转换成 XML 文档，从而最终实现基于 XML 的科技期刊出版。

对于引文分析领域来说，期刊的开放获取运动给我们带来了新的研究课题。利用科学计量学方法并借助计算机技术，对这些易获得和易解析的开放获取全文——通常为机读性更好的 XML 结构化全文格式——进行文本挖掘和话语分析，识别出那些在传统出版时代无法（也无权）提取的新的文献元素，成为引文分析研究人员面临的新问题和新职责。而开放获取数据的出现，将再一次从数据层面上推动引文分析方法的发展。由于开放获取支持全文的免费下载和再使用，具有机读性更好的结构化全文格式，因此可以方便地提取论文正文中的引用信息，让引文分析的对象从传统上基于篇末的引文列表，转换为基于正文中的引用语境，从而大大地拓展了引文分析的研究视域。

## 1.3.3　全文引文分析的前世今生

全文引文分析（full-text citation analysis）方法，是在基于内容的引文分析方法的基础上进一步提出的。基于内容的引文分析方法的倡导者主要是印第安纳大学的丁颖，她认为基于内容的引文分析方法是下一代的引文分析方法（Ding et al., 2014）。全文引文分析方法进一步发展了这一方法，将对引用位置和引用强度的分析加入到基于引用内容的引文分析方法中。2014 年，武汉大学的赵蓉英教授对"全文本引文分析"的方法进行了综述，并将这一方法看作是引文分析方法的新进展（赵蓉英等，2014）。同年，大连理工大学博士生胡志刚也完成了题为"全文引文分析方法与应用"的博士论文（胡志刚，2014）。下面分别从引用位置、引用强度和引用语境三个角度对全文引文分析的历史进行回顾。

### 1. 引用位置分析

引用位置的问题很早就引起了人们的关注。引用位置分析认为，不同位置的引用往往扮演着不同类型的角色。在"引言"部分的引用主要是用于"背景介绍"，而"方法"部分的引用则主要是"方法类引用"。1976 年，欧斯（H. Voos）等研究了引用位置分布上的不均等性，他们发现大部分引用都存在于文章的开头部分（Voos & Dagaev, 1976）。卡诺（V. Cano）发现了同样的分布规律，他发现，引用更多地集中在文章开始的 15% 的位置，差不多对应于文章的引言部分（Cano, 1989）。麦凯恩（K. W. McCain）在其关于"效用指数"的研究中，也引入了引用位置的概念，她根据引文出现的位置对引用的效用进行了赋权（McCain & Turner, 1989）。在国内，刘茜等（2013）研究了引文的被引位置随时间的变化情况，发现了两种被引位置的时序变动情形。此外，胡志刚等（Hu et al., 2013）利用可视化的方法，对引文位置的分布特征进行了研究。

### 2. 引用强度分析

引用强度，又被称为引用力度、引用深度、引用程度等，它表示的是引文在施引文献中的重要程度。一般地，引用强度可以用引文在施引文献中的被引用 / 提及次数来测度。1976 年，欧斯研究了施引文献中的引用强度问题（Voos & Dagaev, 1976）。他指出，并不是所有的引文都是相同的，因为引文在施引文献中被引用的次数不同。Oppenheim 和 Renn（1978）计算了被引文献在施引文献中的平均被引次数，计算得到一篇被引文献在施引文献中被引 1.05 ～ 1.15 次。马里西斯（S. J. Maričić）等利用被引次数作为衡量引用强度的方式，他们将引用一次的情况称为低度引用（low-citation level），引用多次的情况称为重度引用（high-citation level）（Maričić et al., 1998）。在国内的相关研究中，华东师范大学的何佳讯是较早研究引用强度问题的学者之一。早在 1991 年，他就发表了一篇研究"引用深度"的论文（何佳讯，1991），对引用深度、引用类型、引用行为形式和引证分析测度指标之间的关系进行了讨论，其中引用次数是最为重要和核心的指标。胡志刚等（2013）将引文强度纳入到论文的总被引次数的统计中，通过与传统的文献被引次数统计方法的比较，发现前者可以更早地识别出那些潜在的高被引文献。

### 3. 引用语境分析

引用语境，又称为引用上下文或引用内容，指的是施引文献中对引文进行描述和评论的语句。引文语境分析是对引用行为进行描述的最直观的手段。由于引用语境具有丰富的内涵和研究价值，对引用语境的分析俨然已经成为学位论文的热门选题。1999 年，托伊费尔在其博士论文（Teufel, 1999）中对引用语境进行了详细的分析；2008 年，拉杜罗夫选择基于引用语境的自动分类研究作为硕士论文选题（Radoulov, 2008）；2011 年，佛罗斯格（R. E. Frøsig）也以此作为其硕士论文的选题（Frøsig, 2011）。这些学位论文为引用语境的分析提供了丰富的研究素材和研究基础。此外，托伊费尔基于引用语境的分析构建了一个相对复杂的引用行为分类体系（Ritchie et al., 2008; Teufel & Moens, 2002; Teufel et al., 2006）。来自印第安纳大学的丁颖等（2014）则提出了一个引用内容分析（Citation Content Analysis）的研究框架。该研究框架包含了对于引用内容的语法分析和语义分析。在国内，中国科学院文献情报中心的祝清松、冷伏海对引文内容分析的方法进行了综述（祝清松和冷伏海，2013），他们指出，早期的引文内容分析主要是人工判读和总结，随着文本挖掘技术的提升和全文本获取的可行性，引文内容分析变得更加方便。

## 1.4 全文引文分析：新的开始

乘着科技文本电子化和开放获取全文运动的东风，我们已经迎来了一个全文引文分析的新纪元。在全文引文分析的涉猎领域内，它将重塑当前的研究范式和研究。应运而生的全文引文分析，可以增加文献计量学研究的广度和深度，拓展引文分析方法的功能和应用，增进我们对学术论文写作的认识和了解。

### 1.4.1 全文引文分析推动了文献计量学的发展

文献计量学是指对科学文献进行计量分析的一套方法体系（邱均平，1988），一般可分为内容分析方法和引文分析方法。通过对科学文献的文献计量分析，在宏观层面上，可以对科技发展的动态和走向进行预见，在微观层面上，可以对文献作者即科学家的合作模式、成长规律、影响力进行评价。因此，文献计量学的研究已经成为图书馆和情报学领域的重要研究分支。

文献计量学的发展离不开文献数据库的发展。早期的文献计量学主要基于题录数据进行分析，这个时期的研究主题主要是文献增长规律（指数增长定律）（de Solla Price, 1963）、作者发文量的分布（洛特卡定律）（Lotka, 1926）、核心期刊的分布（布拉德福定律）（Bradford, 1948）、关键词的分布（齐普夫定律）（Zipf, 1949）等，主要关注的是文献的分布规律。

20 世纪 60 年代，引文索引数据库的出现，使文献计量分析从题录分析的时代进入引文分析的时代。引文分析方法是研究文献之间的引用关系的一种方法。引用的主体称为施引文献，引用的客体称为被引文献。通过对引用关系的分析，可以了解一篇文献被哪些文献所引用，或者一篇文献经常和哪些文献一起被引用。引文分析关注的是文献之间的关联规律。

全文数据库，尤其是结构化全文数据库的出现，将文献计量学带进另一个新的发展阶段。结构化全文数据库为文献计量学研究提供了更加广阔的空间和可能。它不仅可以充分满足此前对于题录分析和引文分析的所有数据要求，而且为我们研究学术论文中的章节结构、图表功能、论述方式和引用行为等提供了数据基础。

全文引文分析是结构化全文分析的重要组成部分。对全文中的引用信息和引用行为的分析，不仅可以拓宽文献计量学的研究广度，让研究者的视角更多地转移到学术论文的正文研究中来，而且可以加深文献计量学的研究深度，使得对引文分析中的关于引用动机的分析研究更加深入。

全文引文分析，从对文献的分布规律研究、关联结构研究，转移到对文献的功能意义研究上来。文献的分布和联系固然非常重要，但产生这种分布的背后机理以及文献联系的内涵，同样值得关注和研究。通过对引用行为的文本分析，恰恰可以揭示出文献分布和联系背后的本质特征。

## 1.4.2　全文引文分析深化了引文分析方法的功能

引文分析的出现，不仅大大改变了文献计量学领域自身的研究面貌，在实际科研问题中也得到了广泛的应用。一般来说，引文分析的主要功能和应用包括科学文献检索、科学评价与科学预见、科学知识图谱等。全文引文分析从引文的本质出发，在基础层面上对引文分析的这些功能进行了深化。

科学文献检索是引文分析方法最早的一项应用，也是加菲尔德构建科学引文索引的初衷。科学引文索引构建的目的就是把整个科学文献用引用关系串联起来，通过引文索引构建的"引用链接"，用户可以在科学文献的海洋里方便地进行跳转和追溯，从而大大提高检索的效率。全文引文分析，通过深入到引用发生的具体语境（citation context），可以让这种检索方式更为精确和精细。如果说之前的引文索引，可以告诉我们谁引用了谁（who），那么对全文引用信息的索引，则可以告诉我们引文是怎么进行引用的（how）。

引文分析方法的另一个重要应用是科学评价与预见。将文献的被引次数作为衡量一篇论文的质量或影响力的评价指标，已经成为科学界普遍接受的共识。被引次数作为评价指标具有简单性和客观性的优点。简单性是指被引次数指标容易获得和计算，客观性是指其相对于同行评议的方法不会受到评审人的主观影响。全文引文分析，保留了被引次数评价指标的这些优点，并且通过考察每次引用时的不同特点，对引用进行加权和赋值，从而可以更准确地评价文献的影响力和发展潜力，从而更好地预见将来可能出现的研究热点。

引文分析方法还可以用于科学知识图谱的构建。利用文献之间的引用关系（Garfield et al., 1964）、文献耦合（bibliographic coupling）关系（Kessler, 1963）和共被引（cocitation）关系（Small, 1973），可以构建文献之间的联系，然后利用科学可视化方法，对文献之间的这种联系进行知识构建和图谱绘制。深入到引用具体语境的全文引文分析，通过对文献之间引用关系的内涵挖掘，可以让科学知识图谱的构建变得更加多样和多元，让科学知识图谱更容易解读或更有说服力。

## 1.4.3　全文引文分析增进了对学术论文写作的了解

学术论文是对科学研究成果进行展现的主要途径。向科学共同体展示自己研究的背景、方法、结果、结论和意义，离不开一篇结构合理、论述清晰、隽永可读的学术论文。因此，学术论文写作是科学研究中非常重要的一环，也是科学工作者必须学习的一项生存本领。

学术论文的写作有其自身的规范。从结构上来看，一般分为问题的提出、前人的研究、数据和方法、研究结果、讨论和结论等。其中，穿插在正文各个部分的引用，为学术论文的论述提供了关键性的论据支撑。从观点的归属来看，一篇学术论文可以分为公共观点、他人观点和个人观点（Teufel, 1999）。虽然个人观点是论文的核心，但是它的提出和检验离不开公共观点和他人观点的支撑。而借鉴和借助他人的观点，就需要通过引用来实现。

虽然引用早就成为学术论文的重要组成部分，然而却很少有一个具有操作性的引用行为规范告诉科学家如何进行引用。似乎所有与此相关的知识，都只存在于导师和学生的口耳之间，存在于期刊评审人和投稿人的邮件之间，成为一种潜在的、不成文的隐性知识。

全文引文分析，通过对引用行为的大规模实证研究，在一定程度上将这些潜规则变成明规则，将隐形的知识变成显性的知识，把定性的规范变成定量的规范，从而给学术论文写作者在如何进行引用的问题上提供一种有益的借鉴。

# O2

# 位置、强度和语境：全文引文分析的三个维度

全文引文分析是对学术论文正文中出现的引用信息和引用行为进行研究。从研究维度来看，全文引文分析可以分为引用位置分析、引用强度分析和引用语境分析。引用位置分析是指对引用在施引文献中出现的位置情况进行分析，引用强度分析是指对施引文献中引用的程度进行分析，引用语境分析是指对施引文献中引用的语境进行分析。

## 2.1 引用位置：where to cite

引用位置指的是引用在正文中出现的位置，包括引用出现的章节、出现的先后顺序等。在学术论文中，不同位置的引用往往具有不同的动机和功能。在"引言"部分的引用主要是用于研究问题的背景介绍，而"材料与方法"部分的引用则主要是引用他人的方法和工具，在"结果中讨论"部分的引用主要是用自己的研究结果与前人结果的对照和比较。

1976 年，欧斯等研究了引用位置分布上的不均等性，他发现大部分引用都存在于文章的开头部分（Voos & Dagaev, 1976）。荷兰学者卡诺等发现了同样的分布规律（Cano, 1989），卡诺研究了各个位置的引用出现的比例，发现开头部分的引用最多，越往后引用越少。

1989 年，卡诺研究了引用位置的分布和不同位置的引用之间的区别（Cano, 1989）。他首先将引用位置分成三组：①开始（10%～15%）；②中间（20%～75%）；③结尾（80%～100%）。卡诺发现，引用更多地集中在文章开始的 15% 的位置，差不多对应于文章的引言部分；不过在这部分出现的引用中，1/3 以上的属于次要的引用。另外，他还研究了不同引用位置下引用动机

之间的区别，比如，在中间部分的引用中有机引用（organic citation）的比例显著多于其他部分的对应比例。

1989 年，美国德雷塞尔大学的麦凯恩提出了一种叫做"效度指数"（utility index）的引用指标（McCain & Turner, 1989），用来对引用的作用进行评价。其中的一个主要组成要素即为引用位置，这一公式的构成是

$$\mathrm{UI} = W_{\mathrm{SC}} \left[ W_{\mathrm{i}} \ln\left(X_{\mathrm{i}}+1\right) + W_{\mathrm{m}} \ln\left(X_{\mathrm{m}}+1\right) + W_{\mathrm{d}} \ln\left(X_{\mathrm{d}}+1\right) + W_{\mathrm{r}} \ln\left(X_{\mathrm{r}}+1\right) \right] \quad (2.1)$$

其中，$W_{\mathrm{sc}}$ 表示引用来源的权重：他引的权重为 1，自引的权重为 0.1，单位自引的权重为 0.5。$W_{\mathrm{i}}$、$W_{\mathrm{m}}$、$W_{\mathrm{d}}$、$W_{\mathrm{r}}$ 分别表示出现在引言、方法、讨论和综述中的引用的权重。$X_{\mathrm{i}}$、$X_{\mathrm{m}}$、$X_{\mathrm{d}}$、$X_{\mathrm{r}}$ 分别表示在引言、方法、讨论和综述中出现的引用数量。

基于不同的假设，麦凯恩设计了四种不同的对引用位置的赋权策略，分别是：① $W_{\mathrm{i}}:W_{\mathrm{m}}:W_{\mathrm{d}}:W_{\mathrm{r}}=1:2:1:1$，即突出第 2 章中的方法类引用在施引文献中的作用；② $W_{\mathrm{i}}:W_{\mathrm{m}}:W_{\mathrm{d}}:W_{\mathrm{r}}=1:3:2:1$，即突出第 2 章中的方法类引用和第 3 章中的讨论类引用的重要性；③ $W_{\mathrm{i}}:W_{\mathrm{m}}:W_{\mathrm{d}}:W_{\mathrm{r}}=0.5:1:1:0.5$，即降低引言和综述中的引用的重要性；④ $W_{\mathrm{i}}:W_{\mathrm{m}}:W_{\mathrm{d}}:W_{\mathrm{r}}=1:1:1:1$，即将所有不同章节的引用做等权看待。

1998 年，克罗地亚学者马里西斯等（Maričić et al., 1998）借鉴了麦凯恩对不同引用位置的引文赋予不同权重的思路，他们将在引言（INT）、方法（MET）、结果（RES）、结论 / 讨论（DIS）四个不同的章节中出现的引用分别赋值为 15、30、30、25。在引言一节出现的引用的作用被认为是最不重要的，其重要程度仅仅设定为在方法或结果中的引用的一半。

1999 年，日本学者难波（H. Nanba）与奥村（M. Okumura）（Nanba & Okumura, 1999）构建了一种引用自动分类系统，其中涉及对于引用位置的研究。他们将引文分成三类：Type B（base on）、Type C（compare to）和 Type O（others）。他们的研究发现，Type C 通常出现在引言（Introduction）、相关研究（Related Works）或讨论（Discussion）等小节中，而 Type B 通常出现在引言（Introduction）和实验（Experiment）两节中。

国内研究引用位置的实证分析还比较少。2013 年，刘茜等在《情报杂

志》发表论文（刘茜等，2013）研究了引文的被引位置随时间的变化情况。他们发现了两种被引位置的时序变动情形，一种是开始的时候会在背景介绍（Introduction）或论点讨论（Discussion）部分交替出现，随着时间的渐进，逐渐向背景介绍部分集中；另一种是一直在背景介绍中，几乎不出现在论点讨论中。

他们的另外一篇研究（王剑等，2013）又将引用频次和引用内容引入引用位置分析的框架中。他们比较了不同被引频次的论文在引言、方法、结论、讨论中的分布，发现高被引论文更多地出现在施引文献的方法（27%）和结论（15%）中。同样地，不同引用内容的引文，被引用的位置和章节也不同。

2013 年，胡志刚等（Hu et al., 2013）利用可视化的方法，对引文位置的分布特征进行了研究。研究发现，引用在全文中的分布极不均匀，接近一半的引用分布在论文的 30%，也就是大概背景介绍一节所在的位置；发表年份较早的经典文献在施引文献中的被引用位置比一般的论文更靠前；被引次数较高的论文比被引次数较低的论文被引用的位置更靠前。

## 2.2 引用强度：how to cite

引用强度用来表示引文在施引文献中的重要程度。将引用强度视作引用行为的一种指标或属性，很早就出现在引用行为研究者们的视线中。早在 1975 年，穆拉维斯基和穆鲁哥山（Moravcsik & Murugesan, 1975）就将引用按照其重要程度分为有机引用（organic）和敷衍引用（perfunctory）两类。楚宾（Chubin & Moitra, 1975）进一步扩展这种两分法，将引用强度分成了四个级别，即基础引用、辅助引用、额外引用和敷衍引用。卡诺（Cano, 1989）借鉴了这种四分法，将引用分为次要引用、适当引用、重度引用和必需引用。2005 年，英国学者汉内（S. Hanney）等的研究（Hanney et al., 2005）也采用了几乎同样的四分法。

引用强度可以通过引用语境和引用次数来进行划分。1982 年，邦奇（S. Bonzi）利用引用语境对引用强度进行了分类（Bonzi, 1982）。她将引用强度分成三种类型：①未特别提及（如 Several studies have dealt with... ）；②较少提及（如 Smith has studied the impact of... ）；③直接进行引用和讨论（Smith found that... ）。通过观察引用时的语境特点，可以容易地识别出施引文献对被引文献的不同引用强度。这种通过语境判别引用强度的方法，在早期的引用行为研究和分类中多有体现。

但更多的引用强度分析则是基于定量的角度。从定量的角度来看，引用强度可以用引文在施引文献中被提及的次数多少来表示。我们知道，不同的引文在单篇施引文献中被引用的次数并不相等，一部分引文只被引用一次，而有的文献则会被引用两次、三次或者更多次。一篇引文在施引文献中被引的次数越多，说明该引文的重要性越大，施引文献对它的引用强度也就越高。

1976 年，欧斯（Voos & Dagaev, 1976 ）研究了施引文献中的引用强度问题。他指出：首先，并不是所有的引文都是相同的，因为引文在施引文献中被引用的次数不同；其次，并不是所有的引用都相同，因为引用在施引文献中出现的位置也不相同。

1978 年，海拉赫（G. Herlach ）研究了施引文献和被引文献之间的关系问题（Herlach, 1978 ）。他认为引用次数可以作为测量施引文献和被引文献之间的关系的一种指标，大约有 1/3 的引文在施引文献中被引不只一次。他对利用引用次数作为引用强度指标的效果进行了评价，发现这一指标和科学家对文献之间联系的主观判断是一致的。

奥本海默和雷恩（Oppenheim & Renn, 1978 ）也计算了被引文献在施引文献中的平均被引次数，他们利用楚宾的研究数据（Chubin & Moitra, 1975 ），计算得到一篇被引文献在施引文献中被引 1.05～1.15 次。马里西斯（Maričić et al., 1998 ）利用被引次数作为衡量引用强度的方式，他将引用一次的情况称为低度引用，引用多次的情况称为重度引用。他还比较了引用位置与引用强度之间的关系，发现在引言中低度引用和重度引用的情况基本相等，而在后面的各节中，几乎全部的引用都是重度引用。

印第安纳大学的丁颖等在 2013 年发表的一篇论文（Ding et al., 2013 ）中研究了学术论文中的多引现象，反映了引文在引用强度上的差异。她对一篇论文在施引文献中引用的次数进行了统计，还比较了不同章节中引用强度大小的差异。这篇文献还间接指出了引用强度在学术论文评价中的应用。他们比较了传统的被引次数统计方法（CountONE）和新的考虑被引次数统计方法（CountX），后者的高被引论文列表和前者有着显著不同。

在国内的相关研究中，华东师范大学的何佳讯是较早研究引用强度问题的学者之一。早在 1991 年，他就发表了一篇研究"引用深度"的论文（何佳讯，1991），对引用深度、引用类型、引用行为形式和引证分析测度指标之间的关系进行了讨论，他所指称的引用深度概念，比我们这里的引用强度的概念更为宽泛，除了包含了引用次数的含义，还包括引用时的语境和行为等，但是，引用次数仍然是其中最为重要和核心的指标。在 1991 年前后，何佳讯在引用行为和引文分析（他称为引证分析）领域还做出其他一系列的重要研究（何佳讯，1992a, 1992b, 1992c），是中国引文分析尤其是引用行为研究领域的先驱之一。

胡志刚等（2013）将引文强度纳入论文的总被引次数的统计中，通过与传统的文献被引次数统计方法的比较，发现前者可以更早地识别出那些潜在的高被引文献。

## 2.3 引用语境：why to cite

引用语境是引用时的上下文内容，即施引文献对被引文献的描述性或评论性文字。引用语境分析和引用内容分析的含义类似，是对内容的分析和解读。相对于引用位置分析、引用强度分析，引用语境分析可以研究的角度更多，可以研究的范围更广，可以研究的程度更深，因此可以看作是全文引文分析的关键和核心。

正是由于引用语境分析具有重要的研究意义和研究价值，引用语境分析俨然成为当前最为热门的学位选题。1999 年，托伊费尔在其博士论文中对引用语境进行了详细的分析（Teufel, 1999）；2008 年，拉杜罗夫选择基于引用语境的自动分类研究作为硕士论文选题（Radoulov, 2008）；2011 年，佛罗斯格也以此作为其硕士论文的选题（Frøsig, 2011）。这些学位论文中所建立的研究范式，为引用语境的研究提供了重要的研究范例。

引用语境是对引用行为进行描述的最直观的手段。不过，这种直观性是对人类来说的，对于机器而言，引用语境就没那么直观了。因此，对引用语境的分析，通常需要借助自然语言处理的方法。引用语境的研究一般分为词频分析（尤其是线索词分析）和主题分析等。其中最为常见的方法，就是提取引用行为中的线索词，作为标注不同引用语境和引用行为的特征。

关于词频分析最早的研究可以追溯到 1979 年伦敦城市大学的芬尼（B. Finney）的硕士论文（Finney, 1979）。在其硕士论文中，他最早提出了一种基于线索词（cue phrase）对引用行为进行研究的方法，结合线索词和引用位置，他识别出引用行为的七个种类，分别是：①公认知识（assumed knowledge）；②试验性（tentative）；③方法（methodological）；④确认（confirmation）；⑤否定（negational）；⑥解释（interpretation/developmental）；⑦未来研究（future research）。

芬尼的这一方法得到了日本学者难波等的认可和借鉴。1999 年，日本学者难波等利用引用位置和线索词，构建了一种引用自动分类系统（Nanba & Okumura, 1999），将引用分成三类：Type B、Type C 和 Type O。他们发现，从线索词来看，Type B 和 Type C 分别对应于不同的线索词，Type B 对应的线索词包括 based on、used in、we can use 等，Type C 对应的线索词包括 but、however、although 等。文中，他们共列举了 Type B 所对应的线索词 84 个，Type C 所对应的线索词 76 个。

同芬尼和难波等一样，2000 年，加拿大西安大略大学的加荣（M. Garzone）利用线索词和引用位置也对引用行为和引用语境进行了分类（Garzone & Mercer, 2000）。他们设计了两种复杂度不同的分类方法，一种是简单的词典规则，另一种是复杂一些的语法规则。前者仅需考虑引文所在的章节以及少量设计好的线索词、修辞词等，而后者除了考虑线索词之外，还要考察主语、谓语或宾语是否同时符合条件。

剑桥大学的托伊费尔很早就开始关注引用语境分析和引用分类问题，并且仍然是活跃在该研究领域的重要专家之一。早在托伊费尔1999年完成的博士论文中，托伊费尔就详细列出了她所用到的引用语境的分类规则，这应该是迄今所有规则中最为复杂的一个。这一分类规则长达25页，其中包括大约150条规则，包含例子、决策树和特别解释说明等。作为一种基于线索词对引用语境进行分类的方法，她的分类规则包含1762个线索词、185个识别符（POS-based recognizer），以及20个行为动词。在人工识别的过程中，又有75类共892个线索词被添加进去。

托伊费尔2006年基于对引用语境的分析构建了一个相对复杂的引用行为分类体系（Teufel et al., 2006）。她将引用行为分成4大类12小类，即弱点（weak）、对比（contrast）、认同（agreement/usage）和中性引用（neutral），其中，在对比和认同这两个类别下，又分别分成4小类和6小类。托伊费尔还进一步按照引用中的情感（sentiment）将上面的12种引文分成三类，即正面引用、负面引用、中性引用。

2008年，拉杜罗夫在其硕士毕业论文（Radoulov, 2008）中系统回顾了各种自动化的引用分类方法，并在此基础上开发了一种新的机器学习的自动分类方法。为了将引用划归到这三个维度共计21个小类，拉杜罗夫没有通过专家设定规则，而是运用了一种机器学习的方法，他设计了364个属性，这些属性包括：引用位置（6个）、词性（38个）、句法（2个）、线索词（268个）、确定性词（50个）。然后，采用一种朴素贝叶斯和期望最大值相结合的文本分类方法，最终得到一个表现相当出色的分类方法和一种机器生成的特征属性（feature selection）。

美国威斯康星大学密尔沃基分校计算机系的于红（Yu Hong）和阿加瓦尔（S. Agarwal）等是近年来关注引用分类自动化技术较多的学者。2009年以来，他们发表了一系列论文（Agarwal et al., 2010; Agarwal & Yu, 2009; Yu et al., 2009），并构建了一个基于引用语境的文本特征进行引用自动分类的系统。他通过采用支持向量机及多项式朴素贝叶斯的方法，提取各个分类最显著的特征。结果表明，对于不同的类别，两种方法的表现也不一样。比如，对于"背景/敷衍"这一类别，利用支持向量机方法并选取150个特征时，分类的准确率最高；对于"方法"这一类别，利用多项式朴素贝叶斯方法并选取 250 个特征值时，分类的准确率最高。

美国印第安纳大学的刘晓忠（Liu Xiaozhong）等提出了一种全文引用分析新方法（Liu et al., 2013），利用主题模型（supervised topic modeling）和网络分析算法（PageRank）来改进经典的文献计量学方法，可以有效地提高对科学文献的评价方式。他们的这项研究正是基于引用的语境而开展的。

同样来自印第安纳大学的丁颖等则提出了一个引用内容分析的研究框架（Zhang et al., 2013）。该研究框架包含了对于引用内容的语法分析和语义分析。在语法层面，引文分布在文献中的不同语法结构中。在语义层面，引文具有不同的语义贡献。丁颖等将引用内容分析看作是下一代的引文分析，认为引用内容分析将在很多层面上拓展和深化传统的引文分析方法。

与此遥相呼应的是，中国科学院文献情报中心的祝清松、冷伏海也关注到引文内容分析的方法。2013 年，他们在《情报资料工作》中发表文章对引文内容分析的方法进行了综述（祝清松和冷伏海，2013），指出早期的引文内容分析主要是人工判读和总结，随着文本挖掘技术的提升和全文本获取的可行性，引文内容分析变得更加方便。祝清松等所提出的引文内容分析方法流程是：①数据预处理，包括数据集构建和全文预处理；②引文内容抽取，包括引用句抽取和引文内容识别；③内容深度分析，包括引文类型识别、情感倾向分析和引文主题识别。

祝清松和冷伏海还利用引用内容分析的方法进行了实证研究（祝清松和冷伏海，2014）。他们以碳纳米管纤维研究领域的高被引论文为研究对象，通过引用内容抽取和主题识别的方法，识别出该领域中高被引论文的主题。研究表明，与基于标题和摘要的主题识别相比，基于引用内容的主题具有更好的主题代表性，可以更高更有效地揭示被引文献的研究内容。这一研究体现了引用语境分析的实际应用价值。

最后，需要特别指出的是，引用位置、引用强度和引用语境作为全文引文分析的三个方面，并不是相互孤立的，而是经常同时作为这一方法的有机组成部分，共同构成全文引文分析的研究框架。例如，在引用语境的分析中，加入对引用位置和引用强度的考量，可以提高引用语境研究的精度；而在引用位置中，加入对引用强度或引用语境的分析，则可以为引用位置研究赋予更深的研究意义和内涵。卡诺（Cano, 1989）、麦凯恩（McCain & Turner, 1989）、加荣（Garzone & Mercer, 2000）和马里西斯（Maričić et al., 1998）等在其研究中就全面考察了引用位置、引用强度和引用语境之间的关系。

# 03

# 从引文到引用：全文引文分析的研究进路

本章将比较两个概念——引用（citation）和引文（reference）。引文出现在文章末尾，是被引用的对象；引用出现在文章正文中，是引用的行为。Web of Science、Scopus、CSSCI 等引文索引数据库的出现，使得对篇末"引文"的分析变成可能，而 Elsevier ConSyn 等结构化全文数据库的出现，使得对于正文中"引用"的分析变成可能。全文引文分析的方法，就是要让传统引文分析的研究视角从"引文"深入到"引用"，从传统的基于题录数据的"引文分析"（Reference Analysis）深化到基于全文数据中的"引用分析"（Citation Analysis）。

## 3.1 引文和引用：两个不同的概念

引文和引用是两个紧密相关但又有着显著不同的概念。前者是后者引用的对象，后者是引用前者的行为（Ding et al., 2013）。在存在的形态上，引文是集中的，集中在文章末尾的引文列表中；而引用是分散的，分散在文章正文的各个章节和各个位置。在对应关系上，一篇引文可以在多个引用位置被引用，而一个引用也可以包含对多篇引文的引用。

追溯起来，引文和引用的分化是现代才出现的。作为图书或文章中的引注方式，引用在西方起源于对著作权或发现优先权的尊重，在中国起源于宋明理学考据学派的引经据典。早期，引用只是"注释"及其衍生的注释形式，包括夹注、脚注、尾注。在夹注和脚注中，引用和引文是一一对应的，从牛顿的《自然哲学的数学原理》到马克思的《资本论》中的注释均如此。而现代期刊更注重尾注，且要求：文中引了，文末须注；文中未引，文末不注，且不允许注。在尾注中，"引"的位置在前，"注"的位置在后，且"引"的顺序并不要求与"注"的顺序一致（英文中参考文献多以姓氏和年份为序排列），"引"的次数和"注"的数量也不要求一致（可以多次引用同一篇参考文献），"引"和"注"（或者是引用和引文）之间的割裂才变得如此突出。

基于文末引文的引文分析研究，关注的是"注"而不是"引"，或者说是"引文"而不是"引用"。引文是集中在篇尾的，分析起来相对比较简单；而引用分散在正文中，需要借助全文数据才能够进行分析。结构化全文数据的出现，恰好为以"引用"为研究对象的引用分析的兴起提供了条件，也为实现从对"引文"的分析到对"引用"的分析的跨越提供了契机。由于对"引用"的分析离不开全文，因此对"引用"的分析，又称为基于全文的引文分析，以区别于基于文末参考文献的引文分析。

下面将逐一分析传统的面向"引文"的分析（这里简称为引文分析）和全文引文分析中面向"引用"的分析（这里简称为引用分析）二者之间的区别和联系。

### 3.1.1 引用分析和引文分析的区别

#### 1. 指标不同：引文特征与引用特征

引用分析和引文分析具有不同的特征体系。引文分析的指标包括引文的被引年龄、被引次数等；引用分析的指标包括引文的引用位置、引用强度等。

在引文分析中，引文的被引年龄是引文被引时的年份减去发表时的年份，可用于引文的半衰期研究。被引次数是传统的引文分析中最常用的引文特征指标，可以用于引文的评价，包括文章的质量评价和影响力评价。

在引用分析中，引文的引用位置测量的是引文在施引文献中被引用的位置，可以反映引文在施引文献中的功能。引用强度测量的是引文在施引文献中被引用的强度，可以反映引文对施引文献的重要程度。

#### 2. 层次不同：宏观层次和微观层次

引用分析和引文分析关注的层次不同。引文分析关注的是引文在整个科学文献中的位置和地位。传统的引文分析一般只关心被引文献和施引文献的简单数量统计，将被引次数看作施引文献和被引文献之间唯一的指标。所有这类指标，包括文献的被引次数、科学家的 $h$ 指数、期刊的影响因子等，都是在宏观层面上进行文献计量分析。

而引用分析则深入施引文献的内部，关注的是每篇施引文献中每一次引用发生的位置等信息。它从引用语境的微观层次上探索引用行为的规律和特点，挖掘施引文献和被引文献的关系大小和类别。因此，引用分析关注的是引文在单篇科学文献中的位置、地位和动机。

### 3. 视角不同：读者视角和作者视角

引用分析转变了引文分析的视角，使引文分析从读者视角带入到作者视角。传统的引文分析方法，从读者的视角看待引文，关心的是引文是如何被引用的；而新的引用行为分析，则是从作者的视角看待引文，关心的是如何引用引文。

引文分析是从被引文献的角度出发研究问题，而引用分析则是从施引文献的角度出发研究问题。前者主要是为读者服务，告诉读者哪些文章更值得阅读和参考，哪些文献、作者或期刊的被引价值更高。后者主要是为作者服务，告诉作者如何在科学写作的过程中引用文献，哪些引文应该优先被引用，引用的规范和方式是怎样的。

## 3.1.2 引用分析和引文分析的联系

### 1. 互补关系：二者之间的区别为彼此提供了互补的空间

正是由于引用分析和引文分析的不同，二者之间可以相互补充。引用分析可以为引文分析提供微观解释；引文分析可以为引用分析提供宏观指导。

在科学评价等问题的研究中，引文分析关注的是科学评价的最终结果，对这一结果的解释则不是引文分析所擅长的，而引用分析却恰恰可以通过对引用动机的解读，增强我们对科学评价结果的解释力。反过来，引文分析也为引用分析提供了研究问题和研究重点，引文分析的结果决定了哪些引文的引用行为和动机更值得进行关注和研究。可以说，引文分析结束的地方，正是引用分析开始的地方。

### 2. 互动关系：引用特征指标与引文特征指标之间的同步变化

引文特征指标和引用特征指标之间存在着互动关系。在全文引文分析中，还会研究引用位置、引用强度、引用语境与被引年龄、被引次数之间的互动关系，揭示引用特征指标与引文特征指标之间的相互影响。

例如，被引年龄越大的引文的引用位置越靠前，被引次数越高的引文的引用位置也越靠前；被引年龄越大、越是经典的引文的引用强度越小；高被引论文的引用语境与低被引论文的引用语境也不尽相同。这些都体现了引用特征与引文特征之间相互影响、相互联系的互动关系。

### 3. 互通关系：引用分析是引文分析的深化而不是革命

引用分析和引文分析在研究对象、研究目的、研究方法、研究结论上很多方面是互通的。引用分析是引文分析的深化而不是革命。

首先，引用分析和引文分析具有共同的研究对象，二者都是研究被引文献和施引文献之间的关系。其次，二者具有相同的研究目的，两者都是试图挖掘引用行为中的规律性。再次，二者还具有一致的研究方法，一般都是采用定量分析、可视化分析的实证分析方法。最后，两者具有接近的研究结论，在引文分析中需要重点关注的高被引文献，在引用分析上同样具有突出的表现。

## 3.2 引用：全文引文分析的对象

对引文和引用的概念的辨析，还伴随着对 Citation Analysis 的翻译的混乱。Citation Analysis 在中国被翻译成多种版本，包括"引文分析""引用分析""引证分析"等。从 CNKI 数据库检索的结果来看，"引文分析"这种译法最为常见。所以，虽然全文引文分析中的研究对象主要是"引用"，我们仍沿袭用得最多的"引文分析"一词，称之为"基于内容的"或者"基于全文的"引文分析方法，简称为"全文引文分析"，而不是容易引起混淆的"引用分析"。

作为全文引文分析研究对象的引用，表示的是链接在施引文献和被引文献之间的引用关系。作为引用关系箭头的两端，其一端是施引文献（citer），另一端是被引文献（citee）。引用关系就像是文献之间的网络链接，串联起了文献之间的关系网络。通过引用关系，科学家们可以在文献的海洋中跳跃腾挪。引用关系的两个变体是共被引关系和文献耦合关系。共被引关系指的是两篇文献同时被第三篇论文所引用的关系，而文献耦合关系则指的是两篇文献同时引用了第三篇论文。无论是两篇论文同时引用了第三篇文献，还是同时被第三篇文献所引用，都说明两篇论文在研究主题、方法等方面存在着一定的相似性。

作为全文引文分析研究对象的引用，关心的是施引者的引用行为和动机。施引者是引用行为的主体。施引者基于研究问题和研究目标，选择引用哪些论文，并在行文过程中判断在什么位置引用它们，以及在引用它们的时候怎么对其进行评价。全文引文分析通过对文本的解读来反推引用的动机和行为。在前人的研究中，这种通过阅读施引文献本身的文本去揣度施引者的行为动机的做法并不少见。但是，这些研究多是对少量论文的案例分析。全文引文分析要做的是，借助计算机技术，在对引用的位置、强度和语境等一般规律进行描述的基础上，挖掘大量施引文献中引用行为的整体特征，研究施引者的引用动机和目的。

作为全文引文分析研究对象的引用，研究的是存在于施引文献中的引用信息。引用信息指的是在学术论文正文中可被识别的引文被引用的位置、强度和语境等信息。施引文献引用了被引文献，在文本上不仅表现为在篇末引文中列出了被引文献，还表现为在正文中的某个位置提及了被引文献，有时候还会对被引文献进行描述和评价（也可以没有）。引用信息反映了科学家在进行学术论文写作时的引用行为和引用动机。引用行为和引用动机的多样性反映在学术论文文本中，就表现为引用信息上的多样性。对引用信息的读取、识别、分类和刻画是全文引文分析的重要内容。

作为全文引文分析研究对象的引用，还关心引用的反面——被引用。同施引不同，一篇论文的被引是引文作者无法决定的事情。科学家可以决定引用谁，但没有办法决定将被谁引用——就好像你可以决定你认识谁，但是无法决定谁认识你。引用是主动的，而被引用是被动的。这个现象其实也反映了全文引文分析不同于传统的引文分析的一个区别。传统的引文分析一般只关注引文的被引情况，而在全文引文分析中，既关心被引，也关心引用，并且将二者有机地结合起来。引用和被引是一个事物的一体两面：引用的动机反映了被引的功能；被引的特征也影响着引用的行为。

## 3.3 引文特征与引用特征：全文引文分析的框架

全文引文分析是从施引文献的视角，对施引文献中引用的存在位置、数量、形式和功能进行描绘。本书第 2 章列出了全文引文分析的三个维度：引用位置分析、引用强度分析和引用语境分析。这也是对引用特征进行研究的三个维度。

全文引文分析还离不开被引文献的研究视角。被引文献是引用行为的客体。施引文献引用被引文献的一次引用行为，一方面受到作为主体的施引文献的引用动机的影响，另一方面也受到作为客体的被引文献的引文特征的影响。对于不同被引年龄和被引次数的引文，对它们的引用行为也是不一样的。在全文引文分析中，除了引用特征之外，还将围绕被引文献的这两个特征进行分析。

### 3.3.1 引用特征：位置、强度和语境

关于引用行为的研究主要遵循三个主要研究维度：引用位置、引用强度和引用语境。这三个维度之间彼此相关，互为补充，共同构成了引用行为分析的研究对象和研究内容。

1）在引用位置分析维度，主要研究引用在施引文献中出现的位置和分布，包括在全文各个章节中引用的数量和密度，引用在全文中的相对位置等。

2）在引用强度分析维度，主要研究引文在施引文献中被引用的次数和分布，包括这种多引现象的机理分析，多次引用时的引用位置分布情况等。

3）在引用语境分析维度，主要研究引用语境中的内容词和线索词的分布，包括引用语境中内容词和线索词的选用，各类线索词背后所反映的引用动机等。

### 3.3.2 引文特征：被引年龄和被引次数

在引用行为的客体角度，主要研究引文的两个特征：被引年龄和被引次数。这两个问题也是经典引文分析研究中的热点问题。前者常用来识别研究文献的半衰期和经典程度，后者常用来测量研究文献的热度和影响力大小。

1）被引年龄指的是被引文献在被引时发表的年数，其计算方式为被引年份减去发表年份。被引年龄反映了一篇引文的经典程度或新鲜程度，被引时的年龄越大，说明该引文越经典；被引时的年龄越小，说明该引文越新鲜。

2）被引次数指的是被引文献被引用的总次数，其统计方式需要借助引文数据库来统计有多少篇施引文献引用了该引文。被引次数反映了一篇引文的影响力，被引次数越高，表示该引文的影响力越大；被引次数越低，表明该引文的影响力越小。

### 3.3.3  全文引文分析的理论框架

通过将引用行为分析维度和被引文献特征维度结合起来，可以构建一座架接施引文献和被引文献的特征关联性的桥梁，如图 3.1 所示。在该研究框架下，一次引用行为既取决于施引文献，也受制于被引文献。因此，当谈到一个引用行为的特征时，就可以从如下的维度进行讨论：它的引用位置是多少？被引文献的年龄是多少？

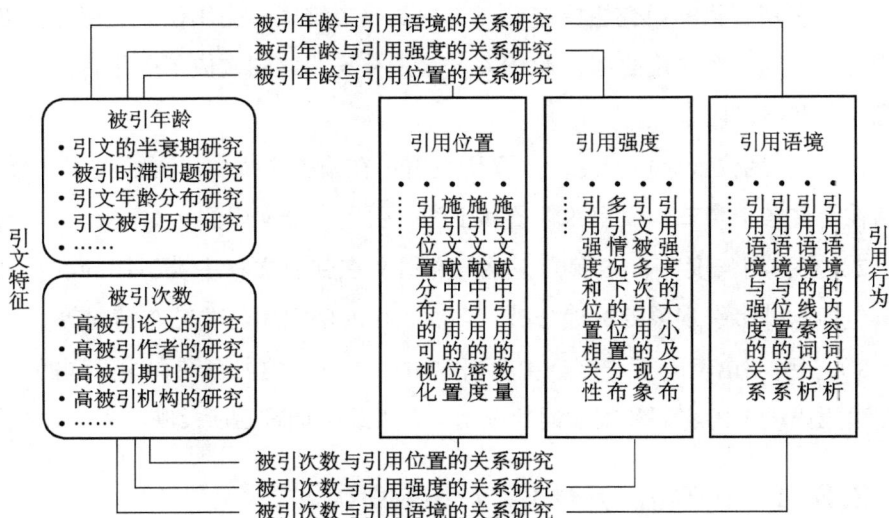

图 3.1  全文引文分析的研究框架

引用行为的三个维度和引文的两个特征之间并不是相互独立的，它们之间存在着一一对应的关联性。引用行为往往决定了引文特征，而引文特征也反过来影响着引用的位置、强度和语境。全文引文分析将对这种关联性进行如下几个方面的分析。

1）在引用位置方面，研究引用位置与引文年龄和被引次数的关系，如年龄较大（即早期发表）的引文与年龄较小（即最近发表）的引文在引用位置的分布上有何不同，高被引论文和低被引论文在引用位置的分布上有何不同。

2）在引用强度方面，研究引用强度与引文年龄和被引次数之间的关系，如年龄较大的引文和年龄较小的引文在引用强度上有无区别，高被引论文和低被引论文在引用强度上有无区别。

3）在引用语境方面，研究引用语境与引文年龄和被引次数之间的关系，如引用不同年龄的引文时的引用语境和动机有何不同，高被引论文的引用语境和低被引论文的引用语境有何不同。

# 04

# 学术论文文本：全文引文分析的数据基础

全文引文分析是典型的数据驱动型研究，学术论文的全文数据是全文引文分析实践的基础和前提。本章将介绍一些常用的可供全文引文分析的全文数据来源，包括非结构化全文数据和结构化全文数据。

## 4.1 学术论文的历史演变

按照一般的定义，学术论文是在科学观察、科学实验和调查问卷的基础上，对某个具体研究领域里的某些现象或问题进行专题研究，运用概念、判断、推理、证明或反驳等逻辑思维手段分析和阐述，揭示出这些现象和问题的本质及其规律性而撰写成的论文。简单来说，学术论文是对科学研究的描述和文本展现。在科学界，有一种说法叫做 publish-or-perish（要么发表，要么出局），即是说一项研究如果没有最终写成论文并发表出来，那么这项研究就没有意义，或者说没有最终完成。

本质上，学术论文是记录和传播科学文化知识的载体。我们知道，没有书写下来的知识一定会遗失在历史的烟云中，所以只有发明了文字之后，人类才开始了有记录的历史，人类文明才开始出现和进化。在远古时代，人们利用洞穴的岩壁来记录信息，后来莎草纸、动物毛皮、丝绸等都曾被用来作为书写文字的载体。公元 150 年左右，中国人发明了造纸技术，极大地降低了人类知识记录的成本。又过了 1000 年，活字印刷术开始出现，各种知识成果得以大量、广泛地印刷和发行，知识的传播和分发效率和广度大大提高。在这一历史背景下，近代科学技术应运而生。

最早，科学家们通过著作、书信、沙龙和演讲等信息来发表个人的研究成果，但随着科学研究节奏的加快，这些形式越来越不能顺应科学发展的需要。1665 年，世界学术期刊的鼻祖——法国的《学者杂志》和英国的《哲学会刊》相继创刊，开启了学术期刊出版和学术论文写作的新时代。学术期刊为科技成果的展示、传播和交流提供了一个稳定和可靠的平台，很快就成为报道新发明和传播新理论的主要工具，大大加快了近代科学迭代和发展的进程。

早期的学术期刊主要是用来发表自然科学领域的实验研究成果和发现。在《学者杂志》创刊号"编辑的话"中，这样阐述该刊的宗旨：①提供在欧洲出版的图书的目录及有用的信息；②刊载著名人物的讣告，评述他们的工作和成就；③发表在物理、化学、解剖学方面的实验研究成果，并用以解释自然现象，报道有关艺术与科学的发现，有关天文及气象的观察和记录；④刊登有关民事和宗教法庭的重要文告、判决及大学的决议通告；⑤报道读者感兴趣的有关时事。随后出刊的英国《哲学汇刊》的宗旨则更为纯粹，主要刊载自然科学领域的科学观察和实验报告，致力于科学发现、知识经验的交流，改善和增进自然科学的研究。

早期发表的学术论文只是简单地记录做了什么和看到了什么，注重研究问题的提出和研究结果的展现。后来随着科学研究中对研究方法的强调，"材料与方法"在学术论文中开始独立成节，最终形成了今天学术论文中普遍采用的 IMRAD 规范结构。

IMRAD 指的是一篇论文的四个主要组成部分：引言（Introduction）、材料与方法（Materials and Methods）、结果（Results）和讨论（Discussion）。其中，引言部分主要用来描述研究问题和研究背景，并对前人的研究进行综述，材料与方法部分主要介绍作者所采用的材料、方法和技术路线，结果部分主要展现研究所得到的观察和实验结果，讨论部分则是对研究结果的分析和解读，并对引言中提出的问题进行回答。对于不同的学科来说，IMRAD 结构还有很多变体。比如，在数据驱动型学科里，"材料与方法"被相应地改成"数据与方法"；有些论文在引言部分之后还有一个独立的文献综述（Literature Review）部分，以便更为系统地展现已有的研究进展和前人的研究成果。

高度结构化的 IMRAD 格式，方便了学术论文的阅读和写作，促进了科学知识的传播和实践，也为全文本的解析和解读奠定了基础。

## 4.2 PDF文档：学术论文的电子化

20世纪90年代，随着计算机的普及，学术论文的存储和传播进入了电子化时代。电子化文档开始出现，这时候迫切需要一种通行的文档存储和分享的格式标准。Adobe公司开发的PDF文件格式，凭借其优良的设计，在与DjVu、Envoy、Common Ground Digital Paper、Farallon Replica、XPS及Adobe自家的PostScript格式的竞争中脱颖而出，成为在互联网及HTML文本兴起之前，桌面出版工作流技术中最受欢迎的文档格式。

PDF，即便携式文档格式（Portable Document Format），是一种用独立于应用程序、硬件、操作系统的方式呈现文档的文件格式。每个PDF文件包含固定布局的平面文档的完整描述，包括文本、字形、图形及其他需要显示的信息。早期的PDF格式不接受分享，也不支持外部链接，使之在互联网上的可用性降低。从2.0版开始，Adobe开始免费分发PDF的阅读软件Adobe Reader，使得PDF迅速成为固定格式文本业界的非正式标准。

PDF格式的优点是便于阅读和打印、可读性好、格式固定、不易被修改和编辑，具有很高的安全性和可靠性。缺点是其机读性差，不易使用计算机程序解析，数据的结构化不够好。虽然PDF也可以利用元数据（metadata）来保存文档的逻辑结构，增强文档的机读性和可索引性，但遗憾的是，这些数据信息的解析和提取并不容易，往往需要借助一定的工具或软件包，如Java's PDFBox、PyPDF、PDFMiner等。

总的来说，以PDF为代表的学术论文的电子化大大降低了科技知识的存储和流动成本，而互联网的出现进一步提高了学术论文的传播速度和广度。一些科技期刊出版集团相继建立了各自的全文索引数据库，提供论文全文的检索和下载。例如，世界上最大的科技期刊出版集团Elsevier通过ScienceDirect提供旗下2000多种科技期刊的全文数据的检索、在线阅读和下载。Springer出版集团的SpringerLink、Wiley集团的OnlineLibrary等也都提供了同样的功能。

在这些期刊全文数据库中，PDF 是使用最多甚至是唯一提供的全文下载格式。

## 4.3 HTML/XML文档：学术论文的结构化

前面我们提到，学术论文是有结构的。学术论文的文本中包含了论文的标题、作者、机构、关键词、期刊、期卷号等信息单元；论文的正文部分有着固定的逻辑和章节结构，如常用的 IMRAD 结构；此外，分布正文中的引用，通常也有着规范的样式和规范，如英文中常用的 APA（美国心理学学会）样式、国内常用的国家标准 GB/T7714—2005 等。所有这些都构成了学术论文的结构化信息和元数据。

但是，传统的 PDF 格式文本不易标记学术论文中的这些元数据和结构信息。虽然近年来 Adobe 公司一直推动 PDF 文档的元数据存储，并把越来越多的网络功能加入到 PDF 的格式内，以提高其在互联网时代的适用性，但是因为其自身定位和功能的限制，在结构化信息的存储方面，PDF 格式通常不是最好的选择。

HTML 和 XML 文本格式正好填补了 PDF 的这一缺陷。HTML 格式主要用来制作网页和网站，以其丰富的扩展性和强大的表现力而成为互联网信息传输的主要载体。但是最早 HTML 其实是被设计作为描述文本的结构，而不是它的外观。网页的外观取决于浏览器，而不是由文件制作者决定。但是随着网络的发展，新版本的 HTML 开始逐渐侧重于网页的视觉方面，因此从某种意义上说，今天 HTML 的目标与 PDF 的目标越来越接近。

在结构化方法，XML 比 HTML 走得更纯粹。XML 是一种元标记语言，它定义了用于定义其他特定领域有关语义的、结构化的标记语言，这些标记语言将文档分成许多部件并对这些部件加以标识。XML 文档定义方式有：文档类型定义和 XML 架构。DTD 定义了文档的整体结构及文档的语法，应用广泛并有丰富工具支持。XML Schema 用于定义管理信息等更强大、更丰富的特征。XML 提供了一种描述结构数据的格式，简化了网络中数据交换和表示，使得代码、数据和表示分离，因此，XML 很快成为数据交换的最主要的公共语言。

在 XML 出现后，还相继衍生出多种不同的语言，包括 MathML、SVG、RDF、ONIX、ePub 等，同时也将 HTML 改进为 XHTML。

可以说，HTML/XML 描述文件的内容和结构，PDF 描述文件的形式和外观。通常，从一个 PDF 中萃取文件的内容并不那么容易，因为在建立 PDF 文件时整个文件的结构会遗失。而 HTML/XML 却可以利用标签来标记数据和定义数据类型，方便对高度结构化的数据进行分类和索引，从而使得内容的解析和萃取变得非常容易。一些常用的语言，如 Java、Python、PHP、R 等，都原生支持 HTML/XML 语言的解析。

在 XML 中，语法规则非常严格。它要求：任何的起始标签都必须有一个结束标签；标签必须按合适的顺序进行嵌套，所以结束标签必须按镜像顺序匹配起始标签；所有的特性都必须有值；所有的特性都必须在值的周围加上双引号。但是，严格的规则使得开发一个 XML 解析器要简便得多，计算机不必去花时间判断何时何地应用了哪些奇怪的语法规则。

HTML/XML 格式的结构性使得它可以很好地被用于表示越来越高度结构化的学术论文。世界上最大的期刊全文数据库 Springer、Elsevier 和 Wiley 都提供或部分提供 HTML 格式的全文阅读，尤其是 Elsevier 开放试用的 ConSyn 数据平台，提供 XML 格式全文数据的批量下载。此外，生物医学数据库 PubMed Central，以及开放获取期刊 *PLOS ONE*、*PeerJ* 还支持 XML 格式的论文全文下载。

当然，作为学术论文的存储文本，HTML/XML 也具有一些弱点。比如，缺乏特定领域的标记语言，所以一些复杂的数学公式、化学分子式、统计图表等都无法用 XML 进行标记。这表明 PDF 格式在很多时候还具有不可替代的优势。因此，如果同时需要文本的结构信息和外观信息，最好的办法仍然是同时制作 XML 和 PDF 两个独立的文件。值得一提的是，在 PDF 1.3 版本中，Adobe 公司曾引入结构树机制以包含类似于 XML 的资料，使得 PDF 文件中可以同时包含文件内容的结构性大纲和详尽的页面外观布局。不幸的是，这一尝试因为没有方便和免费的实现工具，而没有得到大规模的应用。

## 4.4 常见的全文数据库

### 4.4.1 Elsevier

荷兰 Elsevier 出版集团是全球最大的科技与医学文献出版发行商之一，已有 180 多年的历史。ScienceDirect 系统是 Elsevier 公司的核心产品，自 1999 年开始向订阅用户提供电子出版物全文的在线服务，包括 Elsevier 出版集团所属的 2500 多种同行评议期刊和 11 000 多种系列丛书、手册及参考书等，涉及物理学与工程、生命科学、健康科学、社会科学与人文科学四大学科领域，迄今数据库收录全文数据已超过 1400 万篇，包括 70 万篇可供免费阅读的论文和大约 2 万篇开放获取论文支持开放获取、分发和再利用（图 4.1）。

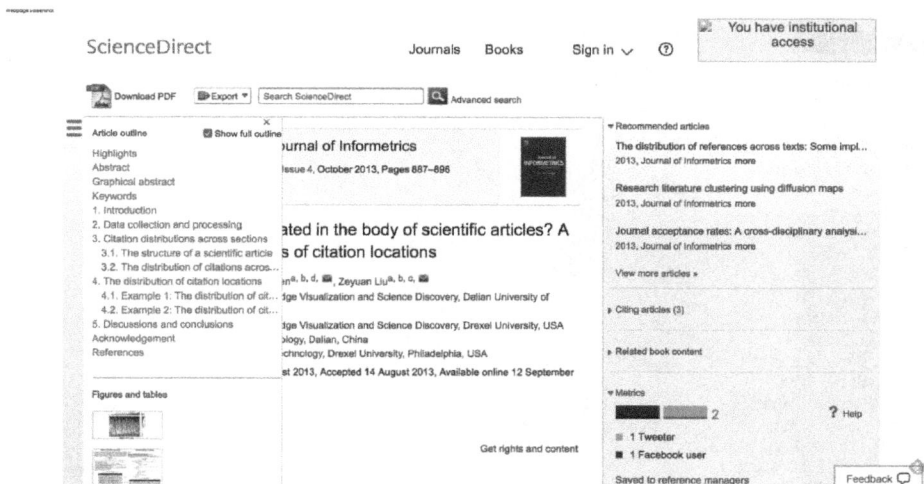

图 4.1 Elsevier ScienceDirect 全文数据库的论文在线阅读界面

ScienceDirect 除了提供 PDF 格式的全文下载功能外，还提供 HTML 格式的全文在线阅读——当然，可以通过技术手段对这些 HTML 文本进行爬取。除了 ScienceDirect 之外，Elsevier 还提供了两种访问全文数据的方式。

一种是 Elsevier ConSyn 平台。Elsevier ConSyn 全文数据平台涵盖了由 Elsevier 出版集团出版发行的 2000 余种期刊的全文数据，可以大批量地下载 XML 格式的全文数据。用户登录之后，可以通过学科、期刊、关键词、出版年进行检索，然后将检索结果以摘要（Abstract Only）、摘要加引文（Abstract and References）、全文（Full Text）三种类型进行打包下载。不过遗憾的是，囿于版权等问题，当前仅提供申请试用，并不开放注册（图 4.2）。基于 ConSyn 的全文数据的实证研究目前还比较少。本书作者已发表的三篇期刊论文是目前能够检索到的以 Elsevier ConSyn 为数据来源的不多的实证研究（Hu et al., 2013；胡志刚等, 2012；胡志刚等, 2013）。

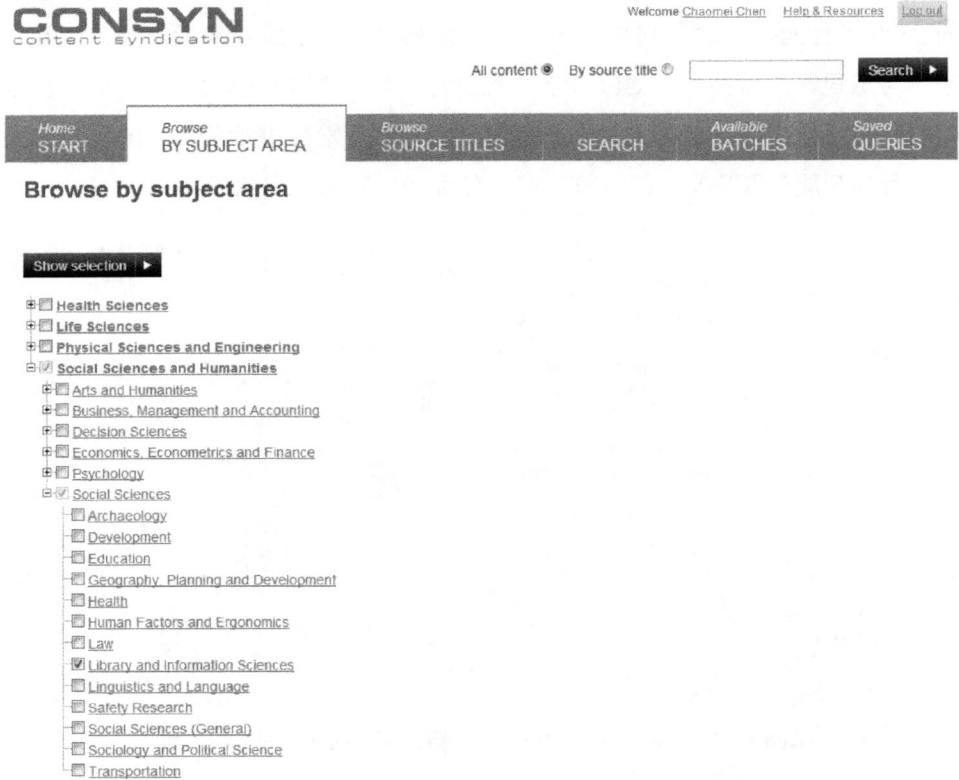

图 4.2　Elsevier ConSyn 的网站界面

另一种是利用 Elsevier 的 API，具体指的是 Article（Full Text）Retrieval API①。该接口支持用户通过 ScienceDirect Search API 进行检索，然后根据论文的 DOI（Document Object Identifier）、PII（Publication Item Identifier）、EID

---

① http://api.elsevier.com/documentation/FullTextRetrievalAPI.wadl.

（Electronic Identifier）甚至 Pubmed ID（Medline ID）等逐一下载检索得到的学术论文。全文下载的原生格式是 XML 格式，此外还支持 JSON、PDF、PNG（论文首页）、HTML、ePub、Mobipocket、RDF 等格式（如果有的话）的下载。

## 4.4.2 Springer

德国施普林格（Springer-Verlag）是世界上著名的科技出版集团之一，通过 SpringerLink 系统提供其学术期刊及电子图书的在线服务，这些期刊是科研人员的重要信息源。2002 年 7 月开始，Springer 出版集团在国内开通了 SpringerLink 服务。SpringerLink 的服务范围涵盖各个研究领域，提供超过 1900 种同行评议的学术期刊，不断扩展的电子参考工具书、电子图书、实验室指南、在线回溯数据库，以及更多内容。目前可供检索和下载的文件超过 1000 万篇（图 4.3）。

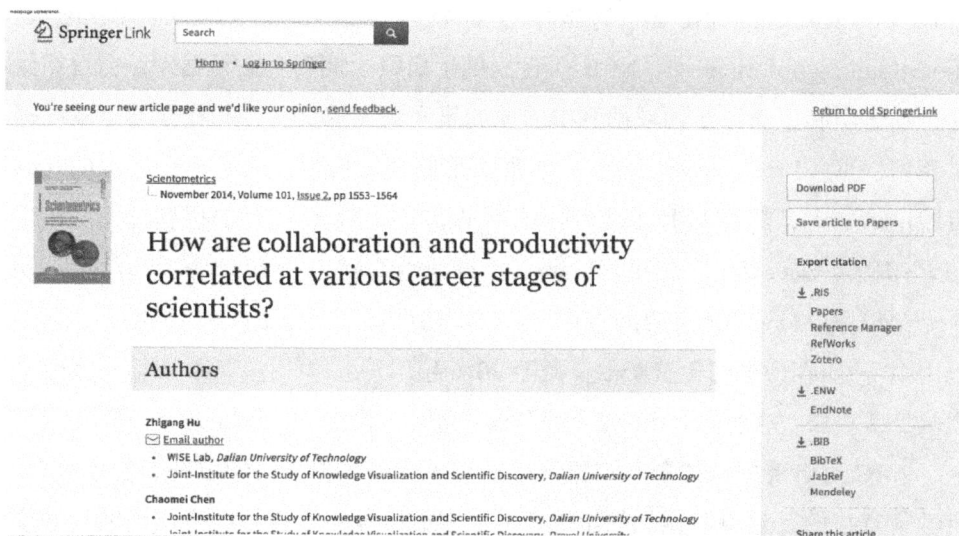

图 4.3 SpringerLink 全文数据库的论文在线阅读界面

Springer 对于 HTML 结构化论文的支持比 Elsevier 要晚，老版的 Springer-Link 只支持 PDF 格式论文的下载，新版中虽然支持通过 HTML 网页展现论文，但是对于网络元素的应用仍然比较克制，以不影响论文排版的简洁。

虽然 Springer 编辑出版的工作流程是基于 XML 格式数据的，但是 Springer 并不直接提供 XML 格式数据的下载。不过，当前开放获取运动的兴起，打开了 XML 格式的 Springer 全文数据获取的一个缺口。Springer 旗下有 BioMed Central 和 SpringerOpen 两个开放获取期刊发行部门。前者发行了近 300 种同行评议期刊，分布在生物、临床医学和健康领域；后者共有 200 余种期刊，分布在包括自然科学、工程技术、经济管理和人文社会科学等领域在内的各个学科领域。二者共包含 8 万余篇开放获取全文。对于来自 BioMed Central 和 SpringerOpen 的这些开放获取期刊，Springer 提供了 Springer Open Access API 来访问其收录的 XML 格式开放获取全文。

### 4.4.3　PubMed Central

PubMed Central（PMC）是 2000 年 2 月由美国国家医学图书馆（National Library of Medicine，NLM）的国家生物技术信息中心（National Center for Biotechnology Information，NCBI）建立的生命科学期刊全文数据库，它旨在保存生物医学和生命科学领域期刊中的原始研究论文的全文，并在全球范围内提供免费获取（Free Access）。PMC 本身不是期刊发行商，而是接受其他期刊的自愿申请加入，随着 PMC 的影响力的不断增强，PMC 收录的期刊已经从最早的 *PNAS*（*Proceedings of the National Academy of Sciences of the United States of America*）和 *Molecular Biology of the Cell* 两本期刊，到今天的 6000 种期刊，其中近 1900 种期刊为全部免费获取（截至 2016 年 7 月），共计有 390 万篇论文全文提供免费获取。这使得 PMC 成为世界级的重要生物医学文献数据库（图 4.4）。

PMC 对申请加入的期刊实行严格的准入审查，包括科学审查和技术审查。科学审查指的是对申请期刊的学术资质的考察。技术审查指的是申请期刊必须满足 PMC 的数据文件技术质量要求，具体包括：期刊出版商要向 PMC 提供 XML 格式的论文全文数据；该 XML 必须符合 NLM 制订的期刊论文出版 DTD 格式（即 NISO JATS）；所有图片需提供原始的高精度的电子文件；如有 PDF 文档也应尽量提供；如有视频、音频或数据文件也应以附件形式提交，PMC 不接受 HTML 格式的论文文档。

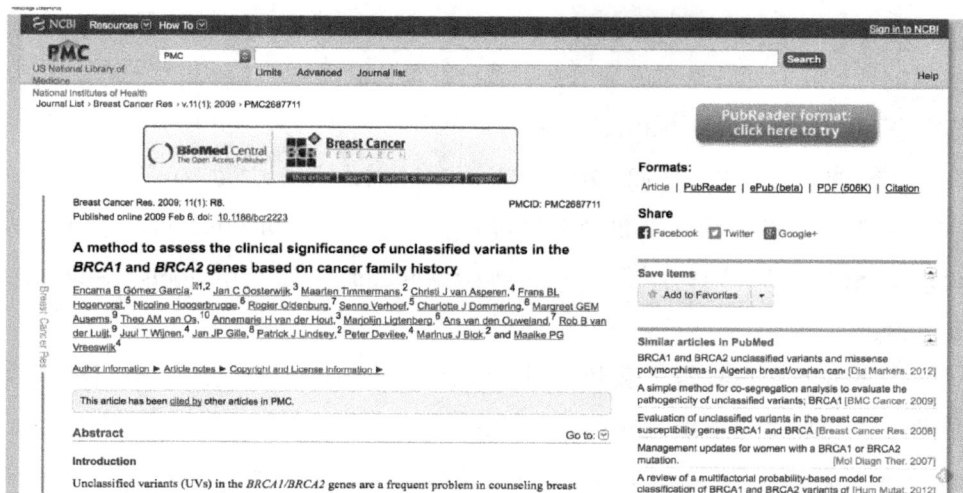

图 4.4　Pubmed Central 全文数据库的论文在线阅读界面

　　PMC 是数据开放度最高的全文数据库之一。除了提供 HTML、PubReader
和 ePub 三个结构化文档的在线阅读之外，PMC 还支持 PDF 和 XML 两种版本
的论文下载功能，如图 4.5 所示。更重要的是，PMC 还通过 FTP、PMC-OAI
等途径提供包括 XML 文档在内的全部元数据的批量下载。

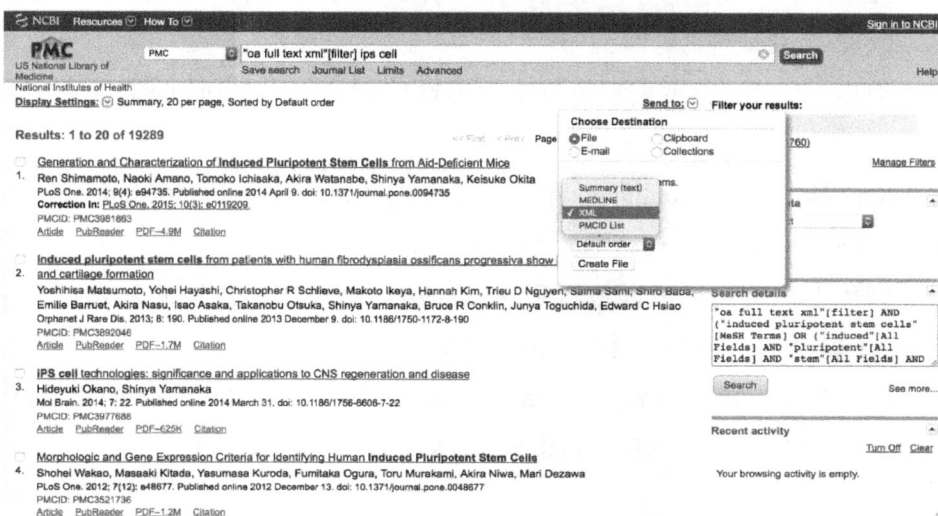

图 4.5　PubMed Central 全文数据库的论文检索结果界面

PMC 的 FTP 服务器（ftp://ftp.ncbi.nlm.nih.gov/pub/pmc）提供了对 PMC 中收录的开放获取期刊论文的全数据下载，每篇论文通过 .tar.gz 进行打包，其中包括 XML、PDF、图片和附件等数据。由于论文量太大，论文被随机放在一个两层深的文件夹里，例如，ID 为 PMC13901 的论文被随机放在文件夹 b0/ac/ 中，论文的放置位置可以通过文档对照表（ftp://ftp.ncbi.nlm.nih.gov/pub/pmc/ file_list.txt）或 OA 网络服务（http://www.ncbi.nlm.nih.gov/pmc/tools/oa-service）进行查找。

为了方便用户批量下载和使用，所有含有 XML 格式的全文数据被打包成四个数据包，分别是：articles.A-B.tar.gz（截至 2016 年 7 月，约 3.8G）、articles.C-H.tar.gz（3.6G）、articles.I-N.tar.gz（4.9G）和 articles.O-Z.tar.gz（6.4G）。这些数据包仍在不停地更新，每周六新发表的论文会追加到数据包中。

除了 FTP 之外，PMC 还利用 OAI-PMH（Open Archives Initiative Protocol for Metadata Harvesting 服务提供对 PMC 中开放获取文档的访问和获取。OAI-PMH 的使用也很简单，其基本网址（URL）是 http://www.ncbi.nlm.nih.gov/ pmc/oai/oai.cgi，通过在基本网址后追加检索式就可以查询到对应的论文，查询结果以 XML 格式进行返回。

例如，利用下面的网址可以检索得到 PMC ID 为 156895 的论文的 XML 全文：

http://www.ncbi.nlm.nih.gov/pmc/oai/oai.cgi?verb=GetRecord&identifier=oai: pubmedcentral.nih.gov:156895&metadataPrefix=pmc

利用下面的网址可以检索到在 3/22/2001 和 6/12/2001 期间发表在 *BMC Biologly* 期刊上的论文（一般只返回前十篇）：

http://www.ncbi.nlm.nih.gov/pmc/oai/oai.cgi?verb=ListRecords&from=2001-03-22&until=2001-06-12&set=bmcbioc&metadataPrefix=pmc

## 4.4.4 PLOS 和 *PeerJ* 期刊

PLOS 是近年来以在开放获取方面做出了很多尝试而闻名的期刊出版商。

PLOS（the Public Library of Science，美国公共科学图书馆）成立于 2000 年 10 月，是为科技人员和医学人员服务的非营利性机构，致力于使全球范围科技和医学领域文献成为可以免费获取的公共资源。最初 PLOS 并没有将自己定位于期刊出版商，而是鼓励和号召科技和医学领域的期刊出版机构通过在线公共知识仓库（就像 PubMed Central）为研究人员提供文献全文的免费获取，但商业出版机构却没有给予响应。PLOS 认识到，更为有效和实际的方法应该是自己创建提供免费存取的高质量期刊，于是从 2002 年开始，PLOS 成立了期刊编辑部，先后出版了 7 种生命科学与医学领域的开放获取期刊，免费向公众获取全文。尤其是，2006 年开始出版的 *PLOS One*，以其巨大的载文量和影响力，而成为现象级的开放获取学术期刊（图 4.6）。

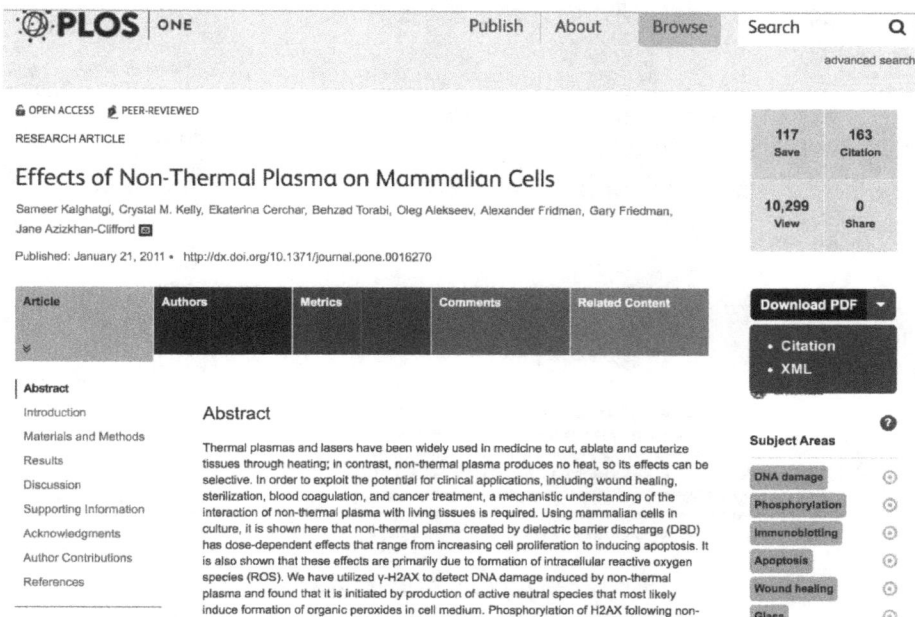

图 4.6　*PLOS One* 期刊论文的在线阅读界面

作为开放获取运动的代表性期刊，PLOS 期刊网站在开放度和交互性能方面非常出色。除了可以通过具有丰富交互元素的 HTML 网页进行全文在线阅读，PLOS 期刊还提供了 PDF 和 XML 两种格式的论文下载服务，以方便用户阅读和进行全文数据的再分发和再利用，这为方兴未艾的在线出版期刊如

*Nature Communications*、*Scientific Report*、*PeerJ* 等做出了一个很好的范例。

　　*PeerJ* 是 2013 年开始出版发行的一个在线获取期刊，因为创刊宗旨的相似 [ 事实上 *PeerJ* 的创始人之一宾菲尔德（Peter Binfield）曾在 *PLOS One* 任职 ]，*PeerJ* 常常被拿来与 *PLOS One* 进行对比。相对于 *PLOS One* 高昂的 OA 费用，*PeerJ* 的发表费用较低，且创造性地发明了终身付费发表制度，即一次性支付 299 美元便可以终身无限量地在 *PeerJ* 发表论文。此外，*PeerJ* 还推荐论文作者公开审稿过程，这样读者就可以浏览甚至下载 *PeerJ* 论文从投稿、修改、编辑意见、审者意见和作者回复信等所有有关审稿过程的内容。当然，作为一本在线出版的期刊，*PeerJ* 网站也提供了 HTML、PDF 和 XML 的全文阅读和下载支持。尤其是在提供 XML 格式全文下载方面，*PeerJ* 是除 *PLOS One* 之外另一个直接支持 XML 下载的期刊全文数据库（图 4.7）。

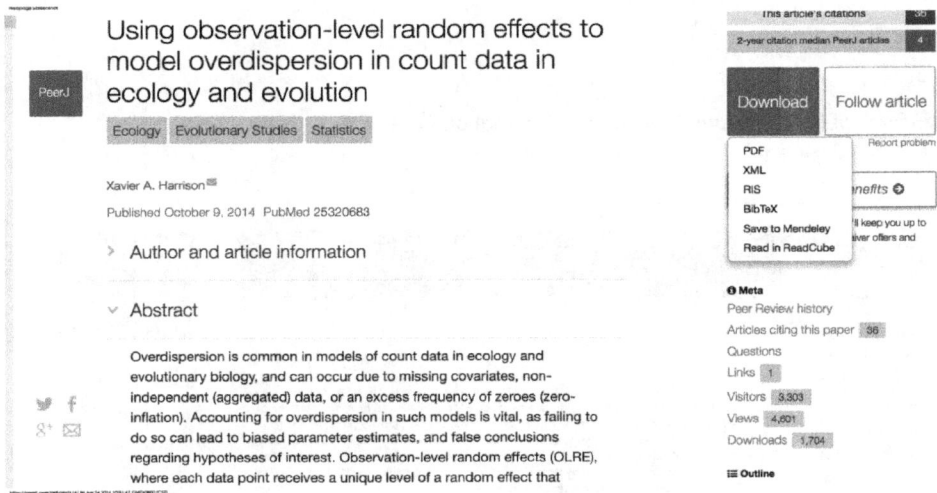

图 4.7　*PeerJ* 期刊论文的在线阅读界面

## 4.5　XML格式学术论文的典型架构

　　前面我们提到了四种常见的 XML 格式的结构化全文数据来源：Elsevier、PMC、PLOS 和 *PeerJ*。每个出版商都会基于各自不同的目的设计不同数据架构，包括文档类型定义和标签体系（Tag Set）。例如，Elsevier 期刊论文所采用的文档类型定义架构是 Journal Article（JA）DTD 5.4.0[①]，最后更新于 2015 年 1 月；PMC 最早采用了美国国家医学图书馆开放的文档类型定义，后来与美国国家信息标准化组织（National Information Standards Organization，NISO）一起开发了新的 JATS（Journal Article Tag Suite）[②]。

如果追根溯源，几乎所有的文档类型定义都可以直接或间接地追溯到 ISO 12083 系列的文档类型定义架构。该架构最早是 20 世纪 80 年代由美国出版商协会（Association of American Publishers，AAP）开发的，1993 年成为 ISO 标准。但是该标准太复杂又不够灵活，既为所有人设计，又完全不能满足任何人的需要，当然也就无法适用于互联网时代的电子期刊出版需要。例如，ISO 12083 标准中设计了几百个元素（element）来表示文档中的要素，但对于期刊论文（Journal Article）来说，100 个左右的元素就足够了。而且其中大多数元素其实很少被用到，或者仅适用于非论文类（Non-Article）文档。

因此，各个出版商都开始基于自身的目的在 ISO 12083 或者其他公司的标准的基础上研发自己的 XML 架构。这些架构在具体细节上往往存在着很大的区别，尤其表现在学术论文中出现频次最高的图表题注（Figure Caption）和引用信息（Reference Citation）上。2001 年 Inera 公司曾做过一次调查，在这一调查报告（Inera[TM] Incorporated., 2001）中，他们比较了 Elsevier、Nature Publishing Group、PubMed Central、Wiley、IEEE 等十个主要的出版商所采用的期刊论文文档类型定义，展现了各 XML 文档类型定义彼此之间的区别。

表 4.1 展现了 Inera 报告中各出版商在图表题注上的区别，可以看出，有的会同时显示图表序号和题目（BioOne、IEEE），有的只在标签属性中显示图表序号（AIP、Nature），有的对图表和序号分别用不同的标签表示（UCP）。表 4.2 展现了各出版社在引用文本上的区别。同样的，对于同样的对引文 1～6 的引用，不同出版社采取的样式差别很大。

---

① https://www.elsevier.com/authors/author-schemas/DTD-5.4.0.

② http://jats.nlm.nih.gov.

表 4.1　不同出版商的期刊论文文档类型定义中所使用的图表题注样式

| 出版商 | 印刷样式 | 对应的XML |
|---|---|---|
| AIP | FIG. 1. | `<figgrp id="F1">` |
| BioOne | Fig. 1. | `<TITLE>Fig. 1. Two recent…</TITLE>` |
| Blackwell | **Figure 1.** | `<num id="leg-f1">Figure 1.  </num>` |
| Elsevier | **Figure 1.** | `<no>Figure 1</no>` |
| Highwire | **Figure 1.** | `<no><b>Figure 1</b> </no>` |
| IEEE | Fig. 1. | `<title just="just" autonum="off">Fig. 1. The…</title>` |
| Nature | Fig. 1 | `<fig id="f1" entname="figf1">` |
| PMC | **Figure 1** | `<title><p>Figure 1</p></title>` |
| UCP | Figure 1: | `<LABEL>Figure </LABEL><NO>1: </NO>` |
| Wiley | Figure 1. | `<FIG ID="fig1" LOC="FLOAT"><GRAPHIC NAME="fig001"></GRAPHIC><NUMBER>1</NUMBER>` |

表 4.2　不同出版商的期刊论文文档类型定义中所使用的引用样式

| 出版商 | 引用 | 对应的XML |
|---|---|---|
| AIP | superscript.[1,6] | `superscript.<citeref rid="r1" style="superior">1</citeref><citeref rid="r6" style="superior">6</citeref>` |
| | superscript.[3–5] | `superscript.<citeref rid="r3" style="superior">3</citeref><citeref rid="r4" style="superior">4</citeref><citeref rid="r5" style="superior">5</citeref>` |
| BioOne | (1,6) | `<CITEREF RID="i0031-8665-071-01-0001-b1">&lpar;1,6&rpar;</CITEREF>` |
| | (3–5) | `<CITEREF RID="i0031-8665-071-01-0001-b3">&lpar;3&ndash;5&rpar;</CITEREF>` |
| Blackwell | [1,6] | `&lsqb;<link rid="b1 b6">1,6</link>&rsqb;` |
| | [3–5] | `&lsqb;<link rid="b3 b4 b5">3&ndash;5</link>&rsqb;` |
| Elsevier | [1,6] | `<cross-ref refid="bib1 bib6">[1,6]</cross-ref>` |
| | [3–5] | `<cross-ref refid="bib3 bib4 bib5">[3&ndash;5]</cross-ref>` |
| Highwire | (1, 6) | `(<cross-ref refid="bib1" type="bib">1</cross-ref>, <cross-ref refid="bib6" type="bib">6</cross-ref>)` |
| | (3–5) | `(<cross-ref refid="bib3" type="bib">3</cross-ref>&ndash;<cross-ref refid="bib5" type="bib">5</cross-ref>)` |
| IEEE | [1], [6] | `<citegrp><citeref rid="ref1" type="ref"></citeref></citegrp>, <citegrp><citeref rid="ref6" type="ref"></citeref></citegrp>` |
| | [3]–[5] | `<citegrp><citeref rid="ref3" type="ref"></citeref><citeref rid="ref4" type="ref"></citeref><citeref rid="ref5" type="ref"></citeref></citegrp>` |
| Nature | superscript[1,6]. | `superscript<bibr rid="b1 b6">.` |
| | superscript[3–5]. | `superscript<bibr rid="b3 b4 b5">.` |
| PMC [a] | [1,6] | `[<abbr bid="B1">1</abbr>,<abbr bid="B6">6</abbr>]` |
| | [3-5] | `[<abbr bid="B3">3</abbr>-<abbr bid="B5">5</abbr>]` |
| UCP | [1,6] | `[<CITEREF RID="rf1">1</CITEREF>,<CITEREF RID="rf6">6</CITEREF>]` |
| | [3–5] | `[<CITEREF RID="rf3">3</CITEREF><CITEREF RID="rf4">></CITEREF>&ndash;<CITEREF RID="rf5">5</CITEREF>]` |
| Wiley | [1,6] | `<BIBR HREF="bib1">1</BIBR><BIBR HREF="bib6">6</BIBR>` |
| | [3–5] | `<BIBR HREF="bib3">3&ndash;5</BIBR>` |

[a] PMC allows ranges to be tagged as shown above or as:
`[<abbr bid="B3">3</abbr>,<abbr bid="B4">4</abbr>,<abbr bid="B5">5</abbr>]`
The style is determined by the publisher who submits SGML content to PMC

　　这种现象被称为 XML 文档的巴别塔困境，即彼此之间语言不通用的现象。好在，虽然在底层标签上差别很大，但是在顶层设计上，由于都源于相同的基础架构，各 XML 文档类型定义大致遵循了同样的结构。图 4.8 展现了一篇典型的 XML 格式的学术论文的主要构成，具体包括以下几个方面。

```xml
This XML file does not appear to have any style information associated with it. The
document tree is shown below.

<article xmlns:mml="http://www.w3.org/1998/Math/MathML"
xmlns:xlink="http://www.w3.org/1999/xlink" xmlns:xsi="http://www.w3.org/2001/XMLSchema-
instance" article-type="research-article" dtd-version="3.0" xml:lang="en" slick-
uniqueid="3">
  <div>
    <a id="slick_uniqueid"/>
  </div>
  <front>
    <journal-meta>
      <journal-id journal-id-type="pmc">bmj</journal-id>
      <journal-id journal-id-type="pubmed">BMJ</journal-id>
      <journal-id journal-id-type="publisher">BMJ</journal-id>
      <issn>0959-8138</issn>
      <publisher>
        <publisher-name>BMJ</publisher-name>
      </publisher>
    </journal-meta>
    <article-meta>
      <article-id pub-id-type="other">jBMJ.v324.i7342.pp880</article-id>
      <article-id pub-id-type="pmid">11950738</article-id>
      <article-categories>...</article-categories>
      <title-group>
        <article-title>
          Evolving general practice consultation in Britain: issues of length and context
        </article-title>
      </title-group>
      <contrib-group>...</contrib-group>
      <aff>...</aff>
      <author-notes>
        <fn fn-type="con">...</fn>
        <fn>...</fn>
      </author-notes>
      <pub-date pub-type="pub">...</pub-date>
      <volume>324</volume>
      <issue>7342</issue>
      <fpage>880</fpage>
      <lpage>882</lpage>
      <history>...</history>
      <permissions>...</permissions>
    </article-meta>
  </front>
  <body>
    <p>...</p>
    <p>...</p>
    <sec sec-type="subjects">...</sec>
    <sec>
      <title>Context of modern consultations</title>
      <p>...</p>
      <sec>...</sec>
      <sec>...</sec>
      <sec>...</sec>
    </sec>
    <sec>
      <title>Loss of interpersonal continuity</title>
      <p>
        If a patient has to consult several different professionals, particularly over a
        short period of time, there is inevitable duplication of stories, risk of naive
        diagnoses, potential for conflicting advice, and perhaps loss of trust. Trust is
        essential if patients are to accept the "wait and see" management policy which is,
        or should be, an important part of the management of self limiting conditions,
        which are often on the boundary between illness and non-illness.
        <xref ref-type="bibr" rid="B17">17</xref>
        Such duplication again increases pressure for more extra (unscheduled)
        consultations resulting in late running and professional frustration.
        <xref ref-type="bibr" rid="B18">18</xref>
      </p>
    </sec>

      </p>
      <p>...</p>
      <sec>...</sec>
      <sec>...</sec>
    </sec>
  </body>
  <back>...</back>
  <ack>...</ack>
  <ref-list>
    <label>1</label>
    <ref id="B1">
      <label>1</label>
      <element-citation publication-type="journal">
        <person-group person-group-type="author">
          <name>
            <surname>Shah</surname>
            <given-names>NC</given-names>
          </name>
        </person-group>
        <article-title>
          Viewpoint: Consultation time—time for a change? Still the "perfunctory work of
          perfunctory men!"
        </article-title>
        <source>Br J Gen Pract</source>
        <year>1999</year>
        <volume>49</volume>
        <fpage>497</fpage>
      </element-citation>
    </ref>
    <ref id="B2">...</ref>
    <ref id="B3">...</ref>
    <ref id="B4">...</ref>
    <ref id="B5">...</ref>
    <ref id="B6">...</ref>
    <ref id="B7">...</ref>
    <ref id="B8">...</ref>
    <ref id="B9">...</ref>
    <ref id="B10">...</ref>
    <ref id="B11">...</ref>
    <ref id="B12">...</ref>
    <ref id="B13">...</ref>
    <ref id="B14">...</ref>
    <ref id="B15">...</ref>
    <ref id="B16">...</ref>
    <ref id="B17">...</ref>
    <ref id="B18">...</ref>
    <ref id="B19">...</ref>
    <ref id="B20">...</ref>
    <ref id="B21">...</ref>
    <ref id="B22">...</ref>
    <ref id="B23">...</ref>
    <ref id="B24">...</ref>
  </ref-list>
  <fn-group>
    <fn>
      Funding: Meetings of the working group in 1999-2000 were funded by the Scientific
      Foundation Board of the RCGP.
    </fn>
    <fn>
      <p>Competing interests: None declared.</p>
    </fn>
  </fn-group>
</article>
```

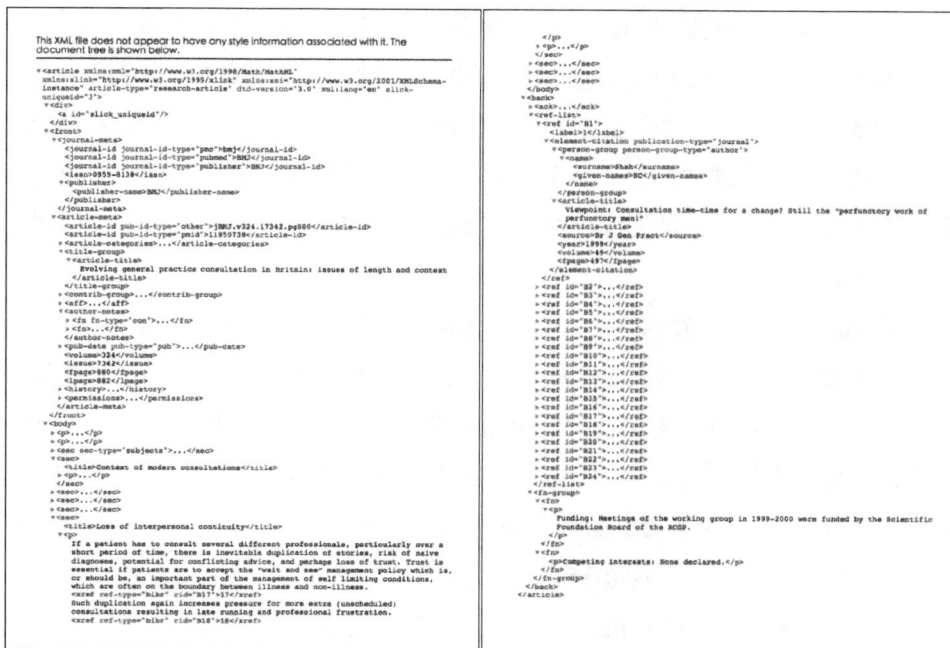

图 4.8　PMC 全文数据库中 XML 格式的论文样例

1）Article Header and Front：包括期刊的元数据和论文的元数据，其中论文的元数据包括论文标题、作者（一般包括 surname 和 given name）、机构（affiliations，可包括城市或国家）、通信作者信息（email、通信地址等）、摘要、关键词、文章历史（包括投稿时间、录用时间等）、版权信息，以及其他一些不显示出来的元数据（如论文的页数、字数、图表数、引文数、数字唯一标识符等）。

2）Body Elements：包括章节头（section head）、段落（paragraph）、列表（list）、图（figure）、表（table）、公式（equation）、引用（citation）等，其中图表信息的位置不同 XML 文档类型定义有所区别，有的放在第一次提及的位置，有的统一放在正文的最后。

3）Tables：表格一般出现在正文中或者正文的最后，通常采用 CALS 或 Elsevier 的模型进行表示。

4）Math：通常采用 ISO 12083、MathML、TeX 三种模型来表示数学公式。

5）Links：链接是正文中的组成部分，这里的链接主要是文档内链接（intra-document links），当然也包括指向其他文档的文档间链接（inter-document links）。文档内链接通常用于标注作者对应的机构、通信作者对应的脚注信息、图表公式的标题、章节的标题，以及最重要的引用信息。文档间链接主要用来指示引文在数据库（如 Medline、CrossRef）中的链接、补充资料的位置链接等。

6）Back Matter：致谢（acknowledgement）、附录（appendices）等。

7）References：参考文献无疑是学术论文文档的重要特征，也是非常复杂的一部分，因为可引用的对象可能包括期刊、图书、会议、报告、专利、学位论文、标准、报纸、网页等，而且每种类型的参考文献所包括的元素又有很大不同。比如，作为参考文献的期刊论文需要包括的元素包括作者、编辑、题目、出版物名称、年份、期卷号、页码等。

今天，各种 XML 的标准仍在不断地更新和完善，或者是因为新的数据格式的加入，或者是为了实现新的功能，或者是为了满足新的目标客户的要求。但是，即便再完善的 XML 架构都依赖于严格的质量控制体系、高效的格式转换工作甚至大量的人力来保证数据的规范和质量。在这方面，大的期刊出版商和数据库，如 Elsevier、PMC，往往具有更大的优势。尤其是 PMC 在 2003 年开始开发的 XML DTD 在升级到 3.0 版本之后，于 2012 年正式被美国信息标准化组织确定为美国国家标准 NISO JATS，从而开始被美国乃至全球的众多出版商所采用。由于可靠的数据质量是全文引文分析的基础，因此在现阶段，符合 NISO JATS 的全文数据无疑是目前值得推荐的全文引文分析的数据来源。

# 05

# 引用信息抽取：搭建一个全文引文分析的系统

对全文数据中引用信息的提取是全文引文分析的基础和前提。全文引文分析的实现，首先需要设计和开发一个可以提取引用信息和引文信息，并可对这些信息进行分析和可视化展示的全文引文分析系统。其中，对全文中各类学术信息的提取，尤其是引文信息和引用信息的提取，是全文引文分析的基础和关键。

本章首先对当前学术界有关在学术论文全文中提取学术信息的常用方法和工具进行综述，然后，以 Elsevier 的 XML 格式化全文数据为例，在对全文引文分析的功能和需求分析的基础上，构建一个全文引文分析系统。该系统的基础是引用信息的提取，关键是引用信息的存储，目标是引用信息的解读。

## 5.1 全文中学术信息的提取

在构建一个全文引文分析系统之前，首先需要对论文全文进行解析，提取出其中的头信息（header）、章节信息（section）、引文信息（bibliography）、引用信息（citation in body）、图表（table & figure）和致谢（acknowledgement & funding）等学术信息（Scholaly Information）。其中，头信息、章节信息、引文信息和引用信息的提取，也是学术信息提取的研究重点，以及全文引文分析的基础和前提。

自 20 世纪 90 年代以来，随着学术论文电子化的出现和兴起，面向论文全文的学术信息提取，在数字图书馆、机器学习、信息检索、知识发现、生物信息学和信息计量学等领域已经开展了大量的研究工作，并取得了丰富的研究成果。尤其是对于元数据和引文数据的提取和解析，已经开发实现了多种具有很高的准确度和应用前景的信息提取工具。在本节中，我们将分别对这三种不同类型的学术信息的提取方法和工具进行梳理和综述。

### 5.1.1　全文中的学术信息

学术论文是一种具有规范结构和格式的文本，学术信息指的是学术论文中通常包含的基本元素和结构性信息。一篇学术论文中的学术信息主要包括：题录信息、章节信息、引文信息、引用信息、图表及致谢等其他信息。学术信息一般具有相对一致的出现位置、固定的模板，或具有统一的标示性格式。例如，论文的标题和作者等信息一般出现在 PDF 文档的首页上方，具有较大的字体并常常居中放置；引文信息通常位于正文的末尾，逐行列出，且每一条引文会遵循期刊规定的固定模板（如 APA 6.0）等；引用信息位于正文中，尤其在引言和文献综述部分出现的频次较高，常以（author, year）或上角标数字序号的样式出现，在 HTML 或 XML 中则以链接的方式给出。

学术信息构成了一篇论文的特征向量，既可以用来编制一篇论文的索引信息，又可以作为文献计量学分析的研究要素。对学术信息的识别和提取，是信息检索、文献管理、文献存储和文献计量研究的基础和前提，具有重要的研究价值和意义。不论是对于 CiteSeerX、Google Scholar 这样的文献索引数据库，还是 Mendeley、Zotero 这样的文献管理软件，都离不开对论文全文的学术信息的提取工作。

#### 1. 题录信息

学术论文的题录信息，又称为论文的头信息（header），因为它们一般出现在论文的开头。由于题录信息列出了论文的各种资源属性，因此也被称为论文的元数据。元数据是描述数字化信息资源的一种编码体系，一般用来进行数据资源的索引、管理和检索等。学术论文的元数据指的是由标题、作者、期刊、期卷号、DOI 等题录信息构成的集合。

XML 格式的资源描述框架（Resource Description Framework, RDF）是存储元数据或题录信息的天然载体，因此对于 XML 格式的全文数据来说，题录信息的提取非常简单，它们会在论文的题录信息中用不同的标签逐一列出。但是，对于 PDF 这种非结构化全文来说，题录信息的提取往往需要采用基于规则或机器学习的方法。

图 5.1 是一篇发表在 *JOI* 上的 XML 格式的学术论文的题录信息，它展现一篇论文中所包含的题录信息的主要构成：

1) 标题（title）：列出论文的标题。

2) 作者（creator）：逐一列出论文的作者信息。

3) 研究主题（subject）：逐一列出论文的关键词信息。

4) 来源描述（description）：列出论文的期刊名、期卷号和唯一标识符。

5) 文档类别（aggregation type）：给出论文所属的类别，如期刊、会议论文等。

6) 出版物名称（publication name）：给出期刊名称或会议论文集。

7) 版权信息（copyright）：给出论文的版权信息。

8) 出版商（publisher）：给出期刊的出版商。

9) ISSN：给出期刊的国际标准连续出版物编号。

10) 卷（volume）：给出期刊的卷号。

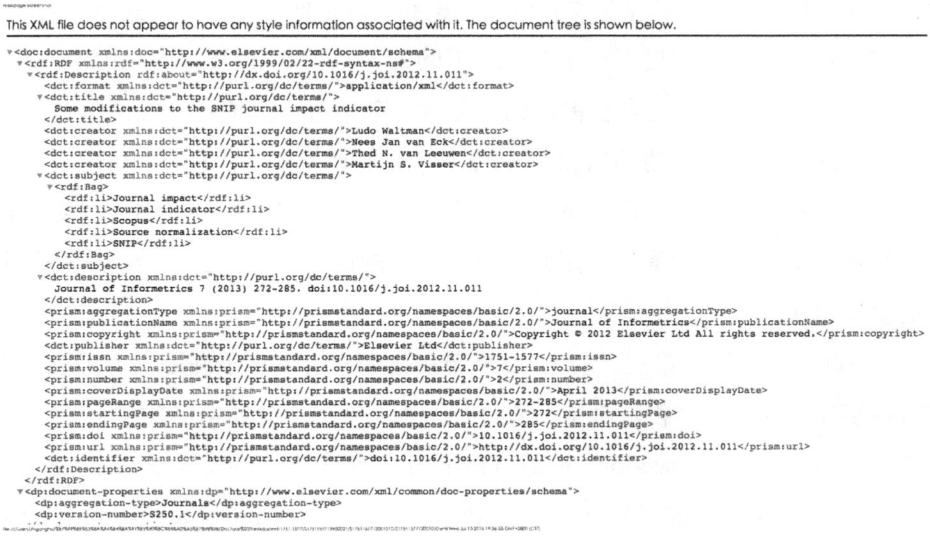

This XML file does not appear to have any style information associated with it. The document tree is shown below.

```
▼<doc:document xmlns:doc="http://www.elsevier.com/xml/document/schema">
 ▼<rdf:RDF xmlns:rdf="http://www.w3.org/1999/02/22-rdf-syntax-ns#">
  ▼<rdf:Description rdf:about="http://dx.doi.org/10.1016/j.joi.2012.11.011">
    <dct:format xmlns:dct="http://purl.org/dc/terms/">application/xml</dct:format>
   ▼<dct:title xmlns:dct="http://purl.org/dc/terms/">
     Some modifications to the SNIP journal impact indicator
    </dct:title>
    <dct:creator xmlns:dct="http://purl.org/dc/terms/">Ludo Waltman</dct:creator>
    <dct:creator xmlns:dct="http://purl.org/dc/terms/">Nees Jan van Eck</dct:creator>
    <dct:creator xmlns:dct="http://purl.org/dc/terms/">Thed N. van Leeuwen</dct:creator>
    <dct:creator xmlns:dct="http://purl.org/dc/terms/">Martijn S. Visser</dct:creator>
   ▼<dct:subject xmlns:dct="http://purl.org/dc/terms/">
    ▼<rdf:Bag>
       <rdf:li>Journal impact</rdf:li>
       <rdf:li>Journal indicator</rdf:li>
       <rdf:li>Scopus</rdf:li>
       <rdf:li>Source normalization</rdf:li>
       <rdf:li>SNIP</rdf:li>
     </rdf:Bag>
    </dct:subject>
   ▼<dct:description xmlns:dct="http://purl.org/dc/terms/">
     Journal of Informetrics 7 (2013) 272-285. doi:10.1016/j.joi.2012.11.011
    </dct:description>
    <prism:aggregationType xmlns:prism="http://prismstandard.org/namespaces/basic/2.0/">journal</prism:aggregationType>
    <prism:publicationName xmlns:prism="http://prismstandard.org/namespaces/basic/2.0/">Journal of Informetrics</prism:publicationName>
    <prism:copyright xmlns:prism="http://prismstandard.org/namespaces/basic/2.0/">Copyright © 2012 Elsevier Ltd All rights reserved.</prism:copyright>
    <dct:publisher xmlns:dct="http://purl.org/dc/terms/">Elsevier Ltd</dct:publisher>
    <prism:issn xmlns:prism="http://prismstandard.org/namespaces/basic/2.0/">1751-1577</prism:issn>
    <prism:volume xmlns:prism="http://prismstandard.org/namespaces/basic/2.0/">7</prism:volume>
    <prism:number xmlns:prism="http://prismstandard.org/namespaces/basic/2.0/">2</prism:number>
    <prism:coverDisplayDate xmlns:prism="http://prismstandard.org/namespaces/basic/2.0/">April 2013</prism:coverDisplayDate>
    <prism:pageRange xmlns:prism="http://prismstandard.org/namespaces/basic/2.0/">272-285</prism:pageRange>
    <prism:startingPage xmlns:prism="http://prismstandard.org/namespaces/basic/2.0/">272</prism:startingPage>
    <prism:endingPage xmlns:prism="http://prismstandard.org/namespaces/basic/2.0/">285</prism:endingPage>
    <prism:doi xmlns:prism="http://prismstandard.org/namespaces/basic/2.0/">10.1016/j.joi.2012.11.011</prism:doi>
    <prism:url xmlns:prism="http://prismstandard.org/namespaces/basic/2.0/">http://dx.doi.org/10.1016/j.joi.2012.11.011</prism:url>
    <dct:identifier xmlns:dct="http://purl.org/dc/terms/">doi:10.1016/j.joi.2012.11.011</dct:identifier>
   </rdf:Description>
  </rdf:RDF>
 ▼<dp:document-properties xmlns:dp="http://www.elsevier.com/xml/common/doc-properties/schema">
   <dp:aggregation-type>Journals</dp:aggregation-type>
   <dp:version-number>S250.1</dp:version-number>
```


图 5.1　XML 格式全文中的文件头信息

11) 期（number）：给出期刊的期号。

12) 出版日期（cover display date）：给出期刊的出刊日期。

13) 页码范围（page range）：给出论文的页码范围。

14) 开始页（starting page）：给出论文的开始页。

15) 结束页（ending page）：给出论文的结束页。

16) 数字对象标识符（doi）：给出论文对应的 DOI 编号。

17) 网址（URL）：给出论文的 doi 网址。

18) 标识符（identifier）：给出论文的标识符，通常为 doi 标识符。

### 2. 章节信息

章节信息指的是一篇学术论文各章节的标题、位置、边界等信息。学术论文一般具有严格规范的逻辑框架结构，比如自然科学领域最常见的 IMRAD 结构。所以，通过分析章节的标题，就可以大致推断论文的写作逻辑，以及各部分的功能和侧重点。例如，在引言部分，主要是描述研究背景和提出研究问题；在材料与方法部分，主要给出研究所使用的实验材料及其实现方法，或者数据及分析算法等；在结果部分，主要展现研究的结果，这部分包含着丰富的图表信息；在讨论部分，则总结论文作者的结论和贡献，回答论文开始提出的问题。

章节信息在文献管理工具中具有重要的价值，一些常见的文献管理工具如 Mendeley、Zotero 等都会自动提取论文中的章节信息，方便用户在不打开论文全文的情况下了解论文的结构和基本内容。而在全文引文分析中，通过识别论文的章节边界，一方面可以了解论文的框架和逻辑结构，另一方面可以对应得出引用在正文所出现的章节。因此，章节信息的提取是全文引文分析中必不可少的重要组成部分。

在 PDF 格式的学术论文文档中，章节信息通常可以基于规则进行提取，比如按照字体的大小、加粗甚至留白来进行识别。在 HTML/XML 格式的文档中，论文的章节信息则以 <section> 标签直接标出，如图 5.2 所示。这篇学术论文共有 6 章，分别是：sec0005（Introduction）、sec0010（Original SNIP Indicator）、sec0015（Revised SNIP Indicator）、sec0020（Selection of Citing Journals）、sec0025（Empirical Analysis）和 sec0045（Conclusions），其中第 5 章又分为 3

节，分别是 sec0030（Citing Journals）、sec0035（Selected Results）和 sec0040
（Comparison with the Original SNIP Indicator）。章节下面分段（para），全文共
有 50 个段落（从 par0005 到 par0250）。

```
webpage screenshot
▼<ja:body view="all">
 ▼<ce:sections xmlns:ce="http://www.elsevier.com/xml/common/schema">
  ▼<ce:section id="sec0005" view="all">
    <ce:label>1</ce:label>
    <ce:section-title>Introduction</ce:section-title>
   ▶<ce:para id="par0005" view="all">...</ce:para>
   ▶<ce:para id="par0010" view="all">...</ce:para>
   ▶<ce:para id="par0015" view="all">...</ce:para>
   ▶<ce:para id="par0020" view="all">...</ce:para>
   ▶<ce:para id="par0025" view="all">...</ce:para>
   </ce:section>
  ▶<ce:section id="sec0010" view="all">...</ce:section>
  ▶<ce:section id="sec0015" view="all">...</ce:section>
  ▶<ce:section id="sec0020" view="all">...</ce:section>
  ▼<ce:section id="sec0025" view="all">
    <ce:label>5</ce:label>
    <ce:section-title>Empirical analysis</ce:section-title>
   ▶<ce:para id="par0185" view="all">...</ce:para>
   ▼<ce:section id="sec0030" view="all">
     <ce:label>5.1</ce:label>
     <ce:section-title>Citing journals</ce:section-title>
    ▶<ce:para id="par0190" view="all">...</ce:para>
    </ce:section>
   ▶<ce:section id="sec0035" view="all">...</ce:section>
   ▶<ce:section id="sec0040" view="all">...</ce:section>
   </ce:section>
  ▼<ce:section id="sec0045" view="all">
    <ce:label>6</ce:label>
    <ce:section-title>Conclusions</ce:section-title>
   ▶<ce:para id="par0230" view="all">...</ce:para>
   ▶<ce:para id="par0235" view="all">...</ce:para>
   ▶<ce:para id="par0240" view="all">...</ce:para>
   ▶<ce:para id="par0245" view="all">...</ce:para>
   ▶<ce:para id="par0250" view="all">...</ce:para>
   </ce:section>
  </ce:sections>
 ▼<ce:acknowledgment xmlns:ce="http://www.elsevier.com/xml/common/schema">
   <ce:section-title>Acknowledgments</ce:section-title>
  ▼<ce:para id="par0255" view="all">
    We would like to thank Ed Noyons and Paul Wouters from the Centre for Science and Technology Studies
    and Peter Berkvens, Lisa Colledge, M'hamed el Aisati, Michael Habib, Wim Meester, Henk Moed, and Pierre
    van Doorn from Elsevier for their contributions, in many different ways, to the SNIP project.
   </ce:para>
  </ce:acknowledgment>
 ▶<ce:appendices xmlns:ce="http://www.elsevier.com/xml/common/schema" view="all">...</ce:appendices>
 </ja:body>
▶<ja:tail view="all">...</ja:tail>
```

图 5.2　XML 格式全文中的章节信息

## 3. 引文信息

学术论文的正文末尾都会列出论文中所有引用文献的信息。引文信息包含
了引文的作者、发表年份、标题、出版物名称、期卷号、页码和 DOI 标识符等
信息，这些信息构成了每一条引文的元数据。通过提取、识别和存储学术论文
中的引文信息，可以编制引文索引数据库，统计每篇引文的被引次数。此外，
引文信息还构建学术论文之间的引用关系和共被引关系，构成了引文分析方法
的基础。

然而，由于引文样式的多样性，对引文信息的解析和提取并不如想象的那

么简单。由于历史原因，不同出版商或不同学会所出版的期刊往往采用不同的引文样式，比如国内期刊常用的国标规定的样式（GB/T 7714—2005），国外期刊常用的如美国心理学学会样式（American Psychological Association，APA）、芝加哥样式（The Chicago Manual of Style）、MLA样式（Modern Language Association）等。目前，在 Citation Styles 网站上列出的引文样式已经多达8000多种。虽然这些引文样式之间往往大同小异，但是仍然为引文信息的解析和提取造成了一定的难度和挑战。

以 APA 为例，该引文样式是世界上最常用的引文样式之一，广泛应用在社会科学、教育学、工商管理等领域，最早由美国心理学学会开发和维护，目前已经更新到第 6 版。APA 样式中详细规定了引文中各项信息的顺序、分隔符和格式信息。例如，对于期刊论文的引用要求按照作者、年份、标题、期刊、期卷号和页码的顺序排列，且发表年份用小括号进行圈出，期刊和期卷号需要斜体字标记等。下文列出了常用引文类型的 APA 引用样式：

1）期刊论文，如 van der Geer, J., Hanraads, J. A. J., & Lupton, R. A. (2010). The art of writing a scientific article. *Journal of Scientific Communications*, 163, 51–59.

2）图书，如 Strunk, W., Jr., & White, E. B. (2000). *The Elements of Style.* (4th ed.). New York: Longman, (Chapter 4).

3）图书章节，如 Mettam, G. R., & Adams, L. B. (2009). How to prepare an electronic version of your article. In B. S. Jones, & R. Z. Smith (Eds.), *Introduction to the Electronic Age* (pp. 281–304). New York: E-Publishing Inc.

4）网页，如 Cancer Research UK. *Cancer Statistics Reports for the UK.* (2003). http://www.cancerresearchuk.org/aboutcancer/statistics/cancerstatsreport/ Accessed 13.03.03.

对于 XML 格式的文档来说，引文信息不需要基于规则进行解析和提取，只需按照题录信息的提取，对应找到引文的元数据及其对应的标签。图 5.3 是一篇论文正文尾部的引文信息，以 ID 为 bib0005 的引文为例，一条引文的元数据构成依次为：

1）引用标记（ce:label）：引文在正文中引用时的标记。

2）引文贡献者信息（sb:contribution）：①作者（sb:author），逐一列出引文作者，包括姓（surname）和名（given-name）。②标题（title），列出论文的标题。

3）引文载文期刊信息（sb:host）：①期卷信息（sb:issue），列出引文载文期刊名称、卷、期和出版年。②页码信息（sb:pages），列出引文在载文期刊中的初始页（first-page）和结束页（last-page）。

```
webpage screenshot
  ▼<ja:tail view="all">
    ▼<ce:bibliography xmlns:ce="http://www.elsevier.com/xml/common/schema" id="bibl0005" view="all">
        <ce:section-title>References</ce:section-title>
      ▼<ce:bibliography-sec id="bibs0005">
        ▼<ce:bib-reference id="bib0005">
            <ce:label>Bouyssou and Marchant, 2011</ce:label>
          ▼<sb:reference xmlns:sb="http://www.elsevier.com/xml/common/struct-bib/schema">
            ▼<sb:contribution langtype="en">
              ▼<sb:authors>
                ▼<sb:author>
                    <ce:given-name>D.</ce:given-name>
                    <ce:surname>Bouyssou</ce:surname>
                  </sb:author>
                ▼<sb:author>
                    <ce:given-name>T.</ce:given-name>
                    <ce:surname>Marchant</ce:surname>
                  </sb:author>
                </sb:authors>
              ▼<sb:title>
                ▼<sb:maintitle>
                    Bibliometric rankings of journals based on impact factors: An axiomatic approach
                  </sb:maintitle>
                </sb:title>
              </sb:contribution>
            ▼<sb:host>
              ▼<sb:issue>
                ▼<sb:series>
                  ▼<sb:title>
                      <sb:maintitle>Journal of Informetrics</sb:maintitle>
                    </sb:title>
                    <sb:volume-nr>5</sb:volume-nr>
                  </sb:series>
                  <sb:issue-nr>1</sb:issue-nr>
                  <sb:date>2011</sb:date>
                </sb:issue>
              ▼<sb:pages>
                  <sb:first-page>75</sb:first-page>
                  <sb:last-page>86</sb:last-page>
                </sb:pages>
              </sb:host>
            </sb:reference>
          </ce:bib-reference>
      ▶<ce:bib-reference id="bib0010">...</ce:bib-reference>
      ▶<ce:bib-reference id="bib0015">...</ce:bib-reference>
      ▶<ce:bib-reference id="bib0020">...</ce:bib-reference>
file:///user/zhigong-ru/%E7%9F%8E%E3%8A%A6%E8%A9%91%E3%9D%8C%8d%EAD%A3%E7%9B%9B/Doctoral%2Cthesis/jol/reference/jol/1751-1577/S17511577130002l/S17511677120010/S17511577120010.xml Thu Jul 14 2016 00:41 27 GMT+0800 (CST)
```

图 5.3 XML 格式全文中的引文信息

## 4. 引用信息

引用信息指的是施引文献在正文中引用其引文的位置和语境信息。参考引文在正文中的标识和体现，大致可以分成两种：一种是大多数英文期刊所采用的（作者，年份）标记；另一种是大部分中文期刊和部分英文期刊中所采用的数字序号，通常在引用的位置以上角标的样式给出。两种不同标记方法所对应的参考引文列表的排列方式也不同，前者通常按照字母的顺序进行罗列，后者通常按照引用位置出现的数据的顺序进行罗列。

引用信息的提取就是找到正文中的引用信息，并在参考引文列表中找到该引用所对应的引文。引用信息的识别和提取是全文引文分析的关键，然而由于全文引文分析是一个相对较新的领域，因此，相对于已经在信息检索领域广泛开展的元数据和引文信息的提取工作，引用信息提取的相关研究和工具还比较少。

在 PDF 格式论文中，引用信息的识别通常采用基于规则（如正则式识别）、基于格式（引用信息有时以链接或特殊字体标出）和基于机器学习的三种方法。对于 XML 格式的全文数据来说，由于引用会以标签的方式给出，因此引用信息的提取则要简单得多。

图 5.4 是一篇学术论文中的引用信息，通过 ce:cross-ref 标出，并用 refid 标明了引文所对应的序号。例如，该论文中引用的第一篇引文是 refid 序号为 bib0065 的由 Moed 在 2010 年发表的一篇论文。这篇论文在第二段中又被引用了一次。需要注意的是，由于脚注、图表题注等论文中交叉引用信息同样也以 ce:cross-ref 进行标识，所以只有 refid 对应的属性值必须是 bib 开头才代表着是引用信息。


```xml
▾<ja:body view="all">
  ▾<ce:sections xmlns:ce="http://www.elsevier.com/xml/common/schema">
    ▾<ce:section id="sec0005" view="all">
      <ce:label>1</ce:label>
      <ce:section-title>Introduction</ce:section-title>
     ▾<ce:para id="par0005" view="all">
       The SNIP indicator, where SNIP stands for
       <ce:italic>source normalized impact per paper</ce:italic>
       , measures the citation impact of scientific journals using a so-called source normalized approach (
       <ce:cross-ref refid="bib0065">Moed, 2010</ce:cross-ref>
       ). The idea of the source normalized approach is to correct for differences in citation practices between scientific fields without requiring
       a field classification system in which the boundaries of fields are explicitly defined. In the source normalized approach, normalization of
       citation counts for field differences takes place based on the characteristics of the sources from which citations originate. If a journal is
       cited mainly by publications with long reference lists, this suggests that the journal finds itself in a field with a high citation density
       (e.g., cell biology), which means that it is reasonable to expect the journal to receive a relatively large number of citations per
       publication. Conversely, if the publications that cite a journal tend to have short reference lists, the journal would appear to be active in
       a low citation density field (e.g., mathematics), and only a modest number of citations per publication can be expected for the journal.
     </ce:para>
     ▾<ce:para id="par0010" view="all">
       The SNIP indicator was introduced by Henk Moed in 2010 (
       <ce:cross-ref refid="bib0065">Moed, 2010</ce:cross-ref>
       ). The indicator is made available in Elsevier's Scopus database, together with another journal impact indicator, the SCImago Journal Rank
       (SJR) indicator (
      ▾<ce:cross-refs refid="bib0025 bib0030">
        González-Pereira, Guerrero-Bote, & Moya-Anegón, 2010; Guerrero-Bote & Moya-Anegón, 2012
       </ce:cross-refs>
       ).
      ▾<ce:cross-ref refid="fn0005">
        <ce:sup loc="post">1</ce:sup>
       </ce:cross-ref>
      ▾<ce:footnote id="fn0005">
        <ce:label>1</ce:label>
       ▾<ce:note-para>
         The Scopus database can be accessed at
         <ce:inter-ref xmlns:xlink="http://www.w3.org/1999/xlink" xlink:href="http://www.scopus.com/" xlink:type="simple">www.scopus.com</ce:inter-
         ref>
         . A subscription is required. The SNIP and SJR indicators are also freely available at
         <ce:inter-ref xmlns:xlink="http://www.w3.org/1999/xlink" xlink:href="http://www.journalmetrics.com/"
         xlink:type="simple">www.journalmetrics.com</ce:inter-ref>
         .
        </ce:note-para>
       </ce:footnote>
       The calculation of the SNIP values reported in the Scopus database is done by our institute, the Centre for Science and Technology Studies
       (CWTS) of Leiden University.
     </ce:para>
```


图 5.4　XML 格式全文中的引用信息

根据引用出现的位置，还可以确定引用的上下文内容，即引用语境。图 5.4 中第一次引用的引用语境为："The SNIP indicator, where SNIP stands for source normalized impact per paper, measures the citation impact of scientific journals using a so-called source normalized approach (Moed, 2010)."

引用语境可以用来判断引用的功能、动机和情感，因此也是引用信息的重要组成部分。有时候为了更全面地展现一次引用的背景信息，还会将引用语句的前句或 / 和后句一起算在引用语境。

### 5. 其他信息

除了论文的题录信息、章节信息、引文信息和引用信息之外，学术论文中可供提取和分析的学术信息还有摘要信息（尤其是结构化摘要）、图信息（图题）、表信息（表题及表头）、公式、致谢（通常含有基金资助信息）、附录信息等。这些信息在某些研究领域，如学术论文的逻辑结构研究、基金资助研究、论文抄袭检测研究等方面，也具有重要的价值和意义。

## 5.1.2 学术信息提取方法

对学术论文中的学术信息的提取，按照问题的复杂程度和方法的难易程度，可以分为基于模板（template-based）、基于规则（rule-based）和基于机器学习（machine learning-based）三种提取方法。基于模板的提取方法主要针对 XML 或 HTML 格式的学术论文，由于 XML/HTML 格式全文对论文中的学术信息进行了格式化标注，因此，只需要基于 XML 文档的 DTD 识别对应的标签，就可以提取出所需的学术信息。基于规则和基于机器学习的提取方法，针对的是主要是 PDF 文档，在这种格式的文档中，论文的学术信息没有直接标出，需要通过论文中的排版、位置、格式等规则，或综合借助特征词典来进行学术信息的识别和分类。

此外，提取学术信息的对象不同，所采用的提取方法也不同。例如，对于引文信息的提取一般采用基于模板或规则的方法，因为引文有固定的样式和模板，掌握了引文书写的规则很容易利用这些规则来反推引文的各个组成部分。而对于题录信息的提取这种较为复杂的任务，则更多的需要借助机器学习进行识别和提取。

### 1. 基于模板的提取方法

对于 XML 格式的结构化文本来说，学术信息的提取相对比较简单。由于 XML 格式的全文中用标签对论文中出现的结构化信息进行了标记，而且所用的标签通常也有专门的模板（DTD）进行规定和说明，因此，只需要基于模板对 XML 进行解析，并找到对应的学术信息即可。

第 4 章曾经指出，在学术期刊出版界，当前用得最多的 XML 框架和标签集是 JATS（Journal Article Tag Suite），这一标准最早由美国国家医学图书馆开发 (NLM DTD)，2012 年被确立为美国国家标准（NISO Z39.96）。JATS 可以看作期刊论文 XML 文件的模板，它定义 XML 文件中的元素、元素的属性、元素的排列方式、元素包含的内容等。在 JATS 中共有 246 个元素和 134 个属性，元素标识出文档的构成部件或对象，每个元素包含若干个对应的属性信息。此外，JATS 中还规定了文档的组成部分及其结构，一般来说，一篇文档应该有文前资料（Front Matter）、论文正文（Body of the Article）、文末资料（Back Matter for the Article）、浮动材料（Floating Material）等几个部分构成。

基于模板的学术信息提取，首先需要对 XML 全文进行解析，各种常见的程序语言（如 PHP、Java、Python 等）中基本都含有对 XML 的解析函数或命令，调用这些函数或命令，就可以将 XML 文件中的元素信息提取到数组中，方便用户进一步存放到数据库和数据表中。提取过程中主要用到的方法是正则表达式查找的方法，因此这种方法有时候也被称为基于正则表达式的提取。

基于模板的方法尤其擅长提取引文中的元数据，因为引文的样式虽然多种多样，但是其排列顺序和格式一般都有章可循。基于模板的引文信息提取的代表性工具有 ParaCite、InfoMap 等。ParaCite 是由来自南安普顿大学的开发者迈克尔·朱厄尔（Michael Jewell）于 2002 年开发的一个基于 Perl 语言的实验项目，可以提取引文中的作者、年份、出版物名称、标题等信息。Flynn 等于 2007 年利用模板和一些字符串查找函数提取了学术论文和研究报告中的元数据。此外，生物领域的蛋白质序列分析器（Basic Local Alignment Search Tool，BLAST），也被用来对这种基于模板的方法进行改进（Huang et al., 2004）。

相对于基于规则和基于机器学习的方法，基于模板的方法具有最高的准确度。但是由于其完全依赖于文档的框架和标签集，因此对于某些质量不高的 XML 格式数据，可能出现提取失败或中断的状况。

### 2. 基于规则的提取方法

基于规则的提取方法是基于一系列事先定义好的规则和流程，来对论文中的题录信息、引文信息或引用信息等各类学术信息进行提取。基于规则的提取方法的背景和前提，是学术论文往往会遵从一定的结构和格式。2000 年，Giuffrida 等曾利用如下规则来提取论文的题录信息：①标题通常位于正文的开头且具有最大的字体；②作者位于标题的下方；③作者的字体大小和样式相同；④机构位于作者下方；⑤机构的字体大小和样式相同；⑥如果只有一个机构，那么所有作者都属于这个机构；⑦章节标题比正文的字体要大……2004 年，Mao Song 等在其以传播学期刊为案例的研究中也利用了与此类似的规则。2009 年，Groza 等综合利用文档样式和字体格式的信息来从 PDF 格式的论文中提取标题、作者、章节标题和参考文献等信息。

学术信息提取的规则设计可以基于知识、经验和启发式方法，因此基于规则的提取方法又称为基于知识（knowledge-based）的提取方法。基于规则的提取方法在实际问题中应用很广，很多常用的工具，如 CiteSeerX、Google Scholar 等，都基于或部分基于这种方法。

基于规则的提取方法主要针对的是 PDF、HTML 或其他富文本（rich text），其准确率一般低于基于模板的方法，但高于基于机器学习的方法。缺点是这种方法往往费时费力，尤其是当规则较多的时候。

### 3. 基于机器学习的提取方法

机器学习方法是一类从数据中自动分析获得规律，并利用学习到的规律对未知数据进行判定和预测的算法。由于机器学习算法中往往涉及了大量的统计学理论，这种方法也被称为基于统计学习的方法。机器学习已广泛应用于数据挖掘、信息抽取、计算机视觉、自然语言处理、生物特征识别、搜索引擎、语音和手写识别等领域。

在学术信息提取方面，机器学习方法也得到了广泛的应用。基于机器学习的学术信息提取方法，将一个字符串看成一篇文档，将单词的标签看作单词所属的类别，于是便将信息抽取问题转变成文本分类问题。具体步骤如下：首先根据规则把论文粗分为论文头、正文及引文部分；然后采用大量的行排版特征属性，根据人名、地名词典将单词泛化，形成特征向量，在此基础上建立各种分类器模型，从而完成对引文详细元数据和网络资源元数据的抽取。

基于机器学习的学术信息提取主要采用如下三种方法：基于支持向量机（Support Vector Machine，SVM）的方法、基于隐马尔可夫模型（Hidden Markov Model，HMM）的方法、基于条件随机场（Conditional Random Fields，CRF）的方法。机器学习的方法主要用于元数据抽取、引文信息抽取等相对较为复杂的任务，也可以用于引用语境的情感分析、实体分析等。机器学习的方法的准确度，依赖于训练集的质量和数量，实践表明对于格式规范性较高的期刊论文往往具有很高的准确性。

（1）基于支持向量机的方法

支持向量机是在统计学习理论的基础上发展出来的一种新的通用学习方法的。支持向量机是近年来机器学习研究中应用较多的一种重要方法，主要用于解决二值分类的模式识别问题。对于线性可分问题，支持向量机的主要思想是，在向量空间中找到一个决策平面，这个平面能够最优地分割两个类别中的数据点。

在学术信息的抽取方面，应用支持向量机来抽取元数据，每种元数据被看作一个类，元数据抽取就是对每个文本块进行分类的工作。在进行信息提取之前，首先需要确定元数据的类别以及各类别的特征向量。元数据的类别即我们需要提取的学术信息，以向量形式表示，比如（title, author, affiliation, address, email, pubtitle, volume, issue, page ...），一般要先建立作者、期刊、地址、年份等信息特征数据库，以便进行特征的概化。

基于支持向量机分类方法的缺点是只能根据文本本身的特征，而孤立了各文本块之间的联系。对元数据抽取来说，各文本块之间的联系（比如各文本块出现的顺序的模式、文本块之间起分隔作用的词或字符）是非常重要的，其重要程度有时甚至超过了文本块本身的内容。Han 等（2003）将上下行的分类信息加入本行的特征向量中，这是加入块之间联系信息的一种尝试。

（2）基于隐马尔科夫模型的方法

隐马尔科夫模型也是一种重要的统计自然语言模型，已被广泛应用于语音识别、实体识别、词性标注、信息抽取等领域。隐马尔科夫模型描述了一个双重的随机过程，状态之间的转换过程是隐藏而不可观察的，它对应了一个转移概率矩阵。而可观察的事件的随机过程是隐藏的状态转换过程的随机函数，它对应了一个发射概率矩阵。

隐马尔科夫模型主要用于引文信息的提取和解析 (Cui & Chen, 2010; Hetzner, 2008; Ojokoh et al., 2011)。在基于隐马尔科夫模型的引文信息识别系统中，引文的作者、年份、期刊名、期卷号等信息，分别对应隐马尔科夫模型中的一种状态，构成状态集。通过学习训练样本中的词汇序列及相应的标记（学术信息类型），对待识别的引文中的各类信息进行分析和标注。

隐马尔科夫模型提供了一种基于训练样本的概率自动构造识别系统技术，能够利用收集的训练样本进行自适应学习。隐马尔科夫模型具有易于建立、不需要大规模的词典集与规则集、适应性好和精度较高等优点。在学术信息提取中，标题内容的随意性较大，每条标题中的文本信息较少，人工制定的规则缺乏灵活性，难以达到较好的提取效果，因此常常采用隐马尔科夫模型来处理该问题。

（3）基于条件随机场的方法

条件随机场的方法是在最大熵模型和隐马尔科夫模型的基础上的一种判别式概率无向图学习模型，是一种用于标注和切分有序数据的条件概率模型。条件随机场具有表达元素长距离依赖性和交叠性特征的能力，通常用于处理全局性关联较强的信息抽取工作，现已成功应用于自然语言处理、生物信息学、机器视觉及网络智能等领域。

条件随机场也是在信息提取和标注研究领域的一种前沿方法 (Peng & McCallum, 2006; Pinto et al., 2003; Schwartz et al., 2007)。在学术信息提取领域，条件随机场模型展现了强于隐马尔科夫模型很多的提取效果，避免了隐马尔科夫模型中的强相关性假设。Peng 和 McCallum 等 2006 年的研究表明，基于条件随机场的方法可以达到 90% 以上的准确度。

### 5.1.3　学术信息提取工具

下面将介绍几个常用的学术信息提取的工具或程序。这些工具大部分提供了开源下载甚至是在线服务界面，用户可以借助这些工具从 XML、PDF 或纯文本中提取论文的题录信息、引文信息等。根据开发目的的不同，有的工具只面向单一类型信息的提取，如 Paracit 只能解析引文信息；而有些则提供了一揽子的学术信息提取功能，如果 ParCit 程序中则同时集成了对头信息、章节信息和引文信息的提取。根据应用渠道的不同，有些工具是用于文献管理，如 Mendeley、Zotero 等，有些工具则用于构建数字图书馆或文献搜索引擎，如 CiteSeerX、Google Scholar 等。

#### 1. CiteSeerX

CiteSeerX 的前身 CiteSeer，是由美国普林斯顿大学 NEC 研究院研制开发的一个最早利用自动引文索引（AutonomousCitationIndexing，ACI）技术建立的科学文献数据库和搜索引擎。早在 1997 年，CiteSeer 就开始自动爬取互联网上 Postscript 和 PDF 文件格式的开放获取学术论文，并利用自动引文索引系统来自动提取其中的索引信息。这比 Google Scholar 的建立早了 7 年。2007 年，研发人员在对原系统运行中暴露的问题和用户的反馈建议进行分析的基础上，为该搜索引擎重新设计了系统结构和数据模型，并改名为 CiteSeerX。

作为数字图书馆，目前 CiteSeerX 中可检索到的论文数量超过 700 万篇，主要涉及计算机科学领域。作为搜索引擎，CiteSeerX 系统的主要功能包括：利用主题词、作者等项检索文献；检索结果会列出检索文献的题录信息、引用语境（citationcontext），并提供全文的浏览或下载；列出某一具体文献的"引用"与"被引"文献；列出某一具体文献的相关文献（共被引文献）等。

此外，CiteSeer 还免费向用户提供文献学术信息提取的应用程序接口——CiteSeerExtractor（http://citeseerextractor.ist.psu.edu:8080/extractor），来为用户提供 PDF 格式全文的学术论文解析和学术信息提取方面的服务。CiteSeerExtractor 可以从 PDF 文档提取元数据、引文信息和正文章节，并将提取到的结果以

XML、JSON 或 Bibtex 等格式返回给用户。

CiteSeerExtractor 中集成了一系列的开源工具包，包括 ParsCit、SVMHeaderParse、PDFBox 等，这些工具包被用来完成自动引文索引、自动元数据提取、引文统计、生成引文链接、作者消歧、引用语境提取等一系列工作。CiteSeerExtractor 本身也是开源的，用户可以免费获取源代码并进行修改。

### 2. Mendeley

Mendeley 是一个免费的参考文献管理工具与学术社交媒体，2008 年推出，凭借其超前的理念和强大的产品功能获得多个欧洲大奖，2013 年被 Elsevier 收购。目前已经有 350 万用户。Mendeley 可以帮助使用者管理和组织学术文献，在线上与其他研究者合作交流，以及发现最新最前沿的研究成果。

对 PDF 全文的识别是 Mendeley 区别于其他软件的最大特色，它内置了 PDF 阅读器，可以方便浏览和标注全文；支持对 PDF 全文的检索。更重要的是，它可以轻松解析用户导入的 PDF 全文数据，提取出其中的题录信息、章节框架，以便更有效和高效地管理文献。

Mendeley 对 PDF 的解析基于 Grobid 开源程序包，其提取学术信息的具体步骤是：①利用 pdftoxml 程序（http://pdf2xml.sourceforge.net/）将 PDF 转换成带格式（包括大小、字体和位置）的文本文件；②将文本中的各类信息转换成分类器所需要的特征，然后利用开源工具包 Grobid（https://github.com/kermitt2/grobid）的元数据提取程序包对论文中的题目、作者、摘要等信息进行提取；③利用提取的学术信息生成一个检索式并提交给 Mendeleymetadata_lookup_API，以便与 Mendeley、Arxiv、PubMed 和 CrossRef 等数据库中现有的文献进行比较，从而进一步丰富论文的元数据信息。

与 Mendeley 类似的工具还包括 Zotero、Docear、PDFmeat 等，这些工具中同样集成了对于 PDF 文献的学术信息提取功能。以 Docear 为例，这是由德国马格德堡大学的 SciPlore 研究小组开发的一个同时集成了文献管理和论文写作的思维导图软件，它可以从导入的 PDF 文献中提取题录信息和章节信息。

### 3. ParsCit

ParsCit 是由新加坡国立大学的靳民彦（Min-Yen Kan）等开发的一个功能齐全、性能强大的学术信息提取工具，它除了可以进行引文信息和引用信息提取外，还可以提取论文的题录信息和章节信息。其中，对题录信息和章节信息的提取是由 ParsCit 的兄弟程序 ParsHead 和 SectLabel 来实现的。

ParsCit 是一种基于条件随机场的信息提取工具。它的代码是开源的，并且代码中包含了训练集、特征生成器等。ParsCit 的安装和运行需要 Ruby、Perl 和 CRF++ 嵌套包，不过，ParCit 中还给出了在线提取功能（http://aye.comp.nus.edu.sg/parsCit/#ws 和 http://freecite.library.brown.edu/），可 以 支 持 对 txt、pdf、xml 等格式的论文的在线解析和提取。其中，对于 XML 格式的文档默认支持 OmniPage 的 DTD 框架。

### 4. ParaCite

ParaCite 是为机构知识库服务商 Eprints 开发的一个引文信息的提取工具和检索平台，集成在 Eprints 的软件系统中，用于对引文的解析（reference parser 模块）和引用文献的检索（reference resolver 模块）。在引文的解析方面，ParaCite 利用基于模板匹配的方法，将引文字符串与设定的引文模板集（目前包含了 235 个常用模板）逐一进行匹配，找出与待解析引文最符合的模板并据此将引文切分为作者、年份、题目、期刊名、期卷号等信息单元。在引用文献的检索方面，ParaCite 提供了一个被引论文的检索界面，用户可以将引文字符串输入到检索框中进行检索，ParaCite 将对输入的引文字符串进行解析，然后分别生成其在 Google Scholar、CiteBase、Google 和 ResearchIndex 等数据库中的 openurl，并发送给各数据库中等待返回的检索结果。

### 5. GROBID

GROBID 的意思是"文献目录数据生成器"（Generation of Bibliographic Data），是一款基于条件随机场算法的学术信息提取工具，用来在 PDF 格式的科技文献中提取、解析学术信息，并进行 TEI 编码的结构化存储。GROBID 利用 Java 语言进行开发，并集成了其他的开源程序包。首先，利用 Xpdf 程序对 PDF 进行预处理，然后在学术信息提取时通过 JNI 调用了法国 LIMSI-CNRS 实验室开发的 WapitiCRFlibrary 程序包。

GROBID 功能强大，可以提供对 55 种学术信息的提取和识别，包括：①对 PDF 文献中题录信息的提取和解析，包括对作者、标题、机构、关键词和摘要信息的提取；②对 PDF 文献中引文信息的提取和解析，包括对篇尾和脚注中的引文的提取；③对单独的引文信息的解析；④对专利文献中引用的专利和非专利文献的提取；⑤对文件头和引文中的作者信息进行解析，包括其称呼、姓和名等；⑥对机构和地址的解析；⑦对日期的提取；⑧对 PDF 文档中的正文信息的提取，包括对正文的切分和结构化等。

CROBID 程序包中包含了一个批处理程序，一个基于网络的 RESTfulAPI，一个 JAVAAPI，一个相对通用的评价框架和一个半自动生成的训练级数据，面向用户开源（https://github.com/kermitt2/grobid）。在学术信息的解析和提取方面，GROBID 具有很高的准确度和运行效率。按照程序开发者基于 MacBookPro 的测试结果，平均每秒钟 GROBID 可以完成对 3 篇 PDF 文档的解析和提取，并且在 18 秒钟内完成 3000 条引文的解析。由于其卓越的性能，GROBID 在很多文献数据库和存储平台中都有大量的应用，其中包括 ResearchGate、Mendeley、HAL Research Archive、the European Patent Office、INIST 和 CERN 等。用户还可以通过 http: // grobid.science-miner.com 进行对 GROBID 服务的在线使用。

6. PDFx

PDFx 是由奥地利的程序开发者 ChrisHager 利用 Python 开发的一款学术信息提取和参考文献下载的工具。ChrisHager 描述他开发这一工具的背景和初衷，即当读者读到一篇不错的论文的时候，往往想要下载这篇论文中的所有参考引文，但这通常是一件非常麻烦的事情，尤其是当参考文献很多的时候，因此它决定开发一个小工具，可以提取 PDF 文献中的参考文献、元数据和正文文本，下载这些参考文献的 PDF 格式文件（需要用户所在的机构购买了相应的全文数据库）。PDFx 同样面向用户开源（https://github.com/metachris/pdfx）。

7. Infomap

Infomap 是台湾"中央研究院"的戴敏育等开发的一款基于本体知识表示

的引文信息提取工具，可以提取引文中的作者、标题、期刊和期卷号等信息。本体是一个形式化的、共享的、明确化的、概念化规范，用本体来表示知识的目的是统一应用领域的概念，并构建本体层级体系表示概念之间的语义关系，实现人类、计算机对知识的共享和重用。本体层级体系的基本组成部分是五个基本的建模元语，分别为：类、关系、函数、公理和实例。通常也把 Classes（类）写成 Concepts。领域本体知识库中的知识，不仅通过纵向类属分类，而且通过本体的语义关联进行组织和关联，推理机再利用这些知识进行推理，从而提高学术信息识别准确率。

基于对 APA、IEEE、ACM、BIOI、JCB、MISQ 六种样式的引文数据集所做的实验，INFOMAP 的准确度平均高达 97.87%。

### 8. BibPro

BibPro 是台湾大学的 Chien-Chih Chen 等开发的一个基于序列比对（sequence alignment）算法的引文信息提取工具。序列比对方法是生物学基因测序中的一种方法，程序开发者借用这种方法和工具对引文字符串中的元数据信息进行提取。BibPro 借助的是 BLAST 来选择比较接近的引文样式集，然后利用 Needleman-Wunsch 算法来选择匹配度最高的引文样式。BibPro 的优势还在于，它不需要知识数据库（如作者人名数据库）来生成特征指标，只需要借助标点符号及字符串的顺序即可以完成引文信息的解析。BibPro 具有很高的准确性，实验结果表明 BibPro 的准确度高于 Infomap 和 ParaCite 等引文解析工具。

### 9. FreeCite

FreeCite 是由布朗大学图书馆和 PublicDisplay 在梅隆基金会的资助下开发的。与 ParsCit 一样，FreeCite 是一种基于条件随机场的引文信息提取方法，它的安装和运行同样需要 Ruby、CRF++ 程序包，并且利用布朗大学的 CORA 数据集进行了训练。如同其名字所示的那样，FreeCite 是开源的，提供源代码下载和在线引文解析服务。

### 10. cb2Bib

cb2Bib 是一个可以从 email alerts、期刊网站和 PDF 等非标准化和非格式化文本中提取引文信息并存储为 BibTex 形式的免费、开源、多平台的文献管理程序，支持 BibTeX 文件的浏览和编辑，以及从 BibTeX 数据库中检索想要插入论文中的引文。

## 5.2 构建面向XML格式全文的引文分析系统

上面介绍了一些现有的学术信息提取方法和工具，我们发现，与文献题录信息和引文信息的提取相比，面向引用信息的提取的工具比较少；与文献的管理和检索相比，面向全文引文分析的提取工具比较少。因此，本书将基于全文引文分析的目标和框架，构建面向 XML 格式全文的全文引文分析系统。

引用位置分析、引用强度分析和引用语境分析是全文引文分析的三个主要维度。在全文引文分析系统中，它们构成了引用信息的三个数据模块。结合这三个模块的具体需要，就可以列出在系统设计上需要考虑的关键要素。

在引用位置分析维度，主要研究引用在全文中出现的位置，包括引用出现的绝对位置和相对位置，以及引用所在的章节。为此，需要记录或计算下面一些要素。

1）全文的长度。包括总字数、总句数、总段数和总节数。

2）章节的结构。包括每个章节的起始位置和长度（利用总字数测量）、各章节的标题和内容。

3）引用的位置。包括引用出现的绝对位置（利用总字数测量）、相对位置（相对于正文全文的长度）和所在章节（通过比较章节的结构）。

在引用强度分析维度，利用"篇引用次数"来测量一篇引文的引用强度，即该被引文献在单篇施引文献中被提及和引用的次数。由于"篇引用次数"可能多于一次，说明被引文献和施引文献之间不是一一对应的关系。为了记录被引文献和施引文献之间的这种多对多关系，需要有效地设计施引文献和被引文献的唯一标识符。

1）施引文献的唯一标识。每篇文献都有一个独一无二的 DOI。DOI 的全称是数字对象唯一标识符（Digital Object Identifier），是由国际 DOI 基金会（International DOI Foundation, IDF）维护的一种数字资源标识符，在互联网领域得到了广泛的应用。由于 DOI 代码的唯一性，DOI 非常适合用作施引文献数据表的键值。

2）被引文献的唯一标识。由于 Elsevier ConSyn 数据库中没有列出被引文献的 DOI，而且被引文献包含多种类型，如期刊论文、会议论文、图书等，所以用 DOI 对被引文献进行标识比较困难。因此，通常借鉴 Web of Science 中的表示方式，利用作者、期刊和期卷号等信息，组成了一种字符较短而内涵较多的引文标识符，作为被引文献的唯一标识符。

3）多对多关系的存储。在数据库中，需要对两种多对多关系进行存储。第一，需要存储施引文献和被引文献之间的多对多关系；第二，需要存储单个施引文献内部，引用位置与被引文献之间的多对多关系。

在引用语境分析维度，需要尽可能全面地反映引用上下文的内容。为此，不同于之前的研究只选取引用位置附近的语句进行提取，本系统提取了全文的语句。对全文语句的提取，有助于更全面地反映引用语境的背景，方便通过对照的方法，将引用语境和非引用语境进行比较研究。

1）全文语句的提取与编号。对全文中的语句进行提取，并按照顺序进行编号，按照引用位置锁定与引用有关的语境信息。

2）引用语境的组成。引用语境一般指的是引用所在句子本身，有时候也包括引用之前的句子和引用之后的句子，但这样做的前提是之前或之后的句子中不包含对其他引文的引用。

3）引用语境的特征提取。特征提取是引用语境文本分析的主要方法，通过对引用语境的特征提取，可以挖掘引用语境的特点，实现对引用动机的识别。

在软件体系架构设计中，分层式结构是最基本也是最常见的一种结构。本系统采用分层式结构并分为上下两层：下层是数据层，上层是用户层。数据层是原始数据的操作层，在本系统中，指的是对 XML 格式全文数据的解析、引用信息的提取和存储；用户层即展现最终结果的用户界面层，它根据用户的请求获取数据并进行展示，在本系统中，通过设计文献的检索界面，提供对数据的可视化展示。系统体系架构的简单示意图如图 5.5 所示。

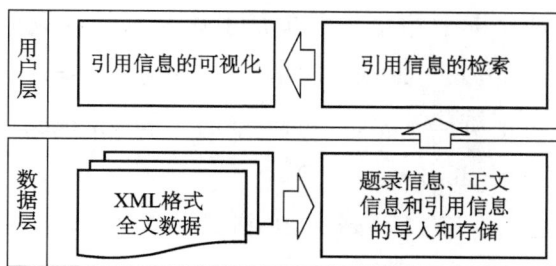

图 5.5　基于全文的引用信息分析系统的架构

# 5.3 数据层：引用信息的提取

一个标准的 Elsevier XML 全文数据由题录信息、正文信息和引文信息三部分组成，如图 5.6 所示。其中，题录信息和引文信息的导入比较简单，可以利用超文本预处理器（Hypertext Preprocessor, PHP）中的 SimpleXML 函数直接进行解析和提取；而正文信息的解析需要经过对正文全文的遍历，较为复杂，是本系统的难点和重点。

图 5.6　XML 格式论文全文的信息提取和数据存储

## 5.3.1　题录信息的提取

利用 PHP 中的 SimpleXML 函数，将 XML 格式全文进行解析，并载入对象变量 $object 中。首先，对题录数据进行提取。题录信息的提取比较简单，题录信息主要在 $object → rdf_RDF → rdf_Description 或者 $object → $ja_ article → $ja_head 两个对象中，其中包括了该文献的标题（dc_title）、作者（dc_creator）、期刊（prism_publicationName）、年份（prism_coverDate）、期卷（prism_volume）、起止页码（prism_startingPage、prism_endingPage）、关键词（dc_subject）、摘要（ce_abstractsec）等。

需要注意的是，由于 Elsevier XML 格式的 XML 标签中含有冒号，如 <rdf:RDF>，会导致 SimpleXML 函数无法正常运行，因此需要先将标签中的冒号替换为 "_" 或其他字符。

在提取题录数据之后，需要将它们存储在一个 MySQL 数据库中。根据上述各题录信息之间的关系，设计三个数据表进行存储，分别是文章（article）、作者（author）和关键词（keyword）。其中，除作者和关键词之外的各信息存储在 article 数据表中；作者和关键词信息因为与文章之间存在多对多的关系，因此分别存储在 author 和 keyword 数据表中，并以文章序号与 article 数据表建立索引关系。

### 5.3.2 正文信息的提取

正文信息的解析较为复杂，由于在 Elsevier XML 格式的全文中，正文的基本单元是段落（ce_para），而不是句子，因此需要通过遍历将段落首先切分成句子（sentence boundary detection），在遍历过程中标识出文中存在引用的位置，如图 5.7 所示。

在对正文的遍历中，使用句号（.）和问号（?）作为切分句子的标记。感叹号（!）虽然是句子结束的标记，但因为在学术论文中感叹号的使用非常罕见，为了保证程序的运行效率，不将其作为句子的切分标记。另外，由于句号（.）除作为句子结束符外，还可能出现在人名（如 "Iijima S."）、数字（如 "0.123"）或其他缩写中（如 "etc." "e.g." "Fig. 1"）中。对于这类情况，主要采取词表替换（主要针对缩写中的句号）和正则表达式替换（主要针对人名和数字中的句号）相结合的方法，将干扰句号首先替换为其他特殊符号，切分之后再进行恢复。

切分得到的句子，会依次存储在 sentence 数据表中，每个句子作为数据表中的一条记录，存储字段主要包括句子的长度和位置，以及所在的节

（section）、段落（paragraph）等。

### 5.3.3 引用信息的提取

在正文的遍历过程中还要完成对引用信息的提取，如图 5.7 所示。当遇到引用的标识 "<ce:cross-ref>" 时，系统将其视为一条引用信息，并记下当前的位置作为该次引用的位置（包括所在的节、段落、句子及单词数），同时，根据引用标识中的属性信息，如 "refid="bib2 bib3""，找到该次引用所引用的引文。引用信息被存储在 bib 数据表中，每条引用信息对应数据表中的一条记录。

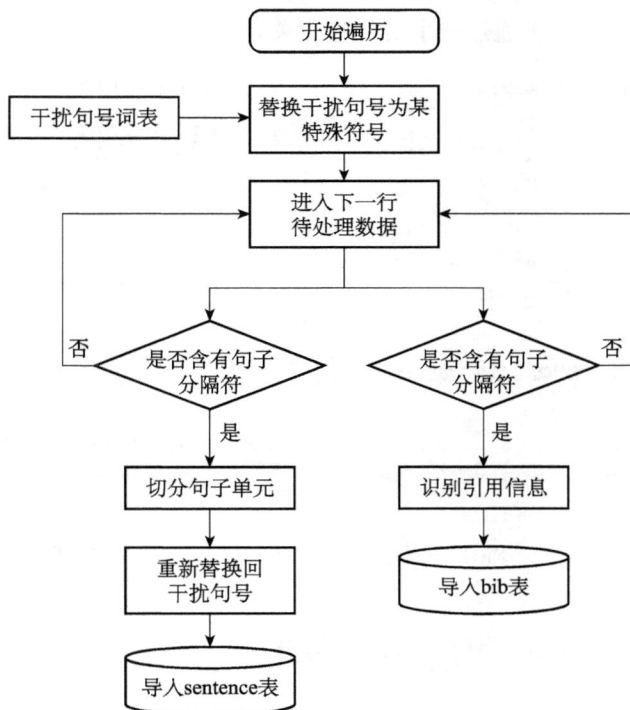

图 5.7　XML 格式论文全文的遍历与引用信息的提取

### 5.3.4 引文信息的提取

不同于出现在正文中的引用信息，引文信息存在于文章末尾。如图 5.8 所示，在 XML 格式文件中，引文信息主要存在 ja_tail 对象下面的 ce_bibliography

中，包括每个引文的标题（sb_title）、作者（sb_authors）、期刊（sb_series）、年份（sb_date）、期卷（sb_volumenr）、起止页码（sb_pages）等；如果引文的类型是图书（sb_book）、编辑（sb_editedbook）或其他类型（ce_otherref），引文的信息会略有不同。提取得到的引文信息会被存储在 ref 数据表中。

除了存在的位置不同，引用信息和引文信息所关注的内容也不同。引用信息关注的是被引文献在施引文献中的出现位置、所在章节、具体语境等，引文信息关注的是引文的作者、标题、刊载期刊、发表年份等。虽然引文信息有别于引用信息，但二者之间存在数据关联，引用数据表（citation table）和引文数据表（reference table）通过被引文献建立关联。

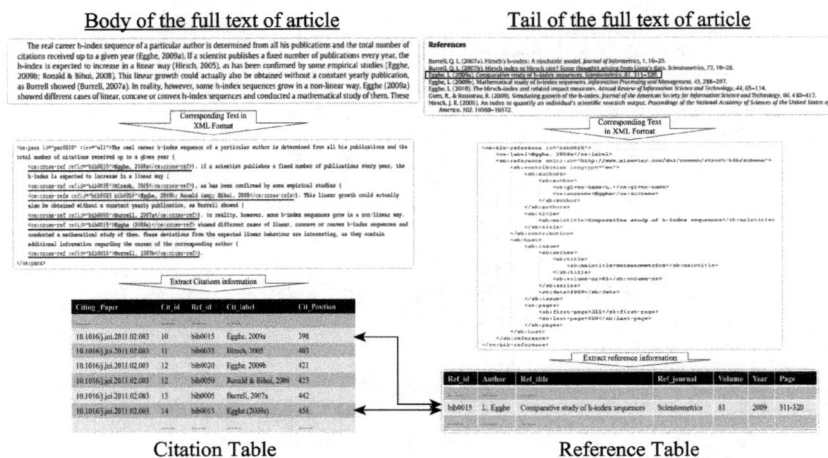

图 5.8　XML 格式论文全文中的引用信息和引文信息

## 5.4　数据层：引用信息的存储

通过对全文信息的解析和提取，共得到 6 个数据表。6 个数据表之间存在着一对多或者多对多的关系，如图 5.9 所示。author 和 article 数据表之间存在多对多的关系，一篇文章可以有多个作者，而一个作者也可以发表多篇文章；keyword 和 article 数据表之间存在着类似的关系；article 和 sentence 数据表之间的关系是一对多的，一篇文章对应有多个句子，而一个句子只可能存在于一篇文章中；sentence 和 bib 数据表之间的关系也是一对多的，一个句子中可以有一个或多个引用，而一个引用只能存在于一个句子中；bib 和 ref 数据表之间存在着多对多的关系，一个引用位置可能引用多篇引文，而一篇引文可以在多个引用位置被引用。

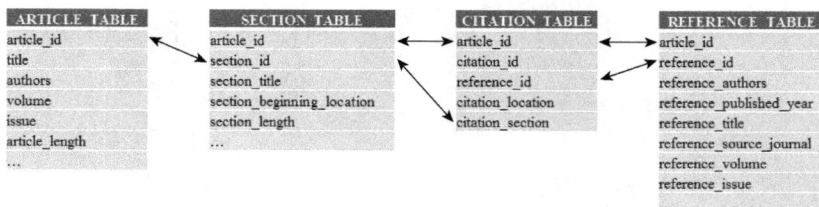

图 5.9　基于全文的引用分析系统的数据库结构

## 5.5　用户层：引用信息的检索

在完成全文数据的解析和存储之后，就可以通过数据库的查询功能对引用信息进行检索。参考 ISI Web of Science 的用户界面和检索流程，可以设计出基于被引文献的检索界面，如图 5.10 所示。具体检索流程分为两步，首先根据用户提交的检索项，查询并返回所有可能的引文供用户进行筛选，然后经由用户筛选后系统再进一步查询被引文献的施引信息。

### 5.5.1　引文的查询与筛选

由于引文的格式通常比较杂乱，本系统设计了引文筛选的中间步骤，中间筛选过程可以大大提高被引检索的查全率和查准率。在这一步中，用户首先填写想要检索的引文作者（Cited Author）、年份（Cited Year）和期刊（Cited Work）信息（也可以只填写其中的一项或两项），点击"Search"后，客户端将表单提交给服务器端，服务器端根据提交的检索项生成 SQL 语句，在 ref 数据表中查询所有可能的引文。所生成的 SQL 语句是：*select reference from ref where author like 'xxxx%' [and year=xxxx [and source like 'xxxx%']]*。服务器将利用这一 SQL 查询得到的记录列表按照被引次数的高低进行排序后，返回给用户。用户根据服务器返回的可能引文列表，判断它们是否为所要查找的引文并进行勾选，然后再次提交服务器端进行第二步检索。

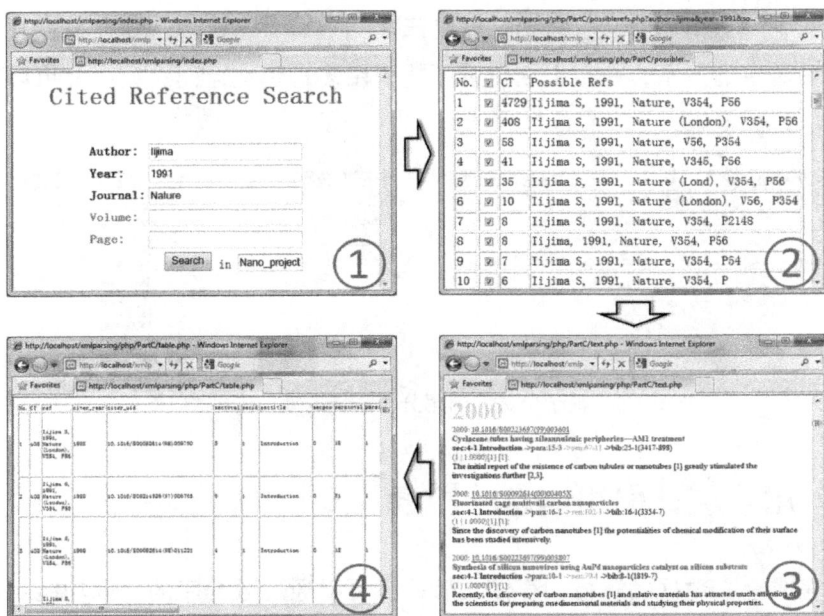

图 5.10　引用分析系统的引用信息检索界面

## 5.5.2　引用信息的检索

在这一步，服务器根据用户提交的引文列表进行被引检索。该步检索需要在 bib、sentence 和 article 三个数据表中进行，首先通过在 bib 数据表的查询得到引文的施引文献编号及其在施引文献中的具体位置（如所在的句子编号），所用 SQL 语句为 *select uid, sen_id from bib where ref_id in ('refid1', 'refid2',...)*；然后在 article 数据表根据施引文献的编号给出该施引文献的题目和 DOI 等信息，所用 SQL 语句为 *select \* from article where uid=uid_value*；同时在 sentence 数据表中根据句子编号给出该句子的内容，即引用的语境信息，所用 SQL 语句为 *select \* from sentence where uid=uid_value and sen_id=senid_val*ue。

检索得到的结果如图 5.11 所示，与 ISI Web of Science 不同的是，系统返回的结果不再是一篇篇文献，而是一条条的引用信息，它包括引用所在的施引文献、在施引文献中的引用位置和具体语境。每条检索结果的具体含义可参见图 5.11。

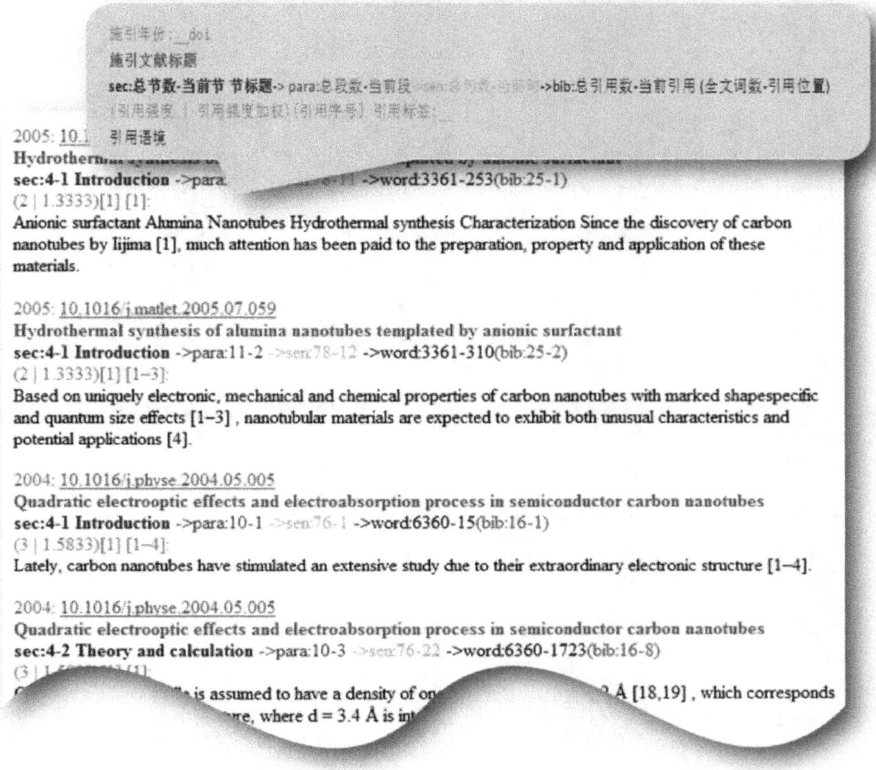

图 5.11　引用信息的检索结果

## 5.6 用户层：引用信息的可视化

对于检索得到的引用信息数据，可以导出到本地进行可视化。在 Excel 中，利用 VBA 编程可以实现对引用位置的可视化展示，如图 5.12 所示。

在用户界面中查询引用信息数据库，得到"施引文献结构表"和"引用位置信息表"。施引文献结构表中记录了施引文献的章节结构，包括章节的长度、章节标题、全文长度等；引用位置信息表中记录了每次引用的引用次序、引用位置、所在章节等。最后，利用施引文献结构表和引用位置信息表，可以生成引用信息的可视化图谱。

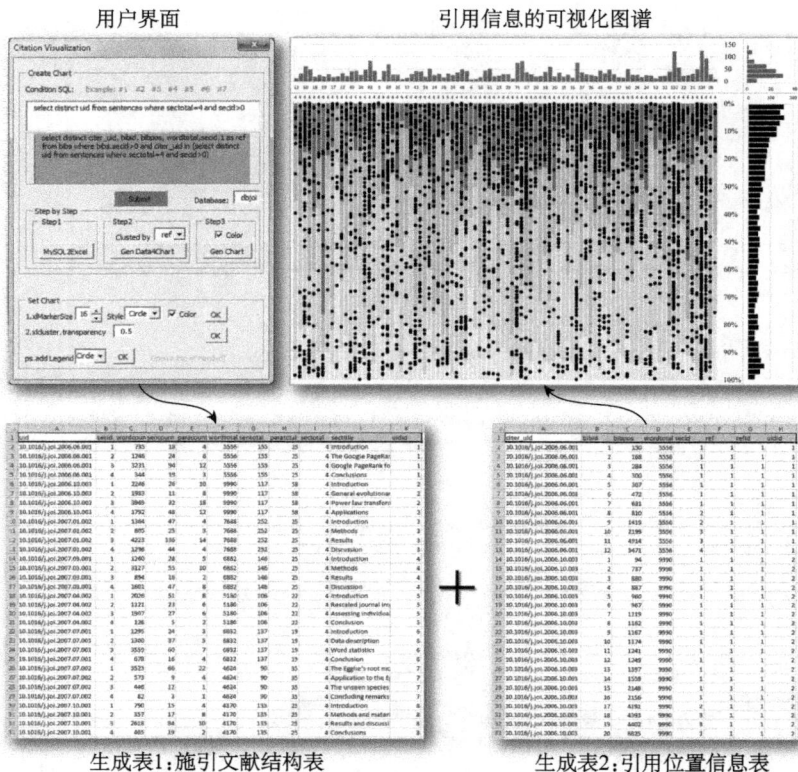

图 5.12　引用信息的可视化图谱

## 5.7　全文引文分析的案例分析

上面已经介绍了如何构建一种基于 XML 结构化全文的全文引文分析系统。从下一章开始，本书将选取一个具体案例，展现全文引文分析方法如何用来分析一个研究领域的引用行为及其规律。

由于全文引文分析属于文献计量学领域，因此这里选取该领域的权威期刊 *JOI* 作为案例（图 5.13），*JOI* 是 Elsevier 在图情领域出版的众多期刊中影响因子最高的期刊之一，主要发表信息计量学、文献计量学、科学计量学等相关的论文。由于这一期刊在科学计量学领域，无论是在研究内容还是在论文结构上，都具有较好的代表性，且在本研究领域内具有很高的知名度和美誉度，因此有充分的理由选取这一期刊中的论文作为案例进行研究。

自 2007 年创刊以来（截至 2013 年 8 月），*JOI* 期刊中共发表论文 350 余篇。在 Elsevier ConSyn 数据库中，检索所有刊载在 *JOI* 期刊上的文章，然后通过数据库的"导出"功能，将这 350 篇 XML 格式的文献全文数据下载到本地，导入个人开发的全文引文分析系统中进行处理，揭示出以该刊为代表的信息科学领域中引用行为的特点和规律。

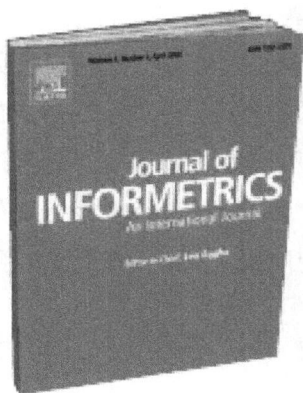

图 5.13　*JOI* 期刊封面

在下面的实践研究中，将以 *JOI* 期刊论文为例，对学术论文全文中的引用位置、引用强度等进行定量分析和可视化展示，对引用语境进行了词频比较分析。为了明确起见，下面再简要概述一下该案例研究的技术路线。

在该案例中，通过对引用信息的精细化提取和引用信息的可视化展现，直观而生动地展示出引用行为的特征、特点和规律，帮助我们更好地观察引用、了解引用、解读引用。全文引文分析实践的主要内容包括：实现了对引用位置的可视化展示（第 6 章），实现了对引文强度的测量和计算（第 7 章），实现了对引文语境的解析和分析（第 8 章）。

在引用位置分析维度，利用可视化的方法展现了引用在不同章节和位置的分布，比较了不同被引年龄和被引次数的引文在引用位置上的先后顺序。

在引用强度分析维度，统计了引用强度的分布，分析了不同引用位置的引用强度分布情况，比较了不同被引年龄和被引次数的引文的引用强度的大小差异。

在引用语境分析维度，统计了引用语境中的内容词和线索词的一般分布，分析了在不同的引用位置和引用强度下引用语境的区别，比较了不同被引年龄和被引次数的引文的引用语境差异。

最后，本书还从三个方面分别展现了全文引文分析在实际科研问题中的应用，分别是：科学知识图谱构建（第9章），单篇学术论文评价（第10章），科学文献检索系统（第11章）。

在科学知识图谱构建方面，通过引入引用位置分析，可以生成不同特征的文献共被引网络，展现不同特色的科学知识图谱。在学术论文评价方面，通过引入引用强度分析，可以更早地对高被引论文做出评价，从而预见潜在的高被引文献。在科学文献检索方面，通过引入引用语境分析，可以提高引文检索的查全率和查准率，同时为我们如何引用这些引文提供例句参考。

# 06

# 引用位置分析：可视化的展现

从本章开始，将对 *JOI* 期刊论文中的引用位置、引用强度和引用语境依次进行分析。对于引文位置的分析是全文引文分析的第一步和关键一步。引用强度的计算和引用语境的提取，都依赖于对引用位置的识别。

在引用位置的分析中，主要研究：引用位置是如何在全文和各章节中进行分布的，引用位置的分布如何随着发表时间而演变，高被引论文在位置分布上有何不同于一般论文的特点等。

## 6.1 学术论文的正文结构

由于引用分布在文章正文之中，因此在对引用位置分析之前，有必要对全文的结构有一个整体的了解。通过统计和可视化的方法，首先分析学术论文的章节结构，以便为后面引用位置的研究打下基础。

### 6.1.1 学术论文的长度分布

可以通过四种尺度来测量一篇论文的长度：单词数、句子数、段落数和章节数。这里首先讨论基于这四种测量尺度的统计和分布，对章节的统计和分布将在后面的节中进行专门讨论。

#### 1. 全文的字数分布

如果不计算标题（Title）、摘要（Abstract）和参考文献（Reference）等部分，*JOI* 期刊所载论文的正文字数在 6500～7000 字（图 6.1）。在这一峰值两侧，低于和高于这一字数区间的文章数显著减少。计算其偏度和峰度后可以发

现，该字数分布比正态分布略微陡峭，即峰值更高。这意味着，人们更愿意
（或者更容易）发表长度适中的论文。

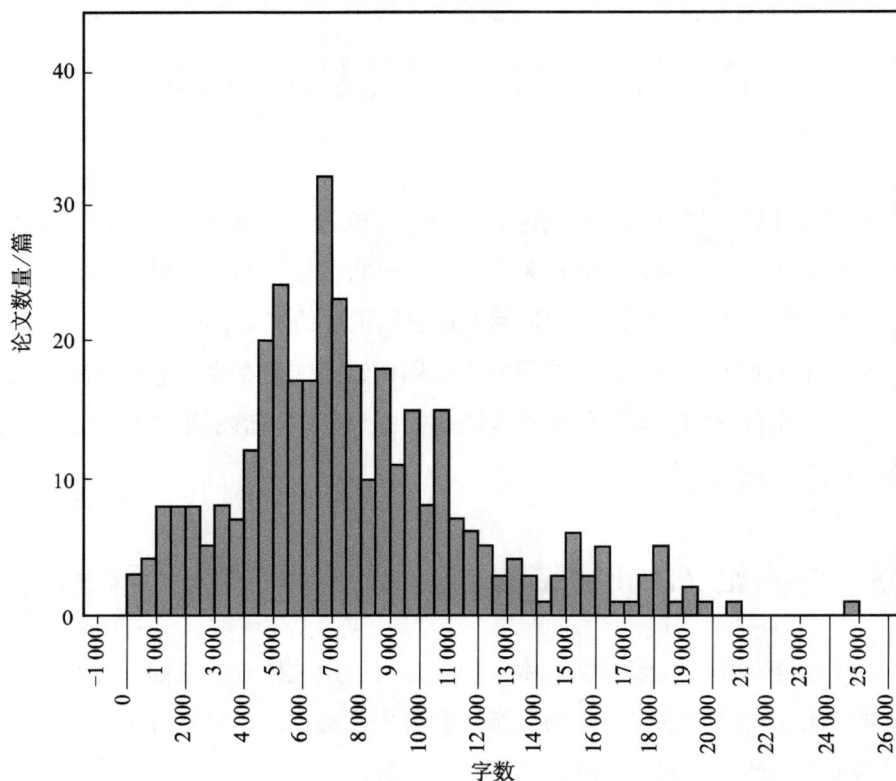

图 6.1　*JOI* 期刊论文的字数分布

### 2. 全文的句数分布

以句子为单位进行测量，*JOI* 期刊论文的句子数量的峰值在 160～180 句，
每句的长度平均在 40 字左右。同字数分布一样，句子数量呈现一种略微陡峭
的正态分布，如图 6.2 所示。

### 3. 全文的段数分布

一些关于学术论文写作的著作曾指出，一个自然段的参考长度是 200 字。
那么实际的段落分布是怎样的呢？在 *JOI* 期刊所载论文中，每段的平均字数在
160 字左右，或者说 4 个句子左右，而一篇论文一般包括 30～50 个段落，低
于或高于这个区间的论文数量比较少，如图 6.3 所示。

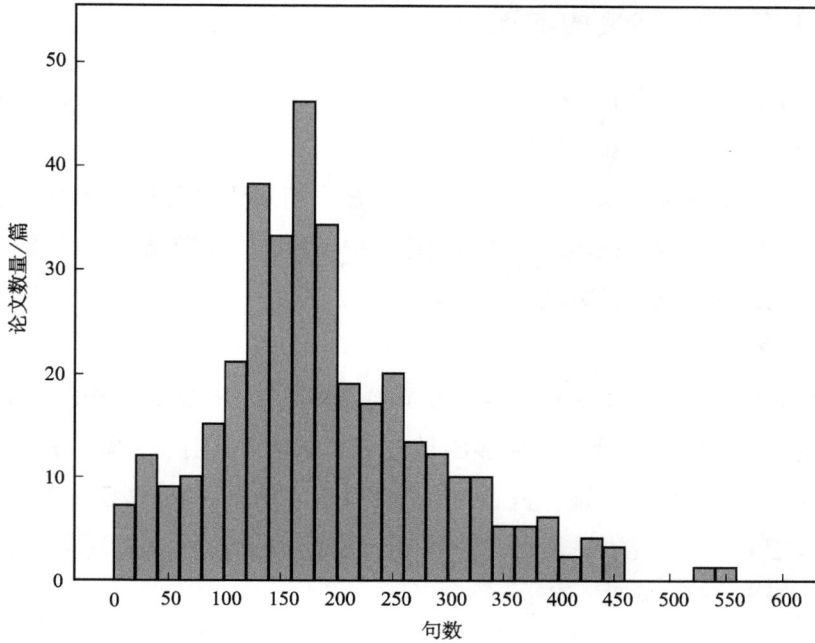

图 6.2 *JOI* 期刊论文的句数分布

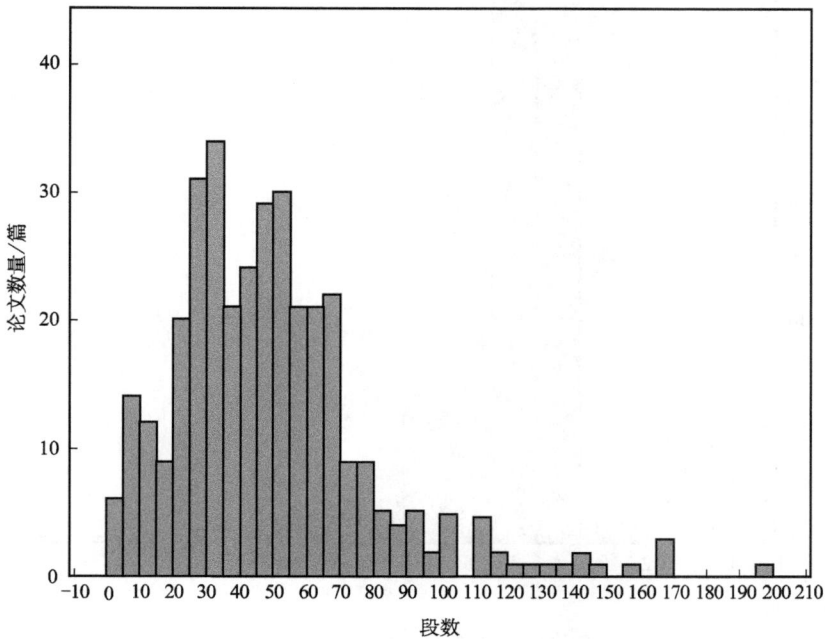

图 6.3 *JOI* 期刊论文的段数分布

### 6.1.2 学术论文的章节结构

在 6.1.1 节讨论了全文的长度分布，包括字数、句数和段数的分布情况。本节将对全文的章节分布进行讨论。

一般来说，学术论文由引言、材料与方法、结果和讨论等几部分构成，即所谓的 IMRAD 结构。在 *JOI* 期刊所载论文中，论文的章节结构是怎样的呢？接下来，将通过可视化的方法进行讨论。

**1. 全文的章节分布**

*JOI* 论文一般含有 4～6 节，4～6 节式论文共有 259 篇，占全部 *JOI* 论文的 3/4 左右。其中，出现次数最多的是五节式结构，共有 100 篇，占 28.6%；其次是四节式，共有 92 篇，占 26.3%；然后是六节式，共 67 篇，占 19.1%。其他论文合计占 1/4 左右，而且其中有相当一部分是属于短文类论文，即正文中没有划分节（图 6.4）。

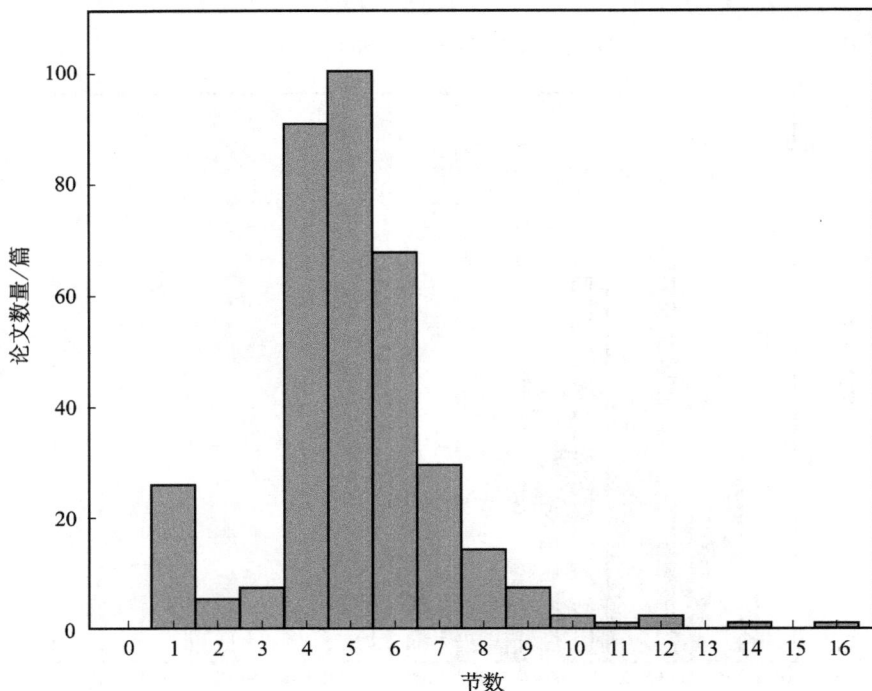

图 6.4 *JOI* 期刊论文的节数分布

## 2. 各章节的占文比例

利用可视化的方法，对学术论文中各节占全文的比例进行展示。如图 6.5 所示，在各堆积柱状图中，每个柱体代表一篇论文，并按照各论文的发表年份顺序从左到右依次排列。在每个柱体中，不同颜色的小段表示正文的各个节，从上到下依次表示的是第一节到最后一节，并用从蓝色到红色的不同颜色进行区分。

对于四节式论文来说，全文平均长度约为 6659 个单词，其中，第一节长度平均为 1383 个单词，约占全文的 20.8%；第二节的长度平均为 2095 词，约占全文的 31.5%；第三节长度平均为 2392 词，约占全文的 35.9%；第四节长度平均为 789 词，约占全文的 11.8%。可以看出，各节的长度具有显著差别。第二节和第三节占比相对较大，第一节和第四节占比相对较小。在五节式论文和六节式论文中，节长度的这种差异也非常明显。在五节式论文中，第一节约占全文的 1/6，第二、第三、第四节分别约占全文的 1/4，最后一节占全文的不到 1/10；在六节式论文中，第一节约占全文的 1/7，第二节约占 1/6，第三、第四节占 1/5 ~ 1/4，第五节约占 1/7，而最后一节占比大约是 1/14。

## 3. 各章节的标题内容

根据 *JOI* 期刊论文中各节的标题，绘制论文的章节结构图，如图 6.6 所示。图中，各个节的高度由章节占比决定。各节中，泡沫的大小表示词频的高低，并按从红色到紫色的顺序依次进行着色。由该图可以看出，在四节式论文中，第一节标题中的单词基本全是"引言"（Introduction）；第二节标题中主要含有"方法"（Methods、Methodology）、"数据"（Data）等词；第三节标题中的主要用词是"结果"（Results）；第四节标题中的主要用词是"结论"（Conclusions）和"讨论"（Discussion）。

五节式和六节式论文的章节结构是四节式论文结构的扩展版。在五节式和六节式论文中，"引言"和"结论"仍然作为第一节和最末一节，而中间的几个节，要么是"数据""方法""结果""讨论""结论"分别独立成节，要么是"引言"之后有一节专门用作"文献综述"（Literature Review），从而增加了论文的章节数量。另外，从章节结构的复杂性来看，相对于四节式论文，五节式和六节式论文的章节结构更具多样性。

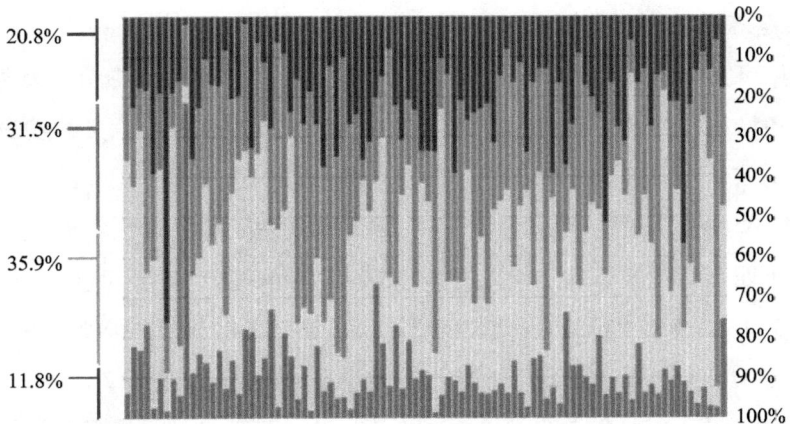

(a) 四节式论文

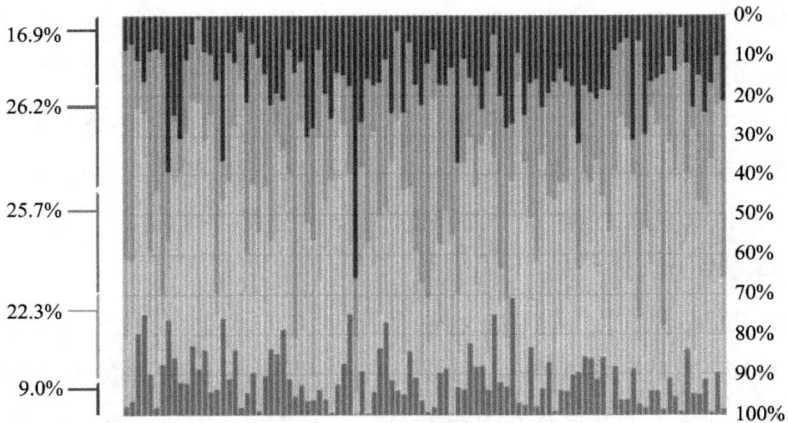

(b) 五节式论文

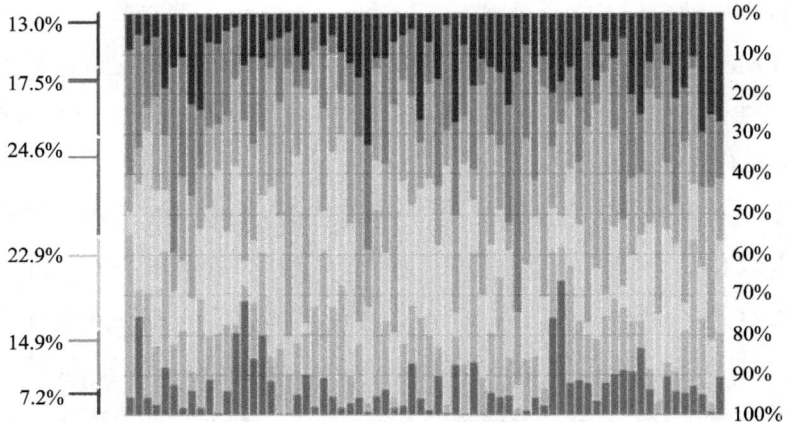

(c) 六节式论文

图 6.5 *JOI* 期刊论文的章节结构和占比

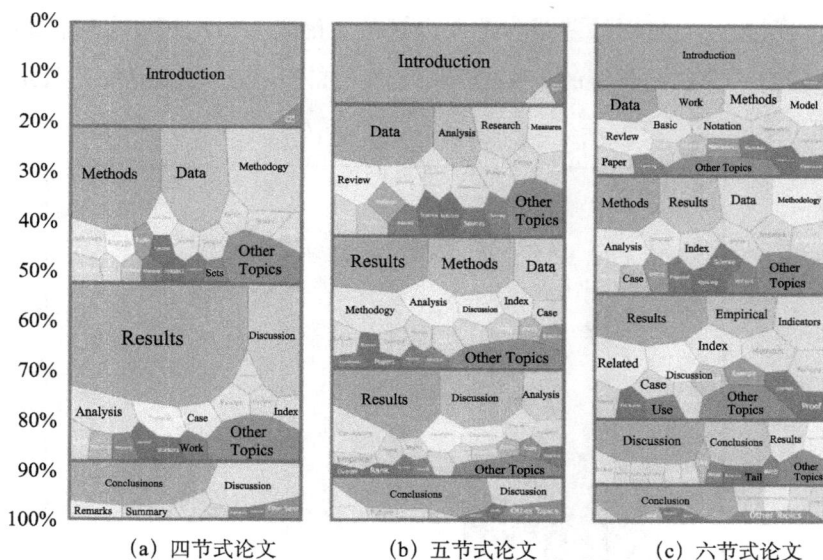

图 6.6 *JOI* 期刊论文的章节结构和标题（见彩图）

## 6.2 引用在学术论文中的位置分布

前面分析了学术论文的正文结构，接下来将研究引用在正文中的位置分布。本节将通过可视化的方法对引用位置进行分析，主要从如下两个方面展开：①全文和各节的引用的数量和密度；②全文和各节中的引用位置和分布。

### 6.2.1 全文和各节中的引用数量和密度

在描述引用的位置分布之前，首先给出引用的数量和密度的概况，包括在全文中的引用数量和密度以及在各个节中的引用数量和密度。

#### 1. 文中的引用数量和密度

在 *JOI* 期刊论文中，引用数量一般在 15～35 个。引用数量在该区间内的论文数量约 160 篇，几乎占全部论文数量的一半。当然，对于某些综述类文章，引用数量可能要大得多（达 100 个以上）；而某些论文由于篇幅的问题，引用数量也可能低于 10 个。

从引用的密度来看，平均每 150～200 个单词里面就会出现一个引用。但

是不同类型的论文之间的差距非常大，综述类论文的引用密度可能高达 1 个 /
50 词，而有些非热门领域的论文的引用密度可能低于 1 个 /500 词，甚至 1 个 /
1000 词（图 6.7）。

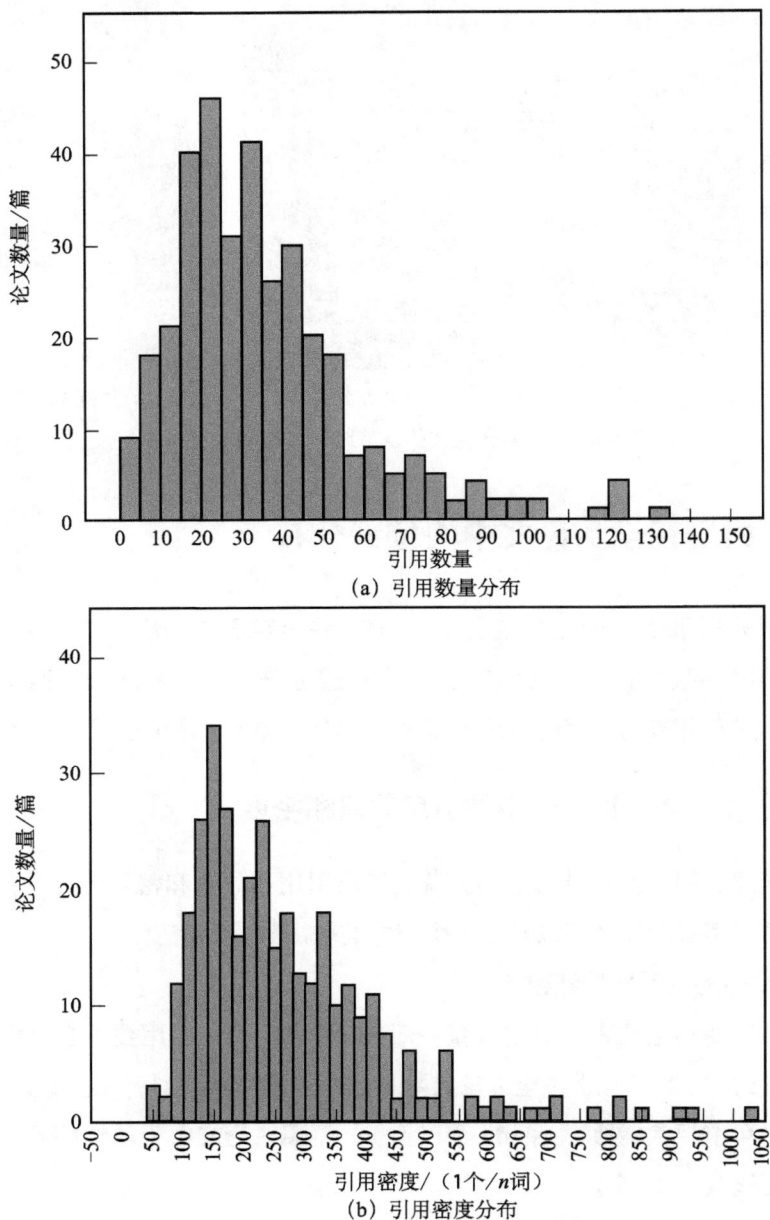

（a）引用数量分布

（b）引用密度分布

图 6.7　*JOI* 期刊论文中的引用数量和密度分布

### 2. 各节中的引用数量和密度

上面统计的仅是引用在全文中的数量和密度平均值，由于引用在各节中的分布并不平均，比如"引言"一节中的引用要远远多于"结果"一节中的引用，因此这里研究在论文各节中的引用数量和密度的差异。

图 6.8 分别展示了四节式、五节式和六节式论文中引用在各节的分布情况。图中横坐标表示各节的平均长度，纵坐标表示引用密度（$n$ 个 /1000 词），柱状图中的数字表示该节中的引用总数。以四节式论文为例，在全部 92 篇四节式论文中，共有引用数 3128 个。其中，第一节中引用数为 1285 个，占全部引用数的 41.1%；第二节中的引用数为 776 个，占全部的 24.8%；第三节中的引用数为 796 个，占全部的 25.4%；第四节中的引用数为 271 个，占 8.7%。可以看出，第一节的长度虽然只占全文长度的 1/5，但引用数量却占到了全部引用数的 2/5，其引用密度（15 个 /1000 词）大大高于其他三节（约 4 个 /1000 词）。五节式论文和六节式论文的情况与此类似，第一节中的引用数量和密度较高，而其余各节的引用数量和密度相对较低。

## 6.2.2　全文和各节中的引用位置和分布

6.2.1 节统计了在各节中的引用数量和密度，可以看出，在文章的不同位置，引用的分布并不平均，在"引言"部分的引用密度，远高于在其他各节中的密度。为了进一步揭示这一特点，我们利用可视化的方法对这一问题进行研究。

为了解读的方便，这里将只采用四节式论文作为案例。通过 6.1.2 节的分析可以知道，四节式结构是一种应用广泛的标准论文结构，而且各章节的标题和内容比较统一。因此，选取四节式论文在不失代表性的同时，又具有简洁、清晰的优点。

### 1. 引用位置在全文中的分布样式

图 6.9 给出了 *JOI* 期刊论文中 92 篇四节式论文的引用位置可视化图谱。该图由四个子图组成，分别是：①位于左下部的主图，表示的是引用在正文中的具体位置；②位于左上部的柱状图，表示的是各篇论文中的引用数量；③位于右下部的柱状图，表示的是各个位置中的引用数量；④位于右上部的柱状图，表示的是文章中引用数量的分布。

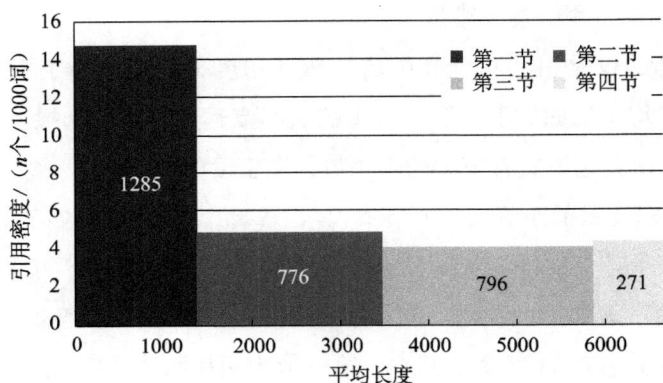

(a) 四节式论文

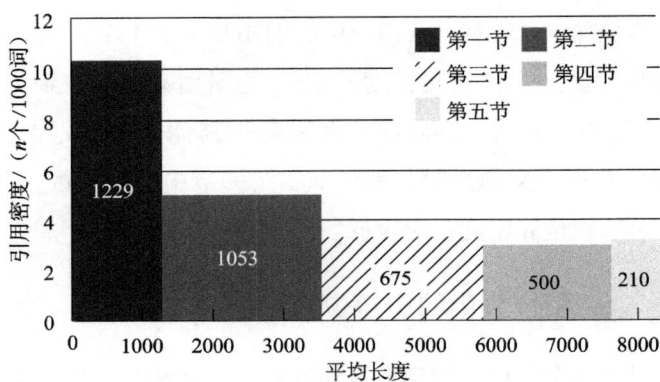

(b) 五节式论文

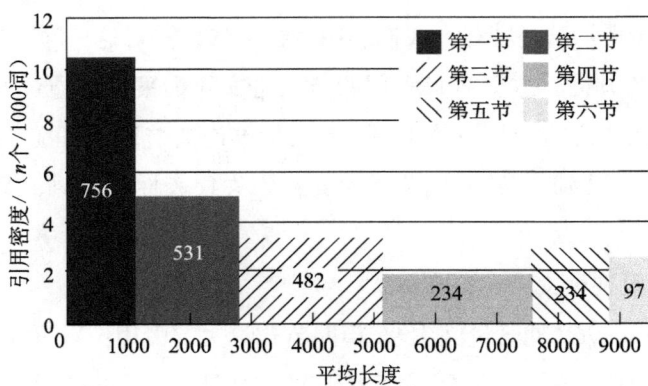

(c) 六节式论文

图 6.8  *JOI* 期刊论文中各节的引用数量和密度分布

注：图中各柱体上的数字表示该节中的引用数量，与柱体的面积成正比

在图 6.9 中，作为背景的堆积柱状图表示的文章的章节结构，具体含义可以参照图 6.5。在堆积柱状图的基础上，用黑色圆点表示正文中的一个个引用，并按照其在正文中出现的（相对）位置进行标注。堆积柱状图在横坐标上按照所含引用个数的多少由低到高进行排列。该可视化图谱清晰地展现了引用位置的分布规律和特点。

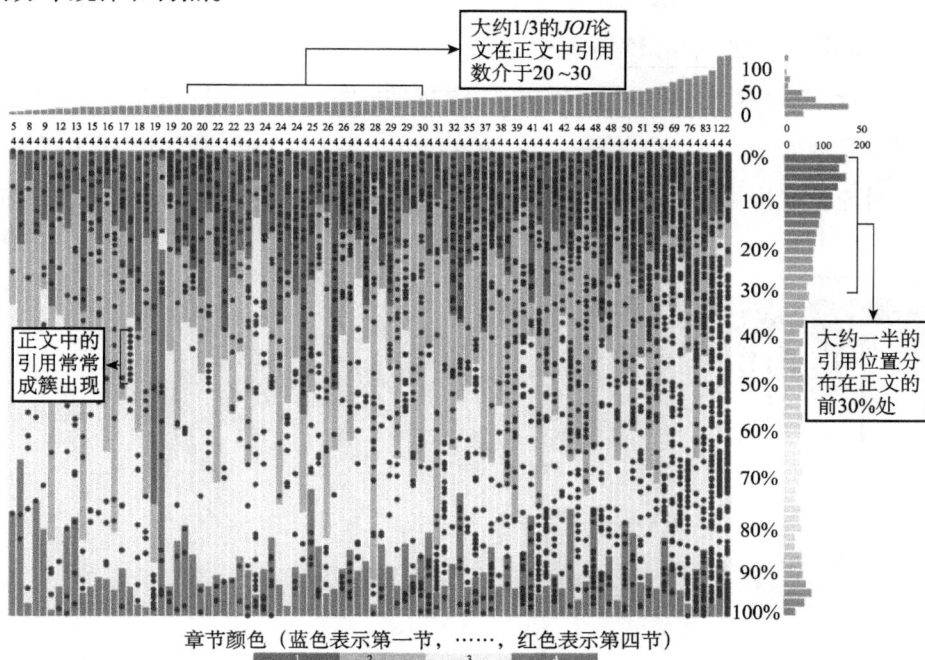

图 6.9　*JOI* 期刊论文中引用位置的分布（见彩图）

1）引用位置集中在"引言"一节中。该图直观地展现了引用在正文中的不均匀分布，第一节（蓝底背景）中的引用数量和密度远大于其他各节，这一点与 6.2.1 节中关于引用数量和密度的结论相一致。

2）引用经常会成簇出现。人们在引用的时候，有时候会引用一连串文献，构成一个"引用组"。这些引用组，常常是同一主题，观点相近，位置相邻，可以弥补单个引用说服力上的不足。而多个引用同时出现，可以从不同的角度和层面对研究问题进行更好的论证。

3）不同类型的论文的引用样式不同。一般的研究论文主要分布在第一节中；而综述类论文引用数量多、引用分布广，可以通过引用位置的分布模式清楚地识别出来，如图 6.9 中最右边的一些论文。另外，侧重方法的论文则往往在方法一节（通常是第二节）包含更多的引用。

### 2. 引用位置在各节中的分布样式

除了引用在全文中的分布情况，全文引文分析还关心引用在各节内部的分布规律和特点。比如，引用更倾向于出现在一节中的开头部分，还是结尾部分？而不同位置的引用又意味着什么？

为此，我们对图 6.9 进行了拆分，每节单独成图，得到的可视化图谱如图 6.10 所示。直观来看，不论是在第一节、最后一节，还是在中间的节中，引用在各节中的分布比较均一，既没有集中在一节的开头，也没有特别集中在一节的结尾。

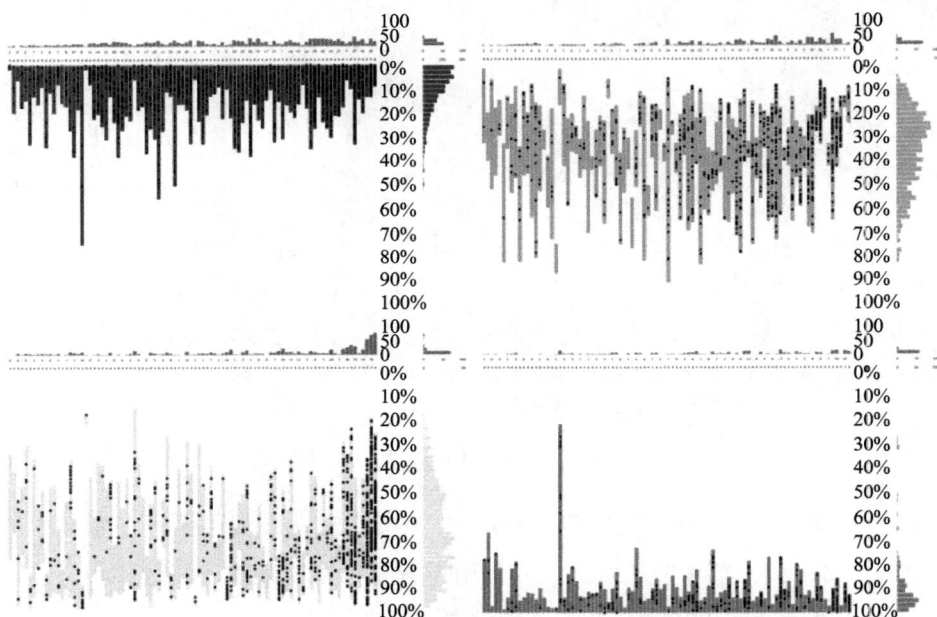

图 6.10 *JOI* 期刊论文中的各节引用位置的分布（见彩图）

为了进一步分析引用在节内的分布特点，将各个节按照长度进行归一化，如图 6.11 所示。图中按照三种不同的方式对柱状图进行排列：①左侧：按照节内第一个引用的出现位置排列。②中间：按照节内引用的平均位置排列。③右侧：按照节内最后一个引用的出现位置排列。

和图 6.10 中的结论一致，引用在各节内部呈现均匀分布。不过仔细观察可以发现，在第一节"引言"一节中，由于末尾的位置一般用来陈述全文的研究目标和研究框架，所以引用的位置偏少。

在图 6.11 中，可以看出，引用最早出现的位置和最末出现的位置呈现一种类抛物线分布，也就是说，大部分章节中的引用在位置上都开始得比较早，而结束得比较晚。或者反过来说，很晚才出现第一次引用，或者很早就不再进行引用的情况相对较少。这也从另一个方面说明了引用的分布比较分散。

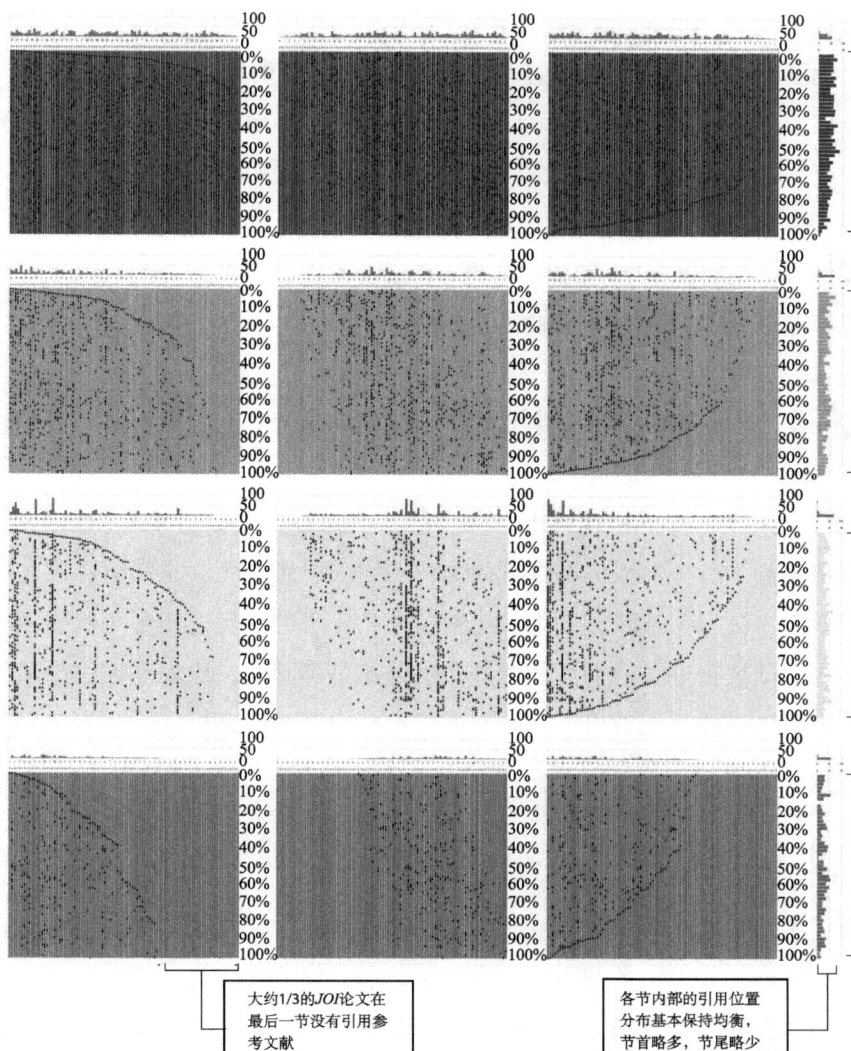

大约1/3的JOI论文在最后一节没有引用参考文献

各节内部的引用位置分布基本保持均衡，节首略多，节尾略少

图 6.11　*JOI* 期刊论文中的各节引用位置的分布（归一化）（见彩图）

另外，通过观察各子图右部不含引用的论文数量，可以发现：基本上所有论文在第一节都有引用，接近90%的第二节和第三节也都包含引用，而仅有一半多一点的论文在第四节中包含了引用。也就是说，在第四节即"结论"一节中，进行引用并不是必需的，而在其他节中，不进行任何引用则显得不那么正常。这一结论为科技工作者进行论文写作时如何在正文的适当位置进行引用，给出了一种很好的借鉴。

总的来说，虽然全文一般被划分为各个不同的功能区（比如，分成多个节就是为了实现不同的功能而进行设计的），在各节的内部却并不存在这样的功能分区。引用是按照论文的论证结构而"随机"出现的。不过，出现在节前部的引用和出现在节后部的引用，是否具有不同的动机和功能？比如，在"引言"中，按照论证的一般逻辑，首先会引用一些背景类文献，然后可能会引用一些反面文献进行批评，最后会引用一些能够为自己提供支持的文献。这一问题将在本书第8章中进行研究和讨论。

## 6.3 引用位置与引文特征之间的关系

全文引文分析的框架曾指出，引文的特征指标，即被引年龄和被引次数，可能与引用行为有关。以引用位置为例，不同被引年龄的引文在引用位置的分布可能不同，被引年龄较大的论文比被引年龄较小的论文可能更先被引用；高被引论文和低被引论文的引用位置分布也可能是不同的，比如高被引论文的引用位置可能更靠前而低被引论文的引用位置分布则相对靠后。本节将对上述假设进行验证。

### 6.3.1 引用位置与引文的被引年龄之间的关系

为了考察发表较早的论文是否比发表较晚的论文的引文位置更靠前，下面选取三篇不同被引年龄的引文作为案例，这三篇论文都是 $h$ 指数研究的经典论文：一篇是 Hirsch 于 2005 年发表在 *PNAS* 上的最早提出 $h$ 指数的经典论文（以下称 Hirsch 2005）(Hirsch, 2005)；另外两篇都是 Egghe 于 2006 年发表在

*Scientometrics* 期刊上的，一篇阐明了 *h* 指数在信息计量学的实现和应用（以下称 Egghe 2006a）(Egghe & Rousseau, 2006)，另一篇提出了一种基于 *h* 指数进行改进的 *g* 指数（以下称 Egghe 2006b）(Egghe, 2006)。

利用引用位置的可视化图谱，绘制这三篇引文的引用位置图示（图 6.12）。图中，红色圆点表示对 Hirsch 2005 的引用，黄色圆点表示对 Egghe 2006a 的引用，绿色圆点表示对 Egghe 2006b 的引用。127 个柱体代表的施引文献按照 Hirsch 2005 第一次被引用时的位置大小从高到低进行排列。

在图 6.12 中可以看出，基本上所有引用 Egghe 2006a 和 Egghe 2006b 的论文都会同时引用 Hirsch 2005。而在引用了前两者的施引文献中，只有 9 篇引用了前两者没有同时引用后者。也就是说，当人们引用某一个观点的相关论文时，通常很难忽略最早提出该观点的那篇论文。这也是为什么越早发表的论文可能的被引次数越高。

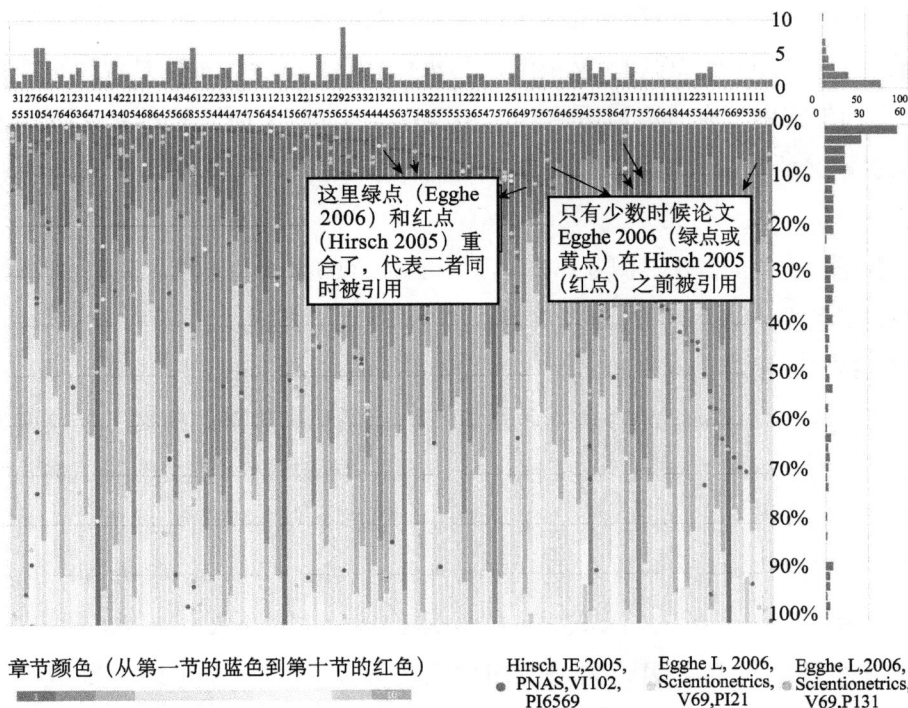

图 6.12　Hirsch 2005、Egghe 2006a 和 Egghe 2006b 三篇论文的引用位置分布比较（见彩图）

其次，比较三者在引用位置的先后顺序可以发现，对 Hirsch 2005 的引用几乎全部出现在对 Egghe 2006a 和 Egghe 2006b 的引用之前，只有 8 篇施引文献例外，即对后两者的引用出现在对 Hirsch 2005 的引用之前。这说明，发表较早的开创性论文与同领域的其他论文相比，不仅在被引次数上具有明显优势，而且在被引用的位置上也具有明显的优先性。

这可以看作是"马太效应"的又一个鲜活的案例：在学术论文的引用行为中，一篇引文的发表时间越早，它的引用位置越靠前；而越靠前的引用位置，越容易受到注意和关注，从而容易得到更多的引用。其实，这一点并不难理解：开创性论文在所在领域具有先入为主的优势，在作者想要进行该领域的引用时，它通常是第一个进入脑海的文献。

## 6.3.2 引用位置与引文的被引次数之间的关系

Hirsch 2005 不仅是最早提出 $h$ 指数的一篇论文，还是 *JOI* 期刊论文引用得最多的一篇论文。它在 *JOI* 中的被引次数高达 127 次，也就是说，每 3 篇 *JOI* 期刊论文中就有一篇引用了 Hirsch 2005。因此，下面以 Hirsch 2005 作为高被引论文的案例，比较该引文与其他一般引文在引用位置的分布上的不同特点。

利用可视化的方法，图 6.13 给出了 Hirsch 2005 在施引文献中的引用位置。其中，黑色圆点表示对 Hirsch 2005 的引用，白色圆点表示对其他一般引文的引用。柱状图按照 Hirsch 2005 的首次被引用的位置从高到低进行排列。

可以看出，Hirsch 2005 的引用位置显然比其他一般引文的被引位置更为靠前。在对 Hirsch 2005 的所有引用中，几乎一半都出现在正文的前 10%。而对其他一般引文的引用中，在正文的前 30% 出现的引用数量才能达到一半的比例（参见本书 6.2.2 小节）。进一步分析后还可以发现，有 42 篇施引文献中，Hirsch 2005 出现在正文的第一个引用位置，占全部施引文献的 33.1%。这进一步体现了高被引论文在引用位置的分布上比一般论文更为靠前的特点。

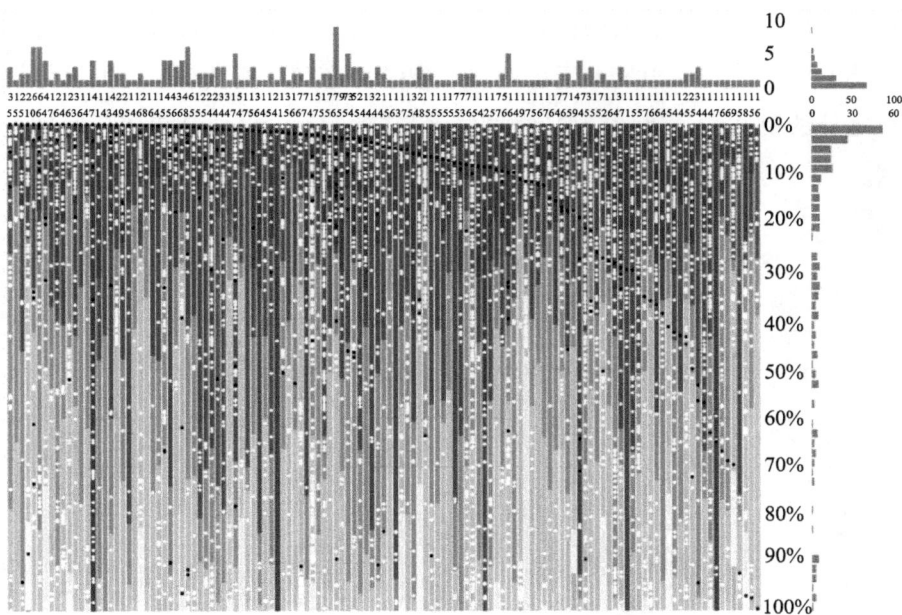

图 6.13 Hirsch 2005 在 *JOI* 期刊论文中的引用位置分布（见彩图）

## 6.4 引用位置的基本特征

本章通过分析学术论文的正文结构，设计并实现了一种直观展现引用位置分布的可视化图谱，研究了不同发表年份和不同被引次数的引文的引用位置特点。

基于对 *JOI* 期刊论文的案例分析可以发现，学术论文的经典结构是 IMRAD 结构。学术论文中一般含有 20～30 个引用，平均每 160 个字中包含一个引用；但是引用的分布极不均匀，接近一半的引用分布在论文的 30%，也就是大概"引言"一节所在的位置；在各节内部，引用位置的分布是随机的，没有在节开头或节结尾聚集的特点。

从不同引文特征的引文的引用位置来看，发表年份较早的经典文献在施引文献中的被引用位置比一般的论文更靠前；被引次数较高的论文比被引次数较低的论文被引用的位置更靠前。由于发表年份较早或被引次数较高的经典论文更多地出现在比较靠前的位置，因此可以利用经典论文这种分布规律，通过只选取第一节中的引文，来更好地发现经典文献；或者相反，通过选取第一节之外的引文，过滤掉经典文献对年轻文献的遮蔽，发现更多年轻的重要文献。

# 07

# 引用强度分析：正文中的多引现象

在第 6 章中可以发现，科学家在引用 Hirsch 2005 这类经典文献的时候，通常在正文中会引用不止一次。最多的一篇施引文献在正文中引用了 Hirsch 2005 一文甚至高达 9 次。其实，这种现象不只在经典文献上存在，也存在于其他一般的引文上。在引用一般引文的时候，施引文献正文中引用两次或多次的现象也并不少见。

本章将研究这一现象，我们称之为"多引现象"。多引现象是引用行为中的一种普遍现象，它的普遍性远没有得到充分的重视。在全文引文分析中，一般将一篇引文在施引文献正文中被引用的次数定义为该引文的"引用强度"。

引用强度分析主要研究的是：引用强度的分布是怎样的？哪些引文拥有更高的平均引用强度？引用强度与引用位置之间有何联系？引用强度和被引年龄、被引次数之间的关系是怎样的？

## 7.1 引文的引用强度分布分析

引文的引用强度是指引文在施引文献正文中被引用或提及的次数。如果在一篇施引文献中某篇引文被提及了 3 次，那么该引文在这篇施引文献中的引用强度就是 3。引用强度是一种特殊的被引次数指标，只不过它的统计范围不是整个科学文献集，而是一篇具体的施引文献的正文。严格意义上讲，不存在"一篇引文的引用强度"的概念，必须同时给定具体的施引文献，引用强度的概念才有意义。

下面，将首先给出引文的引用强度分布，即多引现象的普遍性，然后通过比较引用的数量和引文的数量，来对多引现象产生的原因和意义进行讨论。

## 7.1.1 引文的引用强度分布

这里选取全部 350 篇 *JOI* 期刊论文作为案例，统计这些论文的引文数量，共得到引文 10 832 篇（未去重），平均每篇施引文献含有引文 30.9 篇。逐一计算这 10 832 篇引文的引用强度，可以得到引用强度的分布如图 7.1 所示。

在图 7.1 中的柱状图中可以看出，引用强度为 1 的引文的数量最多，共有 7970 篇，占全部引文的 73.6%；引用强度为 2 的引文有 1676 篇，占 15.5%；引用强度为 3 的引文有 614 篇，占 5.7%……也就是说，接近 3/4 的引文的引用强度为 1，而另外 1/4 左右的引文的引用强度为 2 或 2 以上，即在正文中被引次数不少于 2 次。计算引文被引次数的平均值，一篇引文在正文中的被引次数平均在 1.5 次左右。显然，多引现象具有相当的普遍性。

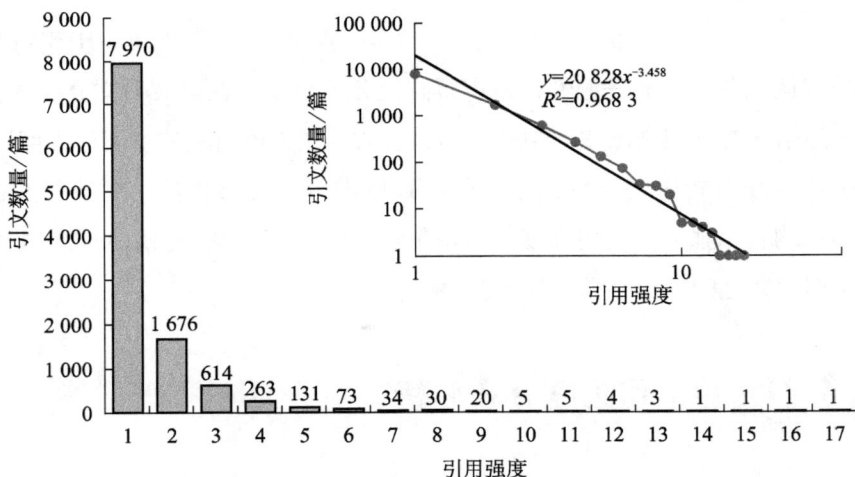

图 7.1 *JOI* 期刊论文中的引用强度分布

图 7.1 还表明，引用强度的分布呈负幂律分布，如图中右上方曲线图所示。在双对数坐标下，引用强度和引文数量拟合为一条直线，且该直线的拟合度较高，拟合结果具有很好的统计显著性（$R^2$=0.97）。这说明，引用强度的分布天然具有很强的规律性，在 *JOI* 期刊论文中反映出来的这一分布样式，在其他期刊论文中应该也一样成立。

## 7.1.2 引用强度分布的机理分析

引用强度的分布特征体现了多引现象的普遍性。多引现象之所以产生，是由学术论文写作规范中对引用行为的要求决定的。学术论文写作中有一个不成文的规定，对参考的文献必须进行引用，而且参考一次引用一次。这一要求，导致了对引文的多次引用，以及位于篇尾的引文和位于正文中的引用在数量上的不一致性。接下来将从各施引文献中引文数和引用数的不一致性出发，比较引文数和引用数各自分布上的不同特点。

统计 350 篇 *JOI* 期刊论文中的引文数和引用数，可以绘制二者之间的散点图，如图 7.2 所示。其中，横坐标表示文章的引用数，纵坐标表示文章的引文数。需要注意的是，这里的引用数是根据引用位置进行统计的，在同一位置引用多篇引文计为一个引用。

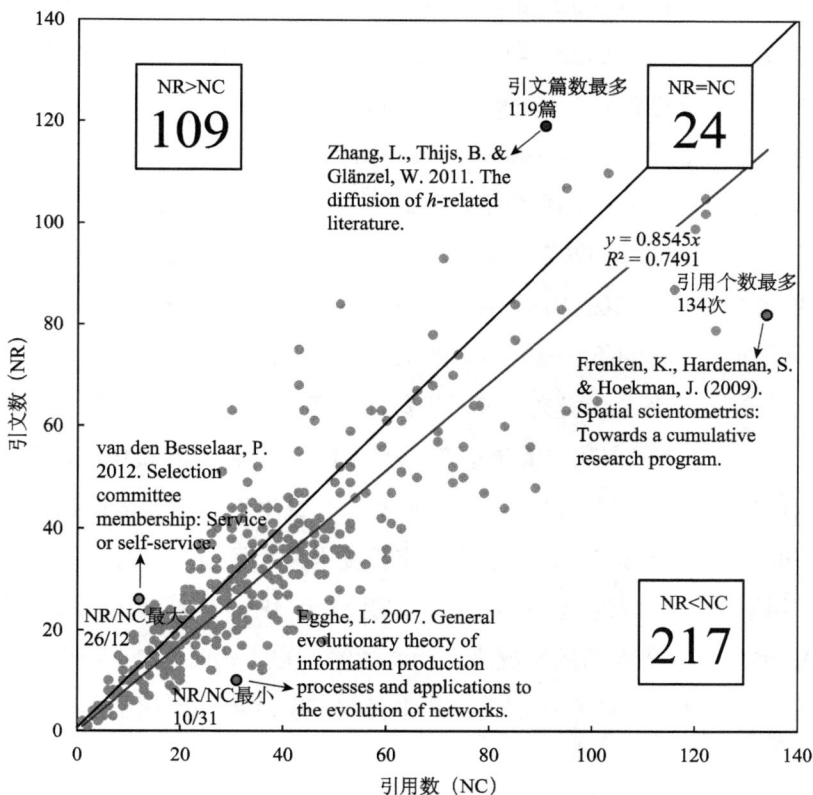

图 7.2 各 *JOI* 期刊论文中的引用数与引文数的数量比较

可以看出，各论文对应的散点主要集中在对角线左右。其中，有 109 个点位于对角线上方，表示在这些论文中引文数高于引用数，我们称之为"多引文少引用"的论文；有 217 个点位于对角线下方，表示引用数高于引文数，称为"多引用少引文"的论文；另外 24 个点，恰好落在对角线上，表明在这 24 篇论文中引用数和引文数相等。

可以看出，"多引用少引文"的论文远多于"多引文少引用"的论文（217 篇 vs 109 篇），前者是后者的 2 倍左右。这正是多引现象普遍存在的原因——引用多而引文少。

为了展现论文中引用数和引文数的大小区别，图中还标出了一些特殊的论文。例如，引用数最多的论文是 Frenken 等发表在 2009 年的一篇关于空间计量学的文章（Frenken et al., 2009），它含有 134 个引用，引用了 82 篇引文；引文数 / 引用数最小的是 Egghe 的一篇文章（Egghe, 2007），它的引用数和引文数分别是 31 和 10，前者是后者的 3 倍；引文数最多的是张琳等于 2011 年发表的一篇关于 $h$ 指数的文章（Zhang et al., 2011），它含有 119 篇引文和 91 次引用；而引文数 / 引用数最大的是 van den Besselaar 于 2012 年发表的论文（van den Besselaar, 2012），它的引用数和引文数分别是 12 和 26，前者不到后者的 1/2。

接下来，分别统计 *JOI* 期刊论文中的引用数分布和引文数分布，进一步展现二者之间的差异性。图 7.3 是两者分布的对照图，左侧条状图表示的是引文数量的论文分布，右侧条状图表示的是引用数量的论文分布。

从分布的情况来看，引文数和引用数的分布符合钟形分布，两者的峰值都是在 21～25，但是引文数主要集中在 11～40（231 篇，占 66.0%），而引用数的范围则主要在 16～45（211 篇，占 60.3%）。引用数分布的区间略高于引文数分布的区间。二者分布相似，但在一定程度上又相互独立。

从平均值来看，论文中的平均引用数为 35.25，略高于平均引文数（31.39）。另外，从最大值的情况来，引文数量的最大值是 119，而引用数量的最大值是 134。这些结论在一定意义上也说明多引现象和引用强度分布的机理和本质。

施引论文数

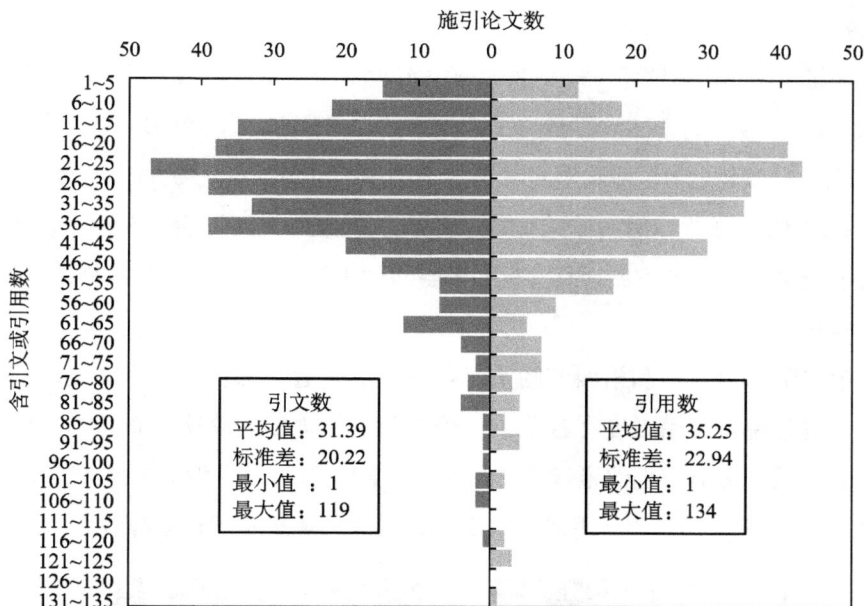

图 7.3　各 *JOI* 期刊论文中的引用数与引文数的分布比较

## 7.2 引用强度与引用位置的关系

引用强度反映了引文在施引文献中的重要程度。引用强度越高的引文，对施引文献越重要。因此，接下来一个值得关心的问题就是，这些重要的引文会被放在正文中的什么位置进行引用呢？也就是说，引用强度高的论文主要分布在哪一节，是引言部分，还是方法部分？另外，对于这种被多次引用的高引用强度论文，我们好奇的是，其各次被引用的位置是怎样分布的？比如，是在同一节中被一再引用的情况多，还是在不同节中对该引文进行多次引用的情况更多？这些问题都将在本节中得到讨论。

### 7.2.1 引用强度的位置分布

首先来看高引用强度的引文主要出现在哪些节中。为了简单起见，下面只选择 *JOI* 期刊论文中的四节式论文进行研究。引用强度在各节中的分布情况如

图 7.4 所示。

在第一节即"引言"一节中，引用强度为 1 的引文有 762 篇，占该节引文总数（1910 篇）的 39.9%，略高于全文水平的 38.7%；引用强度为 2 的引文有301 篇，占 15.8%，略低于全文水平的 16.5%；引用强度为 3 的引文有 159 篇，占 8.3%，略低于全文水平的 10.0%；引用强度为 4 的引文有 85 篇，占 4.5%，略低于全文水平的 5.7%；而更高引用强度的引文有 603 篇，占 31.6%，略高于全文水平的 29.2%。

第二节、第三节和第四节的情况与第一节接近，都基本和全文处于同一水平。也就是说，引用强度在各节中的分布与引用强度的总体分布基本一致，呈现随引用强度逐渐减小的幂指数分布（图 7.1）。引用强度为 1 的引文数量最多，占全文的 35%～40%；引用强度大于 1 的引文数量按幂律逐渐减少。

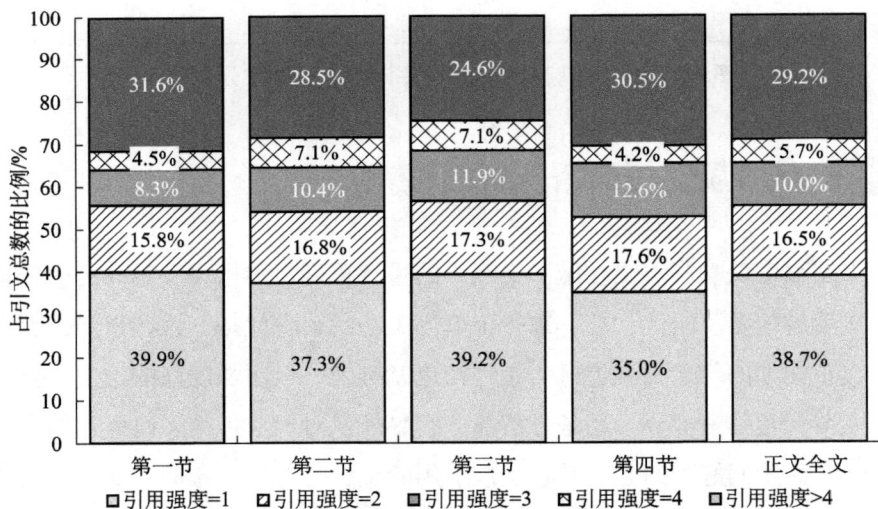

图 7.4　*JOI* 期刊论文各节中的引用强度分布

这一分布在按照引用位置进行更为精细的划分时仍然成立。将全文按照长度分成 50 等份，统计得到引用强度在各个等份中的分布情况，如图 7.5 所示。可以发现，各等份中引用强度的分布虽然波动较大，但是基本保持在与全文分布接近的平均水平上，没有呈现出与位置有关的分布差异，也就是说，位置靠前的引文并不比位置靠后的引文具有更高的引用强度，或者说重要性。

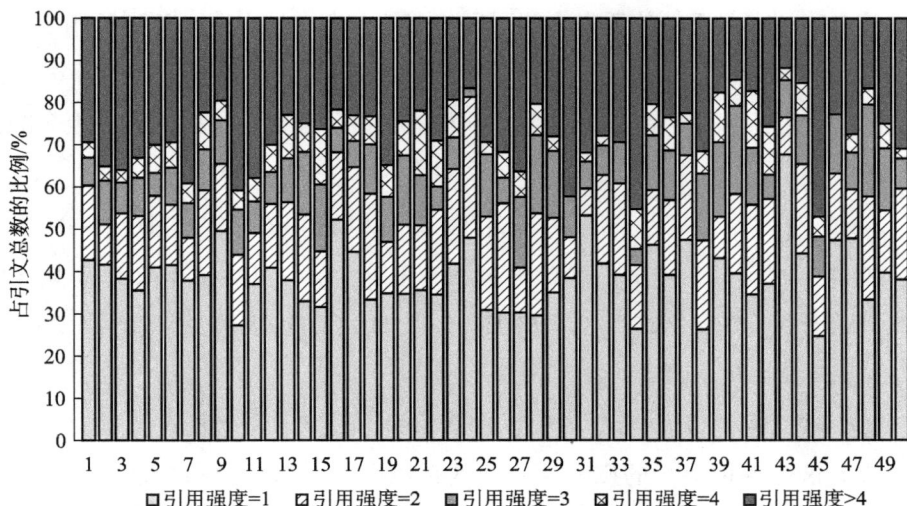

图 7.5　*JOI* 期刊论文各位置（切成 50 等份）中的引用强度分布

## 7.2.2　多次引用的位置分布

7.2.1 小节分析了引用强度在各节中的分布，接下来来看高引用强度的引文在被多次引用时的位置分布规律。例如，引用强度为 2 的引文，在正文中被引 2 次，那么这两次引用，是分别位于不同节的情况多，还是位于同一节中的情况更多？这代表了两种不同类型的高引用强度引文：两次引用位于不同节的引文往往意味着该引文与施引文献具有多个相同点，比如既具有相同的研究主题，又具有相同的研究方法；而两次引用位于同一节的引文则可能只是作者的行文方式造成的，两者之间的关系强度相对前者稍弱。

为了简单起见，本节选择四节式论文和引用强度为 2 的引文作为案例。由于在引用强度大于 1 的引文中，引用强度为 2 的引文占 58.7%，因此这种情况具有足够的代表性。下面就来研究这些引用是如何进行分布的。

在 6.2.1 节中已经给出，四节式论文中共有引用 3128 个，在各节的分布概率约为 41 : 25 : 25 : 9（图 6.8）。如果引用强度为 2 的引文的两次引用，在这3128 个引用位置上独立随机分布，那么这两次引用位置的组合概率的分布就可以很容易计算出来。为了理解上的方便，不妨将其假设成一个抽屉实验：首先随机抽取第一次引用的位置，按照引用位置的分布，抽中第一节到第四节的概率分别是 41 : 25 : 25 : 9；然后抽取第二次引用的位置，抽中各节的概率同上。如果第一次引用和第二次引用是独立不相关事件，那么可以得到各种组合的概率，即

Sec (1-1) : (1-2) : (1-3) : (1-4) : (2-2) : (2-3) : (2-4) : (3-3) : (3-4) : (4-4)

$= (40.8 \times 40.8) : (40.8 \times 25.0 \times 2) : (40.8 \times 25.3 \times 2) :$
$(40.8 \times 8.8 \times 2) : (25.0 \times 25.0) : (25.0 \times 25.3 \times 2) : (25.0 \times 8.8 \times 2) : (25.3 \times 25.3) :$
$(25.3 \times 8.8 \times 2) : (8.8 \times 8.8)$

$=16.6 : 20.4 : 20.7 : 7.2 : 6.3 : 12.7 : 4.4 : 6.4 : 4.5 : 0.8$

如上求得各种组合的概率即为两次引用在各节组合分布的期望概率（图7.6）。其中，两次引用分别出现在第一节和第三节的概率最高，为 20.7%；其次为分别出现在第一节和第二节的概率，为 20.4%；其后是同时出现在第一节的概率，为 16.6%；最少出现的情况是同时出现在第四节，其概率为 0.8%。

有理由假设，如果两次引用是独立无关的话，那么引用在各节中的实际分布应该拟合上述期望分布。统计案例中引用强度为 2 的 794 篇引文两次引用的组合分布，得到的各组合之间的期望概率如图 7.6 所示。其中，出现最多的组合是两次引用同时出现在第一节的情况，这类引文有 224 篇（占 28.2%）；其次是两次引用分别出现在第一节和第二节的引文，有 124 篇（占 15.6%）；再次为两次引用同时出现在第三节的引文，有 112 篇（占 14.1%）；出现次数最少的是同时出现在第四节的引文，仅有 18 篇（占 2.3%）。

对照引用强度为 2 的引文的两次引用的分布组合所占的比例，可以发现，两次引用出现在同一节的引文，即 Sec (1-1)、Sec (2-2)、Sec (3-3) 和 Sec (4-4)，实际概率远高于期望概率，实际值通常是期望值的 2 倍左右。相反，两次引用处于不同节的引文，实际概率小于期望概率，期望值有时是实际值的 2 倍，如 Sec (1-3)、Sec (2-3)，有时只是略高于实际值，如 Sec (1-2)、Sec (2-4)、Sec (3-4)。

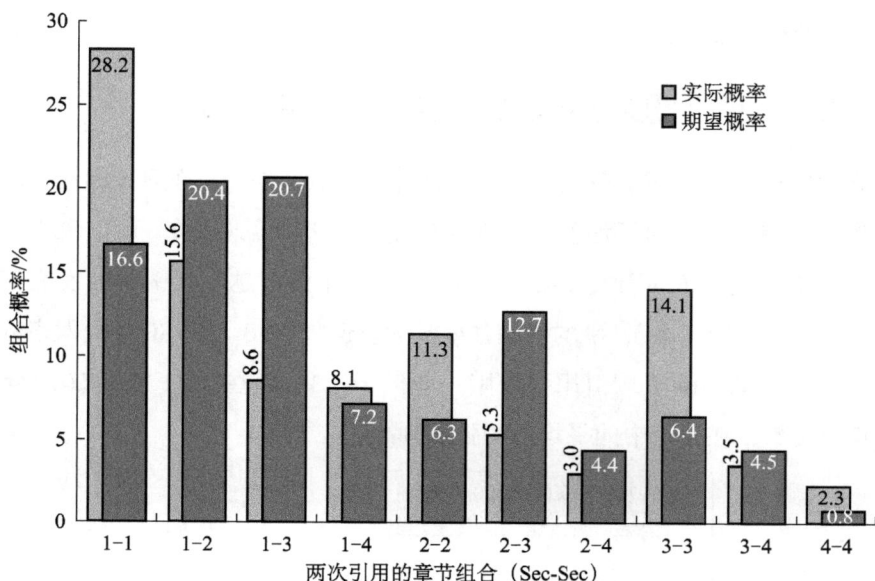

图 7.6 *JOI* 期刊论文中引文多引时引用位置组合的概率分布

这就是说，与独立分布相比，两次引用发生在同一节的情况较多，而发生在不同节的情况偏少。由于同一节中的内容和功能相似，更容易发生对同一篇引文的多次引用。不过，两次引用分别出现在第一节和第四节的引文，实际占比（8.1%）略高于期望概率（7.2%），是两次引用在不同节的情况中唯一的例外。这一"特例"其实也很好解释：因为第一节（引言）和最后一节（结论）无论是在论述内容还是在论述层次上都非常相近，所以在第一节和第四节中引用同一篇引文的情况不仅具有合理性，而且更好地证明了上述结论的可靠性。

## 7.3 引用强度与引文特征的关系

引用强度作为全文引文分析中引入的新指标，可以与传统的引文特征指标，即被引年龄和被引次数，进行比较分析和关联分析。本节要研究的问题是：引文被引时的年龄大小与引用强度有何关系？年轻的引文是否具有更高的引用强度？引文的被引次数是否与其引用强度有关？被引次数越高的引文在施引文献中的被引强度也越高吗？

### 7.3.1 引用强度与引文的被引年龄的关系

分别统计从 1970 年开始各年发表的引文在 *JOI* 期刊中的平均引用强度，得到各年发表的引文的平均引用强度的变化趋势图，见图 7.7。可以看出，引文的发表年份越早（即引文年龄越大），平均引用强度越小；引文的发表年份越晚（即引文年龄越小），平均引用强度越大。例如，20 世纪 80 年代发表的年老文献，在文章中的平均引用强度则一般低于 1.3；而在 2011 年和 2012 年发表的年轻文献，在文章中的平均引用强度则高达 1.7 以上。

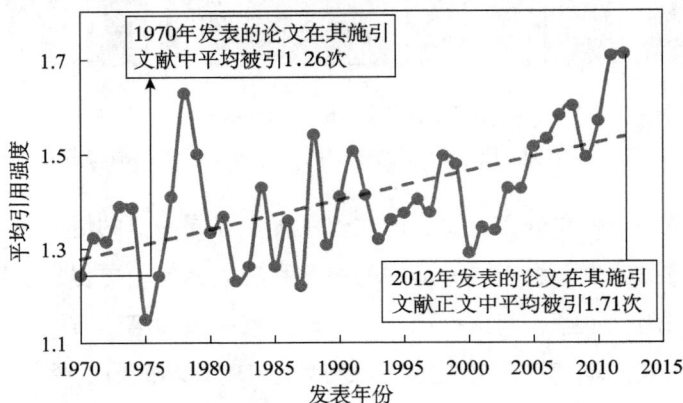

图 7.7  *JOI* 期刊论文中引文的发表年份和引用强度之间的关系

可以说，年轻的引文比年老的引文更有可能被重度引用。这或许是因为科学家们在引用时普遍存在着"喜新厌旧"的现象。一般而言，相对于旧的文献，论文作者更倾向于引用新的文献。现在看来，这种"喜新厌旧"的倾向，不仅表现在是否对其进行引用上，而且表现在对它的引用强度上。也就是说，新文献不仅有更大的概率被引用，而且有更大的概率被重度引用。

正是因为科学家们在引用时存在"喜新厌旧"的倾向，才导致了引文的半衰期现象，即随着引文发表年份的增长，年被引次数逐渐衰减。根据上面的结果有理由相信，这一衰减规律不仅表现在年被引次数上，也表现在年被引强度上。

## 7.3.2　引用强度与引文的被引次数的关系

引文的被引次数测度的是引文在文献集中的被引次数，反映的是引文在整个研究领域中的重要性；引文的引用强度测度的是引文在所在施引文献中的被引次数，反映的是引文对该施引文献的重要性。可以说，引文的被引次数和引用强度是在不同层面上的同一指标。那么，这两个指标之间有何关系呢？

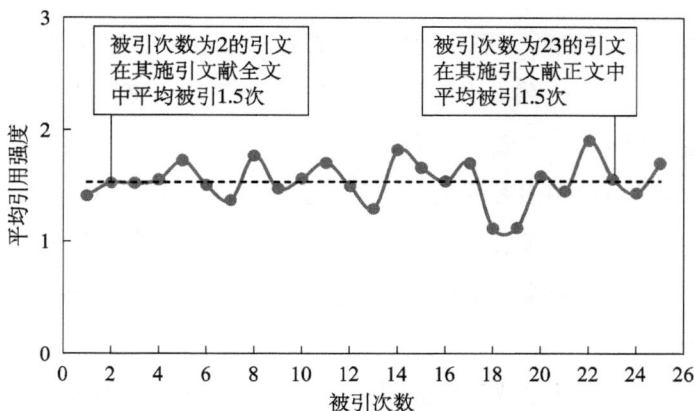

图 7.8　*JOI* 期刊论文中引文的被引次数和引用强度之间的关系

将 *JOI* 期刊论文中的引文按照其被引次数进行分组，被引次数相同的引文归为一组，统计每组引文在施引文献中的平均引用强度，得到平均引用强度和被引次数之间的对应关系，如图 7.8 所示。图中被引次数高于 25 次的引文因数量太少略去。

可以看出，不论引文的被引次数是高还是低，平均引用强度都基本徘徊在 1.5 左右。这也是引文的平均引用强度。这表明，引文的被引频次高低与被引次数高低之间的相关性几乎为零。引文的被引次数高，在单篇施引文献中的引用强度并不一定高；而引文的被引次数低，在单篇施引文献中的引用强度也不一定低。宏观层面上的高被引（高被引次数）和微观层面上的高被引（高引用强度）之间没有必然联系。

## 7.4 引用强度的基本特征

在本章中，我们研究了引用强度的分布和特点。引用强度反映了被引文献对于施引文献的重要程度。引用强度越高，被引文献对于施引文献越重要，两者之间的关联性也越强。

研究发现，在 *JOI* 期刊论文中，平均每篇引文在施引文献中的引用强度为 1.5 左右；各节中引文的引用强度大小并没有明显差异，在引言一节中出现的引文的引用强度并不比在其他各节的更高；对于引用强度大于 1 的引文，多次引用一般发生在同一节内部，而不是两个不同的节中。

从引文特征与引用强度的关系来看，引用强度与引文的被引次数没有明显的相关性，但与引文的发表年份即引文年龄有显著的关联。年轻引文的平均引用强度显著高于年老引文的平均引用强度。换句话说，引文的平均引用强度随时间逐渐衰减。

引用强度的应用价值在于，如果将对引用强度的考量加入到基于被引次数的学术论文评价中，可以更全面地反映学术论文的被引情况和受关注程度。同时，由于年轻引文通常具有更高的引用强度，因此将引用强度加入被引次数的考量中，还可以更多地发现年轻的高被引论文，或者对潜在的高被引论文更早地进行预见。

# 08

# 引用语境分析：内容词与线索词

在一般的引文分析中，通常认为引用的基本单位是文献，即一篇文献（施引文献）引用了另一篇文献（被引文献）。然而，在真实的引用行为中，施引文献通常并不是要引用被引文献中的所有信息，而只是引用后者中的一部分信息。更确切地说，也不是施引文献全文在引用这一部分信息，而是施引文献中的某一部分在引用它。总之，引用的基本单位不是文献，其实应该是文献中的一部分信息，即一个信息片段。

这一个信息片段，就是施引文献引用被引文献时的上下文，在全文引文分析中，一般称为引用语境（citation context）。引用语境可以更准确地表明引用时的信息焦点，展现引用时的目标、动机和情感。

不同于引用位置和引用强度，引用语境是文本信息而不是数量指标。因此，对引用语境的研究需要借用文本分析的方法。在本节中，我们将抽取引用语境中的文本信息，包括内容词（content phrase）和线索词（cue phrase），用来挖掘引用时的研究主题和动机情感等。在讨论了引用语境的整体概况之后，研究还将围绕下面几个问题进行展开：①不同的引用位置，引用的语境和动机有何不同特点？②不同的引用强度，引用的语境和动机有何不同特点？③不同的被引年龄，引用的语境和动机有何不同特点？④不同的被引频次，引用的语境和动机有何不同特点？

## 8.1 引用语境的基本特征

### 8.1.1 引用语境的数量和长度分布

引用语境是指论文正文中含有引用的句子。它是学术论文中的重要组成成分，但在不同学科和不同类型的论文中，引用语境占全文的比例不尽相同。在各节中，引用语境所占的比例也有很大差异。

### 1. 引用语境在全文中的分布

在 *JOI* 期刊论文中提取的全部 67 612 个句子中，含有引用的句子，即引用语境，共有 10 408 个，占全部引用的 15.4%；累计总长度为 367 854 字，占句子总长度（1 985 426 字）的 18.5%。各文章中引用语境的数量和长度的占比分布如图 8.1 所示。在大部分文章中，引用语境的数量和长度占全文的比例在 10%～20%。

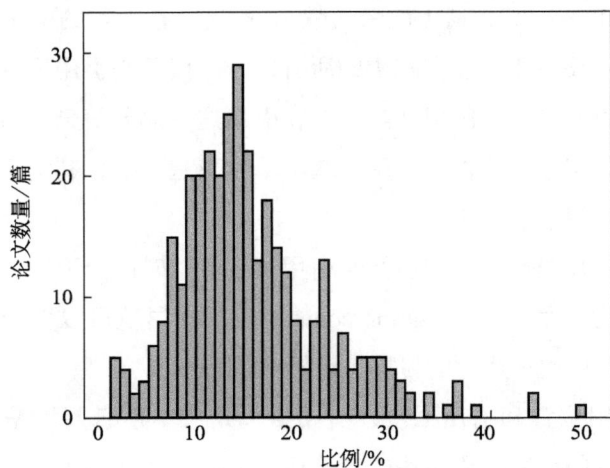

（a）引用语境的数量

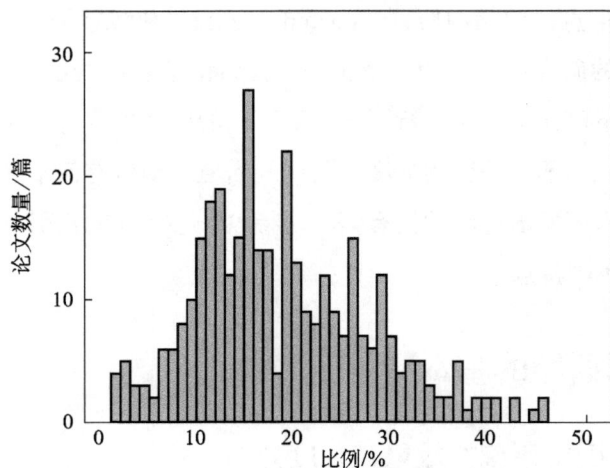

（b）引用语境的长度

图 8.1 *JOI* 期刊论文中引用语境占全文的比例及分布

### 2. 引用语境在各节中的分布

接下来再来看引用语境在各节中的占比。由于引用主要集中在第一节中，因此有理由推断引用语境在第一节中的比例也会更高。选取 *JOI* 期刊论文中的四节式论文，统计各节中引用语境的比例（图 8.2）。

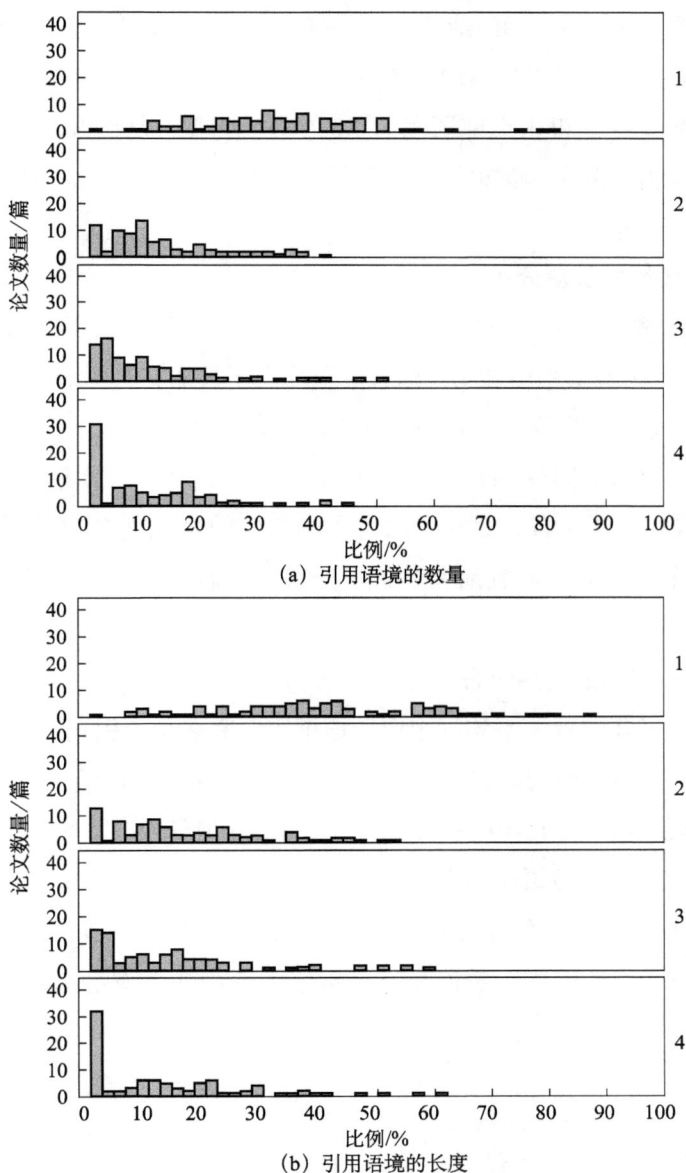

（a）引用语境的数量

（b）引用语境的长度

图 8.2 *JOI* 期刊论文中引用语境占各节的比例及分布

结果发现，在第一节中引用语境占该节总语句数量的 32.9%，长度占该节总语句长度的 40.9%；第二节中引用语境占该节句子数量的 15.1%，长度占总长度的 19.6%；第三节中引用语境占句子总数的 12.1%，长度占总长度的 15.2%；第四节中引用语境的数量占 12.1%，长度占 16.3%。

显然，在第一节中引用语境的占比最高，有 1/3 左右的句子都属于引用他人的观点；在第二节中引用语境占比差不多是第一节的一半；在第三节和第四节中引用语境最少，仅占全部语境的 1/8 左右。当然，从图 8.2 可以看出，各文章中的引用占比分布非常离散，也就是说，引用语境的占比在各不同类型的文章中有很大差异。

### 3. 引用语境的长度分布

8.1.1 节中提到，引用语境长度的占比（18.5%）高于引用语境的数量占比（15.4%），这意味着引用语境句子的长度平均高于其他非引用语境句子的长度。为了验证这一假设，下面对引用语境的长度分布进行研究。

图 8.3 中的两幅图分别是引用语境和全文句子的长度分布。引用语境的长度的峰值在 25 词左右，而一般的句子的长度的峰值则在 20 词左右，平均比前者少 5 个词左右。而且前者的钟形分布比后者更为扁平，长句子的比例更高。

### 4. 引用语境中的引用分布

最后，我们还统计了平均每个引用语境中含有多少个引用。如图 8.4 所示的柱状图展现了 *JOI* 期刊论文中 9907 个引用语境中的引用数量分布。

结果发现，有 6710 个（占 67.7%）引用语境中只含有 1 个引用，有 1786 个（占 18.0%）个引用语境中含有 2 个引用，有 665 个（占 6.7%）引用语境中含有 3 个引用……含有引用数越高的引用语境的数量越少。通过绘制双对数坐标（图 8.4 中曲线图）可以看出，引用语境中随含有的引用数呈现负幂律分布。

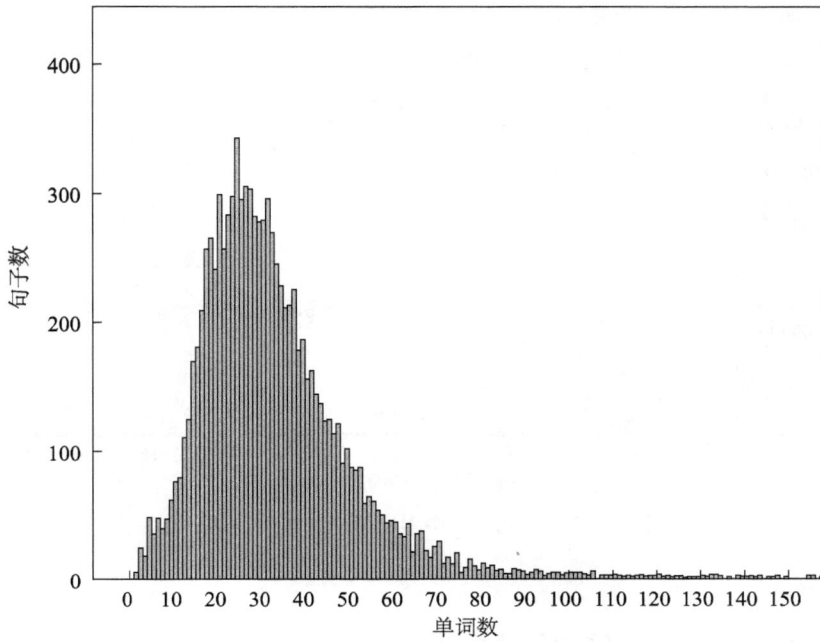

（a）引用语境

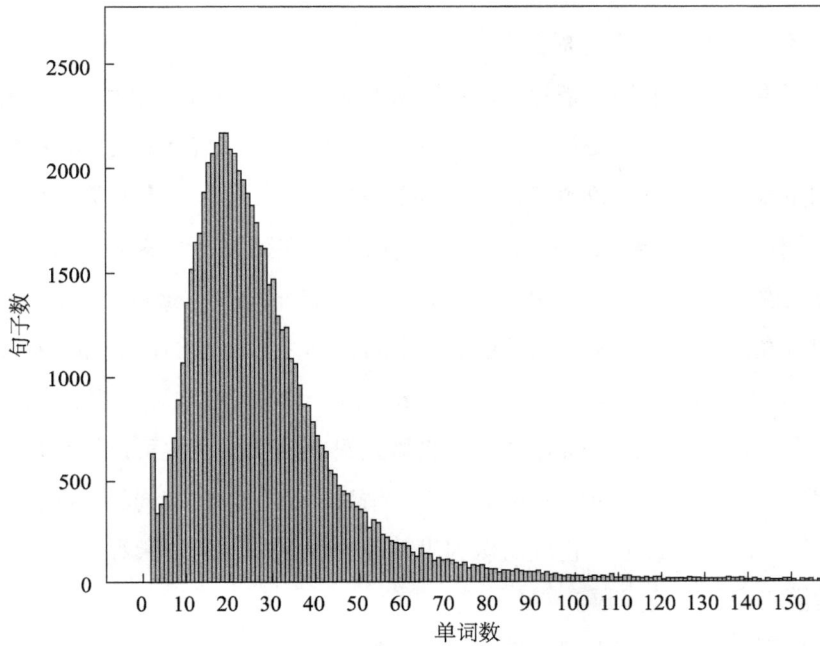

（b）全文句子

图 8.3　*JOI* 期刊论文中引用语境和一般句子的长度分布

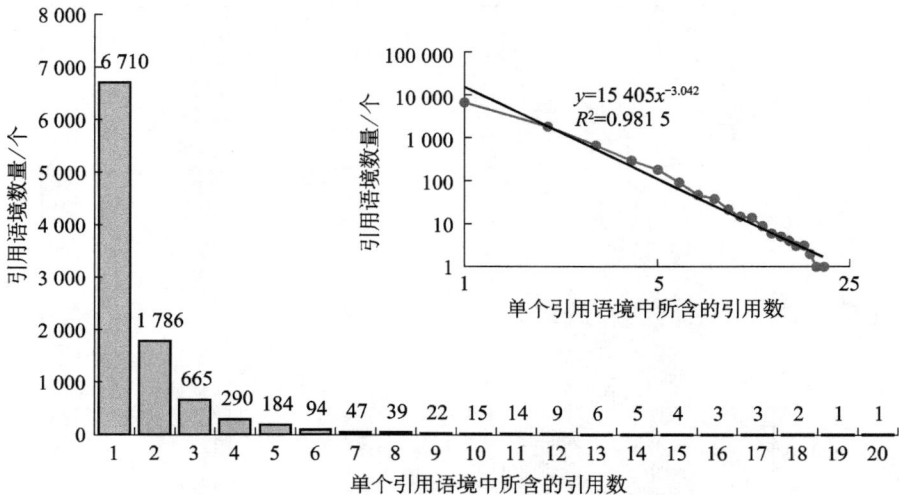

图 8.4　*JOI* 期刊论文中引用语境的引用数量分布

注：20 以外舍去

## 8.1.2　引用语境中的内容词和线索词

### 1. 引用语境的两个组成部分

引用语境本质上是一条句子。从语义上来看，一个句子是由内容词和线索词构成的。内容词主要由专有名词组成，负责告诉人们在说"什么东西"，而线索词主要由内容词之外的动词、副词、连词、代词等组成，负责告诉人们"怎么回事"。图 8.5 给出了这样一个引用语境：在隐去了线索词之后，我们可以知道在说"什么东西"（h-index、h-values、productivity、citation practices 等），而不知道在说"怎么回事"；而在隐去了内容词之后，我们可以知道在说"怎么回事"（However, several limitations of the...），但不知道在说"什么东西"。

隐去线索词的情况，有点类似于机器人眼中的文本，它可以识别出其中的内容词，但是机器很难读懂其中的语义和情感；而隐去内容词的情况，有点类似于外行人眼中的文本，它可以识别出其中的线索词，即语义和情感，但是却无法读懂其中的专业术语。

从引用语境的角度来说，内容词表示的是引用中传递的信息内核，线索词表示的是引用中表达的情感和状态。两者共同构成了引用语境分析的基础。接下来分别对引用语境中的内容词和线索词进行分析。

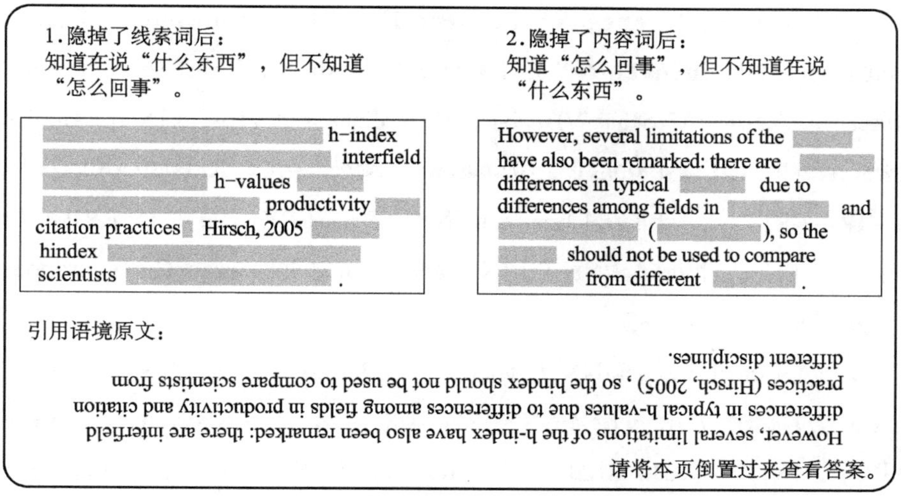

图 8.5　引用语境中的内容词和线索词样例

### 2. 引用语境中内容词和线索词的提取

（1）内容词的提取

在这个案例中，内容词的提取调用了 Alchemy API 和 Stanford POS Tagger。Alchemy API 是 Alchemy 公司发布的一个专注于自然语言处理的文本分析服务，可以高效准确地提取文本中的内容词，或者进行语义分析、实体分析、情感分析等。从相关的评测来看，Alchemy API 相对于其他的同类服务，质量和效率更高，通用性更好，而且提供了针对 PHP 的接口，方便接入并可以每天免费提供上万次调用和响应。

Stanford POS Tagger 是由斯坦福大学开发的一款对词性进行标注的 API，它利用词典和语法规则对句子中每个单词的词性进行标注，从中识别出所有的名词。

下文是利用这一词性标注 API 对 *JOI* 中的句子进行词性标注后的结果。其中用粗体标出的单词即为句子中的名词，或称内容词。

1) Yet/CC ,/, since/IN **Zunde/NNP** made/VBD this/DT **distinction/NN** in/IN three/CD **application/NN areas/NNS** ,/, **citation/NNanalysis/NN** has/VBZ developed/VBN further/RBR and/CC we/PRP propose/VBP replacing/VBG the/DT third/JJ **application/NN area/NN** by/IN the/DT **term/NN** structural/JJ **studies/NNS**

of/IN **citation/NN networks/NNS** ./.

2) The/DT **difference/NN** between/IN a/DT synchronous/JJ and/CC diachronous/JJ **approach/NN** in/IN the/DT **context/NN** of/IN **journal/NN impact/NN factors/NNS** has/VBZ been/VBN discussed/VBN in/IN -LRB-/-LRB- **ingwersen/NN,** /, **Larsen/NNP** ,/, **Rousseau/NNP** ,/, &/CC **Russell/NNP** ,/, 2001/ CD -RRB-/-RRB-, /, while/IN **Glänzel/NNP** -LRB-/-LRB- 2004/CD -RRB-/-RRB- proposes/VBZ a/DT **model/NN** for/IN **diachronous/NNS** and/CC synchronous/JJ **citation/NN analyses/NNS** ./.

3) In/IN this/DT **work/NN** ,/, where/WRB the/DT **research/NN** reported/VBN in/IN an/DT earlier/JJR **article/NN** -LRB-/-LRB- **Ahlgren/NNP**&/CC **Jarneving/ NNP** ,/, 2008/CD -RRB-/-RRB- is/VBZ developed/VBN ,/, we/PRP compare/VBP experimentally/RB five/CD **approaches/NNS** to/TO **document/NN** --/: **document/ NN similarity/NN** in/IN the/DT **context/NN** of/IN **science/NNmapping/NN** ./.

（2）线索词的提取

参照前人的研究成果，将从以下三种类型对线索词进行提取：人称代词、行为动词和连接词。

人称代词是指表示人的代词，表示的是引用中的主宾关系，即主体和客体。例如，在提取的引用语境中，包含的人称代词包括：

1) **We** focused mainly on what information the engineers needed and used in **their** work and how **they** obtained and managed this information.

2) **Our** goal is to analyze not the publication and citation counts but the group's connectedness to the research mainstream, both statically and over time.

3) **He** uses **his** HistCite software to visualize the impact of Price's works on the growth of the field based on a ranked citation index of the 100,000 references cited in the 3000 papers citing Price.

表 8.1 给出了人称代词的分类表（详见附录 A）。按照人称分为第一人称和第三人称（在学术论文中一般没有第二人称），按照人称格分为主格、宾格和物主代词等。

表 8.1　在引用语境中所提取的人称代词的类别

| 人称代词 | 主格 | 宾格 | 形容词性物主代词 | 名词性物主代词 |
|---|---|---|---|---|
| First Person 第一人称 | I\|we | me\|us | my\|our | mine\|ours |
| Third Person 第三人称 | he\|she\|they | him\|her\|them | his\|her\|their | his\|hers\|theirs |

行为动词表示的是引用语境中的谓语结构。行为动词的提取，这里采用了托伊费尔在其博士论文（Teufel, 1999）中所采用的行为动词列表，包括 18 类 364 个行为动词，这 18 类的行为动词参见表 8.2（详见附录 B）。

表 8.2　在引用语境中所提取的行为动词的类别

| 行为动词 | 例子 |
|---|---|
| Affect 影响 | afford\|believe\|decide\|feel\|hope\|imagine\|regard\|trust\|think |
| Argumentation 论证 | agree\|accept\|advocate\|argue\|claim\|conclude\|comment |
| Aware 清楚 | be unaware\|be familiar with\|be aware\|be not aware |
| Better_Solution 更佳方案 | boost\|enhance\|defeat\|improve\|go beyond\|perform better |
| Change 改变 | adapt\|adjust\|augment\|combine\|change\|decrease\|elaborate |
| Comparison 比较 | compare\|compete\|evaluate\|test |
| Continue 继续 | adopt\|agree with\|base\|be based on\|be derived from\|be originated in |
| Contrast 对比 | be different from\|be distinct from\|conflict\|contrast\|clash |
| Future_Interest 未来兴趣 | plan on\|plan to\|expect to\|intend to |
| Interest 兴趣 | aim\|ask\|address\|attempt\|be concerned\|be interested\|be motivated |
| Need 需要 | be dependent on\|be reliant on\|depend on\|lack\|need\|necessitate |
| Presentation 展示 | describe\|discuss\|give\|introduce\|note\|notice\|point out\|present |
| Problem 问题 | abound\|aggravate\|arise\|be cursed\|be incapable of\|be forced to |
| Research 研究 | apply\|analyze\|analyse\|build\|calculate\|categorize\|categorise |
| Similar 类似 | bear comparison\|be analogous to\|be alike\|be related to |
| Solution 方案 | accomplish\|account for\|achieve\|apply to\|answer\|alleviate\|allow for |
| Textstructure 文章结构 | begin by\|illustrate\|conclude by\|organize\|organise\|outline\|return to |
| Use 使用 | apply\|employ\|use\|make use\|utilize |

根据这一词表，在引用语境中提取得到的行为动词的例子有：

1) Details of our proposal are **given** in Section 2 , where we also **show** how this can be **determined** under the stochastic model **used** by Burrell (2007b).

2) The Journal Citation Report promulgated by ISI in 2008 **used** a new journal evaluation index, Eigenfactor, the calculation of which **is based on** the PageRank algorithm, but eliminates selfcitations in journals.

3) Readers who prefer a historical overview are **referred** to Endres-Niggemeyer

(1998) or to the classical and new papers **collected** in Mani and Maybury (1999).

连接词表示引用语境的情感和引用的动机。连接词的提取，本书采用了 Knott 在其硕士论文（Knott, 1996）中所采用的线索词列表，包括 10 类 123 个连接词，如表 8.3 所示（详见附录 C）。

表 8.3　在引用语境中所提取的连接词的类别

| 连接词 | 例子 |
| --- | --- |
| Additional Information补充 | even\|on the contrary\|in fact\|in actual fact\|actually\|as a matter of fact |
| Cause因果 | because\|,for\|insofar as\|to the extent that\|considering that\|given that |
| Digression离题 | incidentally\|by the way |
| Hypothetical假设 | if ever\|if only\|in that case\|as long as\|on condition that\|supposing that |
| Negative Polarity 转折 | but\|whereas\|instead\|however\|though\|nevertheless\|yet\|otherwise |
| Restatement 重述 | to summarize\|to sum up\|summing up\|to recap\|or rather\|at least |
| Result 结果 | therefore\|consequently\|to this end\|as a result\|for example\|thus\|hence |
| Sequence 顺序 | besides\|in addition\|first\|firstly\| to begin with\|first of all\|furthermore |
| Similarity 相同 | just as\|the way\|also\|too\|as well |
| Temporal 时间 | while\|meanwhile\|beforehand\|previously\|ever since\|since |

根据这一词表，提取得到的表示转折关系的引用语境有：

1) In Giddens's "structuration theory," the resulting structure was conceptualized as shaped over time by memory traces, **but** structure would only be reproduced in time and space by reflexive recombinations of sets of rules and resources in action ( Giddens, 1979).

2) **However**, this algorithm is very slow and has been outperformed by more recent methods (Newman, 2006).

3) **Although** previous studies have reported that many WoSindexed articles and citing sources in the field of chemistry were not in Google Scholar (see Bornmann et al., 2009; Kousha & Thelwall, 2008b), we located all the selected articles in from both *JASIST* and *Scientometrics*.

4) As noted above (in footnote 4), algorithms for weighted betweenness centrality are available in the literature (Brandes, 2001), **but** have not **yet** been implemented for matrices of this size (Brandes, personal communication, 25 February 2010).

### 8.1.3　引用语境中的内容词分布

利用斯坦福大学的 Stanford POS Tagger 词性标记工具，识别 *JOI* 期刊论文中的 16 770 个引用语境中的名词，并对单复数的情况进行了归并，最终得到在引用语境里出现最多的名词，如表 8.4 所示。为了更好地突出引用语境中的内容词，下面还统计了这些词在全文的句子中出现的次数及其排序，并将其中引用语境中的排序高于其在全文句子中的排序的内容词用粗体进行标注。

表 8.4 中给出了排名在前 40 位的高频名词，其中排在前 10 位的名词有 citation、research、paper、journal、index、study、publication、science、network、author。其中包含了文献计量学的主要研究内容（citation、journal、author 等）和研究方法（index、network 等）。

**表 8.4　引用语境中的高频内容词列表**

| 排序 | 名词 | 词频（引用语境） | 词频/排序（全部语句） | 排序 | 名词 | 词频（引用语境） | 词频/排序（全部语句） |
|---|---|---|---|---|---|---|---|
| 1 | citation | 1724 | 9876/1 | **21** | **method** | **396** | **1858/29** |
| **2** | **research** | **1134** | **6054/4** | **22** | **factor** | **377** | **1872/28** |
| 3 | paper | 1059 | 6767/2 | 23 | information | 376 | 2323/23 |
| 4 | journal | 1055 | 6722/3 | **24** | **example** | **357** | **2004/27** |
| **5** | **index** | **1013** | **5256/6** | **25** | **approach** | **327** | **1445/38** |
| **6** | **study** | **915** | **3580/11** | 26 | time | 320 | 2240/24 |
| 7 | publication | 801 | 5436/5 | **27** | **scientists** | **309** | **1588/33** |
| 8 | science | 797 | 4146/8 | 28 | year | 299 | 2390/22 |
| **9** | **network** | **635** | **3122/17** | 29 | value | 284 | 3736/10 |
| 10 | author | 633 | 4584/7 | **30** | **ranking** | **269** | **1742/31** |
| **11** | **impact** | **597** | **3028/18** | 31 | case | 257 | 2399/21 |
| **12** | **indicator** | **589** | **3196/16** | **32** | **databases** | **253** | **1533/36** |
| 13 | article | 572 | 4062/9 | **33** | **web** | **250** | **1105/56** |
| 13 | field | 572 | 3455/13 | **34** | **collaboration** | **248** | **1160/53** |
| **15** | **analysis** | **539** | **2758/19** | 35 | literature | 245 | 772/73 |
| 16 | data | 532 | 3492/12 | **36** | **review** | **244** | **1158/54** |
| 17 | results | 476 | 3230/15 | 37 | references | 243 | 1549/34 |
| **18** | **measure** | **459** | **2211/25** | **38** | **count** | **237** | **1211/50** |
| **19** | **distribution** | **410** | **2415/20** | **38** | **system** | **237** | **1372/41** |
| **20** | **model** | **402** | **2073/26** | 40 | document | 233 | 1811/30 |

注：黑体内容词代表其在引用语境中的词频排名高于其在全部句子中的排名

## 8.1.4  引用语境中的线索词分布

基于人称代词、行为动词、连接词的词表，提取引用语境中出现的线索词，并分别对它们进行了统计和分析。

### 1. 人称代词

在引用语境中，排在前两位的人称代词分别是 we 和 their。这一点在意料之中，因为学术论文一般正是"我们"基于"他人的"的成果而开展的，这是学术论文不同于其他类型的文章的一个重要特征。we 和 their 的高频出现，表明引用语境的重点不仅是"他人的"工作，还关注它们怎么为"我们"所用。这反映了引用在功能上的二相性：属性上是"他人的"工作，功能上则是为"我们"所用。

另外，their、his、he 等表示"他人"的人称代词在引用语境中出现的次数比在全文中出现的次数的位次更高，也表明了引用语境是全文中专门用来陈述"他人的"工作的句子（表 8.5）。

**表 8.5  引用语境中的人称代词列表**

| 排序 | 名词 | 词频（引用语境） | 词频／排序（全部语句） | 排序 | 名词 | 词频（引用语境） | 词频／排序（全部语句） |
|---|---|---|---|---|---|---|---|
| 1 | we | 841 | 8497/1 | 12 | himself | 12 | 27/15 |
| 2 | their | 548 | 3220/3 | 12 | my | 12 | 100/12 |
| 3 | I | 410 | 3815/2 | 14 | she | 9 | 77/13 |
| 4 | they | 359 | 2092/4 | 15 | ours | 4 | 12/18 |
| 5 | our | 213 | 1902/5 | 15 | ourselves | 4 | 17/17 |
| 6 | his | 117 | 530/8 | 17 | him | 3 | 20/16 |
| 7 | he | 111 | 363/9 | 17 | me | 3 | 28/14 |
| 8 | us | 110 | 774/6 | 19 | herself | 1 | 10/19 |
| 9 | them | 96 | 765/7 | 19 | mine | 1 | 10/19 |
| 10 | her | 48 | 244/10 | 19 | myself | 1 | 6/21 |
| 11 | themselves | 22 | 127/11 | | | | |

### 2. 行为动词

表 8.6 是 *JOI* 期刊论文中常用的行为动词列表，分别列出了这些动词在引

用语境中和全文中的频次和位次，表中各动词按照在引用语境中出现的频次从高到低进行排列，其中在引用语境中的位次高于其在全文语境中的位次的用粗体表示。

表 8.6 引用语境中的高频行为动词列表

| 排序 | 名词 | 词频（引用语境） | 词频/排序（全部语句） | 排序 | 名词 | 词频（引用语境） | 词频/排序（全部语句） |
|---|---|---|---|---|---|---|---|
| 1 | use | 1029 | 4604/1 | **21** | **describe** | **152** | **754/29** |
| **2** | **base** | **558** | **2449/4** | 22 | obtain | 151 | 1238/14 |
| **3** | **study** | **504** | **2311/5** | **23** | **discuss** | **148** | **615/33** |
| 4 | measure | 503 | 2495/3 | 24 | note | 147 | 996/20 |
| **5** | **model** | **411** | **2100/7** | 24 | test | 147 | 866/24 |
| 6 | show | 397 | 3361/2 | 26 | calculate | 138 | 1038/18 |
| **7** | **propose** | **393** | **1135/17** | **27** | **analyze** | **126** | **616/32** |
| 8 | give | 296 | 2171/6 | 28 | expect | 114 | 936/22 |
| 9 | consider | 263 | 1779/8 | 29 | change | 111 | 946/21 |
| **9** | **review** | **263** | **1234/15** | 30 | observe | 106 | 826/25 |
| 11 | define | 262 | 1427/11 | 31 | determine | 104 | 674/31 |
| 12 | provide | 255 | 1475/10 | **31** | **examine** | **104** | **444/44** |
| 13 | count | 251 | 1360/12 | 31 | need | 104 | 781/27 |
| **14** | **suggest** | **219** | **798/26** | **34** | **follow** | **102** | **563/35** |
| 15 | present | 218 | 1580/9 | **35** | **based on** | **98** | **435/46** |
| 16 | compare | 211 | 1214/16 | 36 | indicate | 94 | 924/23 |
| **17** | **structure** | **192** | **1030/19** | 37 | analyze | 86 | 611/34 |
| **18** | **introduce** | **184** | **517/36** | **37** | **investigate** | **86** | **398/51** |
| 19 | increase | 172 | 1339/13 | **37** | **state** | **86** | **491/39** |
| **20** | **report** | **169** | **764/28** | 40 | allow | 81 | 492/37 |

可以看出，在引用语境中出现次数最高的动词为 use，出现了 1029 次，该词在全文中也以 4604 次的绝对优势排在首位；出现次数第二高的是 base，出现 558 次，其在全文语境中的频次和位次分别为 2449 次和第 4 位；在引用语境中出现次数第三位的是 study，出现了 504 次，其在全文中的频次为 2311 次，位列第 5。

这些高频行为动词反映了引用语境的主要功能和动机。基本上，它们可以分为如下几类：①阐述方法，如 use、base、measure、model 等；②揭示问题，如 study、propose、introduce、discuss、examine 等；③ 描述结论，如 show、suggest、report、describe 等。显然，在 *JOI* 期刊论文的引用语境中，"阐述方法"的动词出现次数较多，表明了 *JOI* 期刊论文中注重方法的特点。

关于选用的行为动词与论文特征之间的关系，前人曾对此进行过一些实证研究。比如，语言学家海兰（K. Hyland）监测了在引用语境中最常运用的动词（Hyland, 1999），他发现在不同的学科中，所使用的动词有明显区别。在人文社会科学类的文献中，常用的动词是 argue、suggest、describe、note、analyze、describe 等表示主观判断的词，而在自然科学的文献中，常用的动词则是 develop、report、study 等表示客观陈述的词。从 *JOI* 期刊论文中所用的动词来看，*JOI* 期刊论文兼具了人文社会科学的主观性和自然科学的客观性，既注重客观阐述，也注重主观解读。

### 3. 连接词

表 8.7 列出了在引用语境中出现次数最多的前 40 个连接词。其中，表示转折的连接词有 but、however、while、although 等，表示列举的连接词有 also、for example、as well、for instance 等，表示因果的连接词有 because、so、thus、therefore 等，表示时间的连接词有 first、since、then、previously 等，表示加强的连接词有 even、rather 等。

比较引用语境中的连接词和全文中的连接词，可以发现，表示时间、转折和列举关系的词在引用语境中出现次数较高，位次一般高于其在全文中的排名；而表示因果关系的连接词在引用语境中的出现次数较低，位次一般低于其在全文中的排名。

这说明引用语境主要是在阐述之前的（表示时间的连接词）一系列成果（表示列举的连接词），并通过对其的评价，转而说明自己的研究的意义和优点（表示转折的连接词）。从推理的角度来讲，引用语境主要是在用反衬的方法（转折关系），而不是直接推理的方法（因果关系），推动文章的论述向前发展。

**表 8.7 引用语境中的高频连接词列表**

| 排序 | 连接词 | 词频（引用语境） | 词频/排序（全部语句） | 排序 | 连接词 | 词频（引用语境） | 词频/排序（全部语句） |
|---|---|---|---|---|---|---|---|
| 1 | also | 725 | 3439/1 | 21 | for instance | 91 | 373/26 |
| 2 | but | 516 | 3184/2 | 22 | in addition | 81 | 402/24 |
| 3 | however | 290 | 1754/5 | 23 | instead | 70 | 324/30 |
| 4 | first | 281 | 2150/4 | 24 | previously | 57 | 190/42 |
| 5 | if | 265 | 2920/3 | 25 | yet | 56 | 282/33 |
| 6 | for example | 227 | 1003/12 | 26 | furthermore | 55 | 356/27 |
| 7 | since | 218 | 1208/9 | 26 | hence | 55 | 740/19 |
| 8 | because | 192 | 1251/8 | 26 | still | 55 | 426/23 |
| 8 | while | 192 | 1317/7 | 29 | moreover | 51 | 318/31 |
| 10 | , as | 178 | 984/13 | 29 | whereas | 51 | 352/28 |
| 11 | although | 171 | 760/18 | 31 | indeed | 47 | 300/32 |
| 12 | , for | 170 | 944/14 | 32 | in fact | 46 | 228/37 |
| 13 | even | 155 | 805/17 | 33 | either | 40 | 332/29 |
| 14 | then | 138 | 1658/6 | 33 | though | 40 | 239/35 |
| 15 | at least | 136 | 812/16 | 35 | next | 35 | 431/22 |
| 16 | as well | 134 | 691/20 | 36 | actually | 34 | 225/38 |
| 17 | so | 131 | 1150/11 | 37 | nevertheless | 31 | 182/43 |
| 18 | thus | 124 | 1175/10 | 38 | clearly | 30 | 375/25 |
| 19 | rather | 101 | 615/21 | 38 | in that | 30 | 230/36 |
| 20 | therefore | 100 | 930/15 | 38 | so that | 30 | 276/34 |

## 8.2 引用语境与引用特征的关系

本节将研究引用语境与引用位置和引用强度之间的关系，包括：①不同引用位置的引用语境之间的区别；②不同引用强度的引文的引用语境之间的区别。

通过特征提取的方法，可以对不同分组文本中的特征词进行识别，即在分组文本中找出一组中存在的不同于其他组的一些特征。在本节中，特征提取算法选用的是 TF×IDF 算法和对数似然率算法。

TF×IDF 算法可以用于提取在一组文本中出现次数较多，而在总文本中又不是那么常见的关键词（Salton & McGill, 1983）。如果单纯使用词频选取特征词，显然会引入很多无意义的词，如 the、is、a 等，而 TF×IDF 算法可以有效地去除此类无意义的词。

在 TF×IDF 算法中，词频（TF 或 term frequency）表示一个词在一组文本中的词频大小，倒排文档频次（IDF 或 inverse document frequency）表示一个词在整个文档中的不常见程度。两者相乘，就得到了一个词的 TF×IDF 值。一个词的 TF 越高（词频越高），IDF 越高（越不常见），它的 TF×IDF 就越高。因此，TF×IDF 算法可以提取一组文本中重要且有意义的词。

对数似然率（log-likelihood ratio）算法的设计初衷与 TF×IDF 算法不同，它旨在提取那些在一组文本中常见，而在其他文本中少有的特征词（Dunning, 1993）。它的计算原理是，根据总的语料库的容量和一个词出现的总次数，分别计算该词在各组子文本中的期望词频，然后比较期望词频与实际词频，该词在各文本中的期望词频与实际词频差距越小，对数似然率越小，反之越大。通过对数似然率可以看出该词在各组子文本中的分布的不均等性。对数似然率越大的词在各组文本中的分布越不平均。

表 8.8 展示了 TF×IDF 和对数似然率两种特征词提取算法在用途、目标、原理、公式和结果上的区别。

**表 8.8　TF×IDF 算法和对数似然率算法的比较**

| 区别 | TF×IDF算法 | 对数似然率算法 |
| --- | --- | --- |
| 用途 | 识别各组文本中最重要的词 | 识别各组文本中最独特的词 |
| 目标 | 找出一组文本中出现频次最高的有意义的特征词 | 找出在各组文本中词频的占比差异最大的特征词 |
| 原理 | 利用一个词在整个语料库中的词频的倒数判断一个词的不常见程度，从而更好地识别有意义的特征词 | 利用一个词在各组文本中的期望词频与实际词频的比值的大小，来判断一个词是否在各组文本中差异明显，是否可作为识别各组文本的特征词 |
| 公式 | TF×IDF=TF×IDF 其中，TF表示词频；IDF表示逆文档频率，根据总语料库算出 | $LLR=2\Pi_{i=1}^{n}\left(TF_i\times 1n\left(TF_i/TF_i^{exp}\right)\right)$ 其中，$TF_i$表示实际词频；$TF_i^{exp}$表示期望词频，根据总语料库算出 |
| 结果 | 正数。TF×IDF越大表示越重要 | 非负数。LLR越大表示越独特 |

## 8.2.1　引用语境与引用位置的关系

在这一部分，我们研究引用语境和引用位置之间的关系。这里的假设是，在不同的引用位置，引用语境应该会有所不同。例如，第一节的引用语境可能更多地关注研究问题和背景，第二节的引用语境可能更多地关注研究方法，第三节和第四节的引用语境可能更多地关注研究结果。下面对这一假设进行验证。

### 1. 内容词与引用位置的关系

（1）内容词在各节中的词频分布

选取四节式 *JOI* 期刊论文作为案例，分别对各节中出现的引用语境进行词频统计，然后利用 TF×IDF 算法和对数似然率算法计算出各节中出现次数最高的前 20 个内容词，如表 8.9 所示。

观察各节中 TF×IDF 值最高的内容词，可以看出，表示研究主题的内容词，如 citation（引文研究）、publication（发文研究）、journal（期刊分析）、field（领域分析）等词在各节中的频次都很高。也就是说，这类表示研究主题的内容词，在各节中通常没有明显的区别。另一类词主要是表示研究方法的，如 index、network、system、impact、model、distribution 等，这类词一般在第一节和第二节中出现较多，在后面两节出现次数较少。还有一类词，如 results、review、data、method 等，表示的是与章节的功能相关的内容词，通常在后面两节出现次数较多。

观察各节中对数似然率最高的内容词。可以看出，第一节的特色词主要是表达研究对象、研究问题、研究背景的内容词，如 index、citation、performance、scientists、community、evaluation 等。

在第二节中富有特色的词是表达具体研究方法和数据来源的词，如 node、centrality、network、web、model、value、references、search、google、wos、journal、subject 等。

在第三节中，富有特色的词主要是陈述结果的词，如 results、figure、table、test、sample、value、size、degree、law、growth 等。

第四节中的特色词以指称自己前面和别人之前的研究的词为主，如 review、results、case、example、analysis、study、research、article、literature、publication 等。

表 8.9　各节引用语境中的内容词分布

| 节（语境数） | TF×IDF算法 | 对数似然率算法 | 节（语境数） | TF×IDF算法 | 对数似然率算法 |
|---|---|---|---|---|---|
| 第一节（941） | citation (169.80) | index (31.55) | 第三节（678） | citation (67.77) | sample (29.89) |
| | index (150.41) | citation (29.39) | | paper (65.04) | test (20.24) |
| | research （(141.97) | research (23.99) | | results (59.50) | document (19.42) |
| | science (120.97) | indicator (14.45) | | article (59.33) | figure(19.22) |
| | journal (109.44) | field (14.42) | | research (59.00) | table (15.87) |
| | paper (109.02) | science (13.24) | | method (58.28) | value (10.78) |
| | study (104.56) | performance (11.25) | | science (57.46) | size (9.73) |
| | field (95.07) | scientists (11.08) | | document (55.94) | category (7.58) |
| | publication (94.57) | impact (10.86) | | study (54.82) | fact (6.37) |
| | count (89.91) | h-index (9.44) | | author (54.77) | correlation (5.89) |
| | impact (88.36) | count (9.35) | | publication (52.42) | system (4.70) |
| | indicator (87.47) | community (8.15) | | value (52.36) | method (4.52) |
| | network (82.70) | world (8.14) | | system (51.60) | degree (4.10) |
| | measure (71.77) | collaboration (7.79) | | measure (47.85) | law (4.10) |
| | review (71.27) | databases (7.71) | | sample (47.30) | article (3.69) |
| | scientists (69.82) | output (7.46) | | network (44.90) | effect (3.17) |
| | distribution (66.41) | evaluation (7.21) | | journal (44.59) | order (2.93) |
| | results (63.14) | group (7.09) | | impact (44.18) | growth (2.83) |
| | analysis (63.01) | technology (6.86) | | rank (44.04) | results (1.99) |
| | author (62.07) | peer (6.20) | | data (43.32) | theory (1.96) |
| 第二节（657） | paper (82.45) | references (12.31) | 第四节（230） | results (35.21) | review (15.17) |
| | citation (80.89) | node (8.99) | | study (33.50) | results (14.05) |
| | journal (71.95) | web (8.01) | | review (32.99) | peer (13.44) |
| | index (68.45) | definition (6.16) | | research (31.34) | case (6.51) |
| | publication (66.81) | search (5.26) | | publication (26.73) | example (5.66) |
| | network (59.07) | press (3.14) | | peer (26.21) | scientists (5.53) |
| | study (51.77) | google (2.69) | | analysis (24.94) | source (5.43) |
| | science (50.40) | data (2.30) | | example (23.56) | analysis (5.20) |
| | author (49.90) | centrality (2.24) | | distribution (22.14) | study (5.19) |
| | data (48.73) | paper (1.85) | | citation (21.86) | subject (2.69) |
| | measure (46.59) | network (1.50) | | scientists (21.82) | distribution (2.69) |
| | model (43.37) | wos (1.36) | | paper (21.07) | way (2.33) |
| | research (43.33) | model (1.28) | | index (20.72) | data (2.31) |
| | references (41.01) | journal (1.19) | | data (20.30) | research (1.62) |
| | rank (40.04) | value (1.16) | | article (20.20) | literature (1.01) |
| | method (38.86) | algorithm (0.78) | | count (19.71) | article (1.01) |
| | time (37.69) | correlation (0.78) | | case (19.36) | publication (0.99) |
| | value (37.40) | subject (0.78) | | journal (19.25) | information (0.96) |
| | analysis (36.75) | time (0.49) | | science (18.14) | year (0.92) |
| | web (36.26) | communication (0.41) | | author (17.04) | process (0.74) |

总之，从 TF × IDF 值的情况来看，四节中的最重要的内容词比较一致；但是对比各节中对数似然率高的内容词，各节中特有的内容词存在较大的不同，体现了各节在功能和引用动机上的不同。

（2）内容词在各引用位置的分布

为了了解各节中的内容词的分布，我们特别选择了各节中对数似然率最高的四个内容词，分别是：第一节中的 index、第二节中的 references、第三节中的 sample、第四节中的 review。分别找出含有这四个引用语境的句子，例如：

1) Recently the Hirsch **index,** in short: h-**index,** has attracted a lot of attention in the scientific community (BarIlan, 2006; Egghe, in press; Glänzel, 2006; Liang, 2006).

2) This is an expected finding as these document types (and all document types in general) contain **references** primarily to other document types than those two types as shown by Moed and van Leeuwen (1995).

3) In a second step, instead of the ranked **sample** elements X the corresponding theoretical values, namely Gumbel's so-called characteristic *k*th extreme values (Gumbel, 1958) will be used.

4) Nederhof (2006, p. 95) in his **review** suggests that for 'grey' publications such as unpublished reports, that their impact is "rather disappointing".

如图 8.6 所示，将含有这四个词的引用语境出现的位置用不同颜色和形状的点进行标注。不过严格说来，图中各点表示的其实并不是引用语境的位置，而是该引用语境中引用的位置，不过引用位置显然也就是该引用语境所在的大致位置。

在图 8.6 中可以看出，含 index 的引用语境出现的次数最多，尤其在第一节中，分布密集且多呈连续分布。含 references 的引用语境主要出现在第二节中，但是出现的数量并不多。含有 sample 的引用语境更多地出现在某一篇特别的文章中，即 10.1016/j.joi.2008.11.001，这篇文章在第三节中有大量的含 sample 的句子，一定程度上影响了 sample 的对数似然率。含有 review 的引用语境，主要集中在第四节和第一节中，这也是引用综述类文献最多的地方。

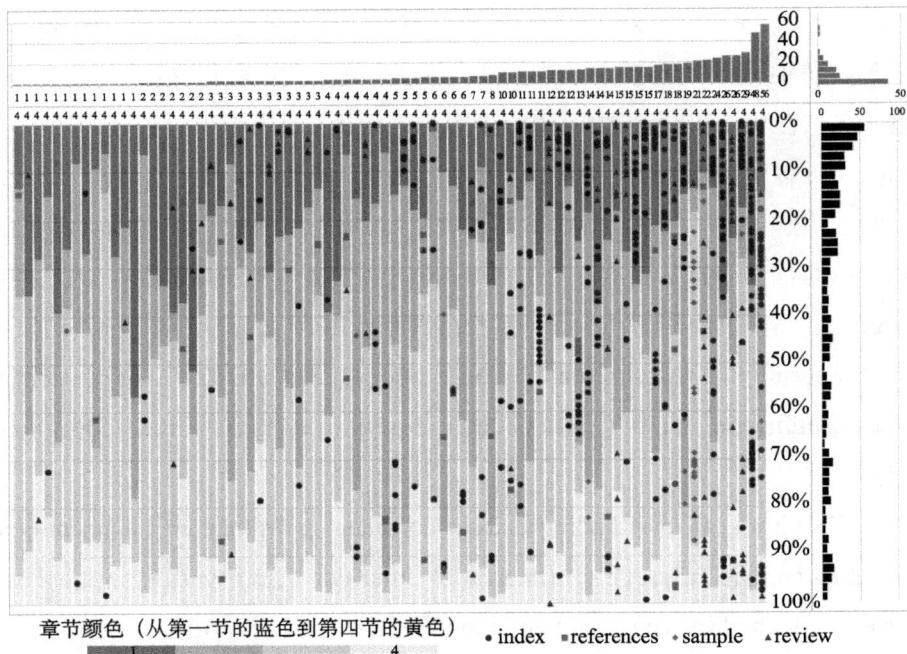

图 8.6　内容词 index 等在 *JOI* 期刊论文正文中的位置分布（见彩图）

### 2. 线索词与引用位置的关系

（1）人称代词在各节和引用位置的分布

表 8.10 是各节引用语境中的人称代词分布。结果发现，第一节（引言）和后面三节的区别非常明显，尤其是在对数似然率算法下。第一节主要是第三人称，如 their、they 等，而后面三节则以第一人称为主，如 we、I、our 等。这说明学术论文写作的一般规律，一般从介绍别人的观点和方法开始（第一节），然后才开始介绍自己的方法和观点（第二、第三、第四节）。

进一步比较第二、第三、第四节中的人称代词之间的区别。根据对数似然率识别的各节的不同特征来看，第二节（方法节）以主格形式为主，如 I、we 等，表明第二节中主要以主动句的方式描述作者进行数据处理和方法实现的过程；第三节（结果节）包含很多反身代词形式，如 myself、himself、themselves 等，这表明第三节以比较个人和别人的结果为主；第四节（结论节）则以物主代词为特点，如 our，意味着这一节主要是对自己的方法、结果和结论进行总结。

**表 8.10　各节引用语境中的人称代词分布**

| 节<br>（语境数） | TF×IDF算法 | 对数似然率算法 | 节<br>（语境数） | TF×IDF算法 | 对数似然率算法 |
|---|---|---|---|---|---|
| 第一节<br>（941） | their (88.78) | their (15.86) | 第三节<br>（678） | we (70.39) | myself (2.61) |
| | they (57.60) | her (2.12) | | their (41.78) | we (1.51) |
| | we (56.53) | they (1.79) | | I (38.12) | himself (0.47) |
| | I (42.21) | his (1.63) | | they (34.56) | our (0.39) |
| | our (36.79) | them (1.54) | | our (30.39) | my (0.06) |
| | he (31.60) | him (1.04) | | he (15.80) | themselves (0.06) |
| | his (29.88) | he (0.34) | | his (14.94) | them (0.05) |
| | them (24.01) | us (0.17) | | them (14.01) | |
| | us (16.78) | himself (0.13) | | us (4.20) | |
| | her (16.00) | | | myself (3.10) | |
| | him (5.59) | | | himself (2.92) | |
| | himself (2.92) | | | | |
| | my (2.80) | | | | |
| 第二节<br>（657） | we (71.46) | I (9.45) | 第四节<br>（230） | we (29.86) | our (7.85) |
| | I (58.55) | we (2.76) | | our (20.80) | we (3.50) |
| | their (26.11) | ours (2.68) | | he (12.29) | he (2.16) |
| | they (25.92) | she (2.68) | | they (11.52) | him (1.34) |
| | he (15.80) | us (1.03) | | I (8.17) | my (1.34) |
| | us (14.69) | her (0.30) | | us (4.20) | themselves (1.34) |
| | his (13.07) | themselves (0.07) | | them (4.00) | us (0.04) |
| | our (11.20) | | | their (3.92) | |
| | her (9.14) | | | his (3.74) | |
| | them (6.00) | | | him (2.80) | |
| | ours (3.10) | | | | |
| | she (3.10) | | | | |
| | themselves (2.80) | | | | |

　　为了更直观地展现全文中人称代词的分布，利用可视化的方法将第一人称代词和第三人称代词分别投影到全文中，如图 8.7 所示。

　　可以看出，表示第一人称的引用和表示第三人称的引用总体数量大体相当。不过，在第一节和第二节中，第三人称的引用明显多于第一人称；而在第三节和第四节中则正好相反，第一人称的引用稍多于第三人称的引用。

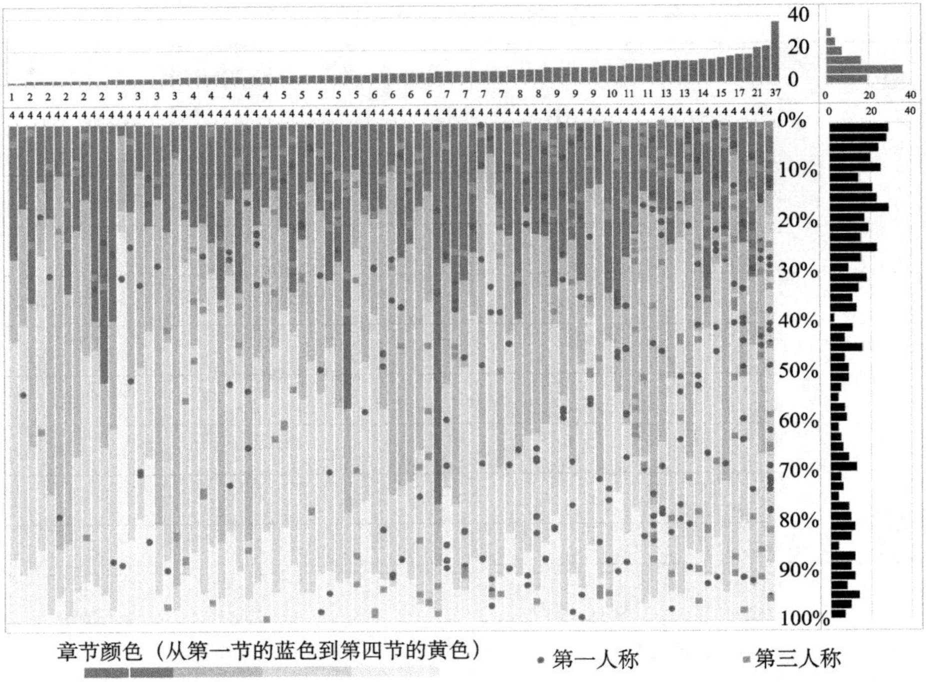

章节颜色（从第一节的蓝色到第四节的黄色）　●第一人称　■第三人称

图 8.7　第一人称和第三人称代词在 *JOI* 期刊论文正文中的位置分布（见彩图）

这表明，在学术论文的写作过程中，科学家普遍采取的策略是：以别人的观点开始，以自己的观点结束。别人的观点为自己的观点提供了研究基础，而自己的观点对别人的观点进行了进一步升华。继承是为了发展；发展是源于继承。学术论文需要建构在前人的研究基础之上，这一特点构成了学术论文不同于其他文体的一个重要区别。也正是在这样的模式下，科学家们在研究中延续着前人的学术影响和学术生命，也让科学能够不停地演化和进化。

（2）行为动词在各节和引用位置的分布

行为动词在不同位置的引用语境中的分布，体现了不同位置中引用语境在功能上的特点。为此，这里列出了 *JOI* 期刊论文各节中最重要的（TF × IDF 算法）和最典型的（对数似然率算法）前 20 个行为动词，如表 8.11 所示。

### 表 8.11　各节引用语境中的行为动词分布

| 节（语境数） | TF×IDF算法 | 对数似然率算法 | 节（语境数） | TF×IDF算法 | 对数似然率算法 |
|---|---|---|---|---|---|
| 第一节（941） | use (94.91) | analyze (8.15) | 第三节（678） | use (54.68) | estimate (10.14) |
| | review (72.80) | aim (7.92) | | test (47.06) | test (7.11) |
| | measure (68.11) | expand (7.84) | | measure (46.26) | adjust (6.09) |
| | study (63.59) | misuse (7.84) | | study (44.52) | calculate (5.56) |
| | base (61.22) | review (7.24) | | base (42.59) | contribute (4.75) |
| | count (55.94) | evaluate (7.20) | | show (42.47) | confirm (4.26) |
| | show (55.74) | explore (6.60) | | propose (41.84) | concern (4.08) |
| | propose (49.94) | count (6.07) | | model (38.75) | concern (4.08) |
| | provide (48.36) | concentrate on (5.33) | | provide (31.20) | categorize (3.98) |
| | introduce (42.72) | attempt (4.16) | | estimate (30.75) | replace (3.98) |
| | suggest(40.39) | seek (3.92) | | calculate (29.48) | expect to (2.79) |
| | analyze (38.95) | discover (3.77) | | give (28.55) | offer (2.79) |
| | consider (38.24) | fail (3.77) | | consider (27.54) | be interested in (2.61) |
| | give (38.07) | substitute (3.77) | | review (27.47) | be motivated (2.61) |
| | define (37.67) | compose (3.30) | | obtain (25.01) | boost (2.61) |
| | present (37.45) | construct (3.22) | | introduce (23.00) | categorize (2.61) |
| | model (37.32) | regard (3.09) | | need (22.41) | like to (2.61) |
| | test (34.92) | adapt (2.32) | | suggest (21.88) | optimize (2.61) |
| | describe (30.55) | arise (2.32) | | increase (21.07) | outperform (2.61) |
| | report (30.45) | benefit (2.32) | | structure (21.07) | pose (2.61) |
| 第二节（657） | use (74.28) | define (20.80) | 第四节（230） | study (25.44) | review (6.52) |
| | define (58.77) | cover (7.14) | | review (24.73) | improve (6.13) |
| | measure (46.26) | be similar to (6.43) | | show (23.89) | demonstrate (5.96) |
| | propose (44.54) | be analogous to (5.36) | | report (16.91) | organize (5.93) |
| | model (41.62) | minimize (5.36) | | use (15.47) | report (5.43) |
| | base (39.92) | select (4.40) | | count (13.98) | devise (4.78) |
| | consider (36.71) | integrate (4.14) | | propose (13.50) | hope (4.78) |
| | study (35.61) | violate (4.14) | | model (12.92) | obscure (4.78) |
| | show (33.18) | use (2.68) | | demonstrate (12.22) | remedy (4.78) |
| | present (29.31) | be reminiscent of (2.68) | | observe (11.45) | study (4.68) |
| | give (26.96) | be restricted to (2.68) | | improve (10.84) | show (4.58) |
| | test (25.81) | escape (2.68) | | base (10.65) | comment (4.39) |
| | discuss (23.80) | formalize (2.68) | | increase (10.53) | observe (3.26) |
| | obtain (23.22) | mitigate (2.68) | | suggest (10.10) | reveal (2.71) |
| | select (20.57) | rely on (2.68) | | reveal (9.92) | explain (2.21) |
| | report (20.30) | revise (2.68) | | consider(9.18) | apply to (2.20) |
| | count (20.20) | specify (2.68) | | accept (8.31) | intend to (2.20) |
| | increase (19.31) | target (2.57) | | introduce (8.22) | maximize (2.20) |
| | structure (19.31) | be limited to (2.14) | | present (8.14) | accept (2.17) |
| | review (19.23) | oppose (2.14) | | expect (7.94) | combine (1.37) |

从 TF×IDF 算法的结果来看，第一类词，如 study、show、provide、introduce、suggest、analyze、discuss 等，主要是用于陈述别人的成果，表明了引用时"引"的特点。第二类词，如 use、base 等在各节中都位居前列，而这体现了引用时"用"的特点。可以看出，行为动词主要体现了引用的功能，表现为引用的"引"字和引用的"用"字。"引"是手段，"用"是目的，"引"是为了"用"。

从对数似然率的结果来看，第一节中最典型的词是 analyze、explore、attempt、aim 等表示研究问题的词，另外还有一些包含负面评价的词如 misuse、fail 等和表达改进的词如 expand、substitute、adapt 等。

第二节中最典型的词是表示具体概念、数据和方法的词，如 define、cover、select、formalize 等，还有表示正面引用的词，如 be similar to、be analogous to、rely on 等。

第三节中的典型词包括：描述结果的词，如 estimate、contribute、optimize、offer 等；表示比较或替代的词，如 replace、outperform 等。

第四节中的典型词主要是描述研究目标及其完成情况的词，如 review、improve、demonstrate、report、devise、study、remedy、comment、reveal 等，还有一些表示期待的词，如 hope、intend to 等。

可以看出，各节中行为动词的选用各有特点，与该节的功能有很大关系。第一节的动词主要围绕研究问题和研究背景，第二节的动词主要围绕研究数据和研究方法，第三节的动词主要围绕研究结果，第四节的动词主要围绕研究进展。

进一步地，通过可视化的方法展示各节中典型词的位置分布，包括第一节中的 analyze、第二节中的 define、第三节中的 estimate、第四节中的 review。例如：

1) The data **analyzed** in this paper relate to a breakdown of a university's research output into 16 main subject fields; data at the level of research groups or departments were not available in the current study.

2) Given a specific university, we **define** as a (local) research group the whole of the researchers involved in one scientific sector.

3) Market value is generally **estimated** by the value which is the average stock

price of a company in a given year multiplied by the number of its common stock shares outstanding.

4) If the editorial office finds that this is the case, the submitted manuscript is sent to several independent referees, who **review** it using an evaluation form and a comment sheet (Bornmann, Weymuth & Daniel, 2010).

分别用不同颜色和形状的点表示含有这四个动词的引用语境出现的位置，如图 8.8 所示。可以看出，analyze 主要出现在第一节和第四节中；define 主要出现在文章的中间位置，即第二节和第三节的位置；estimate 基本都出现第三节中；review 主要出现在综述类论文中，在第四节和第一节中都有广泛的分布。

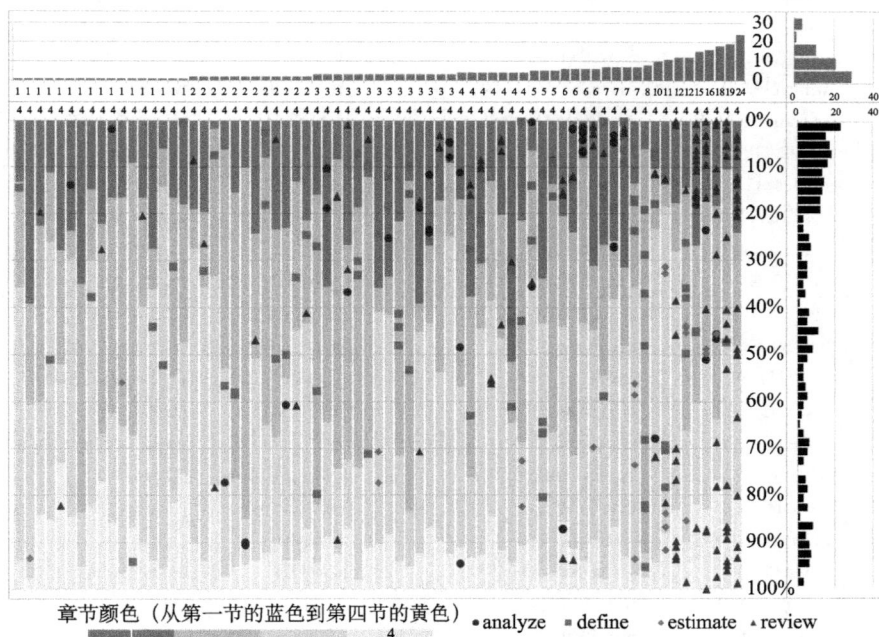

章节颜色（从第一节的蓝色到第四节的黄色）　●analyze ■define ◆estimate ▲review

图 8.8　行为动词 analyze 等在 *JOI* 期刊论文正文中的位置分布（见彩图）

（3）连接词在各节和引用位置的分布

引用语境中的连接词可以用来识别引用语境的情感和动机。在各节中，最重要的出现次数较多的连接词是 but、also、while、first、if、however、since、for example 等。这些词在每一节中出现次数都比较高，它们一般用来表示补充、对比、列举等关系（表 8.12）。

表 8.12　各节引用语境中的连接词分布

| 节（语境数） | TF×IDF算法 | 对数似然率算法 | 节（语境数） | TF×IDF算法 | 对数似然率算法 |
|---|---|---|---|---|---|
| 第一节（941） | but (90.23) | but (7.16) | 第三节（678） | also (66.50) | instead (6.01) |
| | also (78.30) | the way (6.06) | | but (39.70) | accordingly (5.23) |
| | however (47.99) | as a result (5.88) | | since (38.69) | while (3.54) |
| | if (42.29) | firstly (3.92) | | first (36.30) | if so (2.61) |
| | at least (41.95) | unless (3.92) | | while (33.66) | it follows that (2.61) |
| | first (37.81) | consequently (3.77) | | because (27.93) | lastly (2.61) |
| | , for (37.21) | however (3.02) | | at least (27.43) | meanwhile (2.61) |
| | for example(36.86) | for instance (2.95) | | for example (26.11) | on the assumption that(2.61) |
| | as well (36.26) | either (2.03) | | as well (24.18) | supposing that (2.61) |
| | since (35.60) | if not (1.96) | | however (23.99) | to the extent that (2.61) |
| | for instance (29.05) | yet (1.66) | | if (23.50) | since (2.51) |
| | thus (27.12) | in addition (1.54) | | instead (22.62) | in fact (1.89) |
| | even (26.71) | as well (1.26) | | although (22.11) | because (1.82) |
| | while (25.24) | assuming that (1.04) | | , as (20.40) | whereas (1.61) |
| | in addition(24.01) | ever since (1.04) | | , for (18.61) | obviously (1.42) |
| | so (22.89) | immediately (1.04) | | so (17.17) | indeed (1.19) |
| | because (22.69) | nevertheless (1.04) | | thus (16.27) | although (0.88) |
| | , as (22.26) | even (1.04) | | therefore (14.01) | first (0.76) |
| | then (20.54) | whereas (0.90) | | rather (13.89) | also (0.57) |
| | yet (19.29) | , for (0.87） | | whereas (13.34) | clearly (0.55） |
| 第二节（657） | also (49.34) | as long as (8.03) | 第四节（230） | also (32.18) | actually (6.80) |
| | but (39.70) | as a matter of fact (2.68) | | for example (19.96) | also (5.59) |
| | first (31.76) | still (2.25) | | but (18.05) | for example (5.46) |
| | if (31.33) | otherwise (2.14) | | , for (15.22) | insofar as (4.78) |
| | since (27.86) | e.g. (2.05) | | , as (11.13) | on the one hand (4.78) |
| | for example (27.64) | moreover (0.90) | | however (9.60) | , for (3.75) |
| | because (22.69) | then (0.82) | | actually (9.43) | besides (3.40) |
| | at least (22.59) | clearly (0.68) | | first (9.07) | , as (2.36) |
| | while (21.88) | given that (0.51) | | thus (9.04) | on the contrary (2.20) |
| | then (20.54) | so that (0.51) | | as well (8.63) | secondly (2.20) |
| | however (17.60) | next (0.49) | | in addition (8.00) | assuming that (1.34) |
| | even (17.17) | if (0.44) | | if (7.83) | thereby (1.34) |
| | still (16.78) | because (0.25) | | so (7.63) | this way (1.34) |
| | although (16.58) | even (0.22) | | then (7.47) | in addition (1.33) |
| | thus (16.27) | first (0.08) | | although (7.37) | in case (0.86) |
| | rather (13.89) | as a consequence (0.07) | | still (6.29) | too (0.86) |
| | , for (13.53) | immediately (0.07) | | since (6.19) | still (0.84) |
| | clearly (12.86) | nevertheless (0.07) | | therefore (6.00) | thus (0.64) |
| | therefore (12.01) | rather (0.04) | | rather (5.95) | so (0.55) |
| | as well (10.36) | hence (0.04) | | for instance (5.81) | obviously (0.33) |

从各节中 TF×IDF 值最高（即最重要）的词来看，第一节最重要的词为 but，其余三节为 also，可以说第一节更多的是对引用对象的消极引用，而后面三节更多的是对引用对象的积极引用。这一点还可以从 however 在第一节中的排名较高，而在其他节中的排名较低看出。

从各节中对数似然率最高（即最独特）的词来看，第一节中不同于其他节的最独特的词为 but（表转折）；第二节中最独特的词为 as long as（表假设）；第三节中最独特的词是 instead（表选择）；第四节中最独特的词为 actually（表强调）。各节的引用情感可以从这些词上得到体现。可以看出，第一节的引用主要用于指出其他引文的不足，而最后一节则强调作者研究的发现和优势。

为了更直观地展示各类连词出现的位置，下面选择三类最常见的连接关系，并对包含这三种连接关系的引用语境所在的位置进行可视化。这三类关系分别是补充关系、因果关系、转折关系。这三类连接词的词表参见表 8.3。各类引用语境的例子分别是：

1) **In addition to** four measures mentioned by Rousseau (2011) and Egghe (1991) , the degree centrality has **also** been treated as the degree of research collaboration by prior studies (Freeman, 1979).

2) **Because** citations provide a dynamic index, the index may be underestimated during early periods when articles were published; **therefore**, this article did not include data on articles published in recent years but, instead, included articles published prior to 2004.

3) In Giddens's "structuration theory," the resulting structure was conceptualized as shaped over time by memory traces, **but** structure would only be reproduced in time and space by reflexive recombinations of sets of rules and resources in action (Giddens, 1979).

图 8.9 是 *JOI* 期刊中四节式论文中含各类连接关系的引用语境的位置分布。从该图可以看出，补充关系的引用语境最多，转折关系次之，而因果关系最少。

从各类引用语境的分布位置来看，补充关系在文章中的分布比较平均，而转折关系和因果关系则更多地分布在文章的开头部分。这表明在引言部分，需要依靠转折和因果等逻辑关系来展示与前人文章的区别，而作为非逻辑关系的补充关系则使用较少。

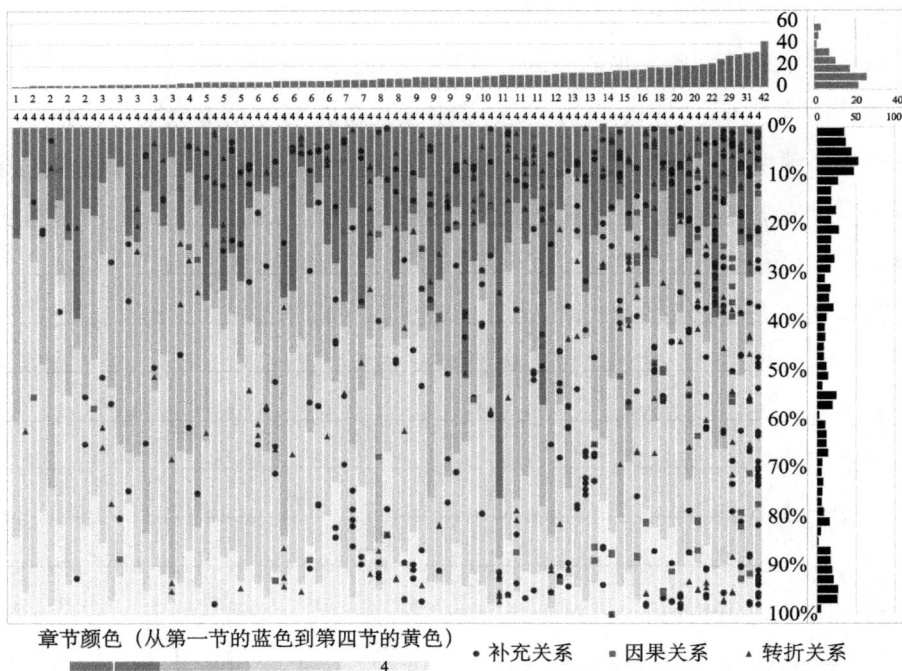

图 8.9　各类连接词在 *JOI* 期刊论文正文中的位置分布（见彩图）

## 8.2.2　引用语境与引用强度的关系

在第 7 章中已经论述了引用强度的概念。有的引文在一篇施引文献中被引用一次，但也有很多引文在一篇施引文献中被引用不止一次，即存在多次引用的情况。本节想要研究的是，在多次引用的时候，第一次引用和其后的再次引用在语境上有什么区别。

我们的研究假设是，在初次引用时，引用的目的主要是为了描述研究问题和研究背景；而再次引用时，引用的目的则是为了引用该引文中具体细节，如该引文使用的方法和得到的具体结论。为了验证上述假设是否成立，我们分别提取了初次引用和再次引用的语境。这里，初次引用是指某引文在施引文献中第一次被引用的情况，也包括只引用一次的情况；再次引用是指引文在被多次引用的情况下初次引用之后的再次引用。

### 1. 内容词与引用强度的关系

表 8.13 是引用语境在初次引用和再次引用中最重要（TF × IDF 算法）和最典型（对数似然率算法）的内容词。就重要程度来看，初次引用和再次引用中排在第一的内容词都是 citation，排在第二的关键词分别是 research 和 paper。这表明初次引用主要是在研究层面，偏宏观；而再次引用主要是在文章层面，偏微观。这反映了在对同一篇引文进行引用时从宏观到微观的，从整体到具体的特点。

另外，在初次引用中，表达研究的前提和基础的词，如 indicator、measure、review 等，出现次数较高；而在再次引用时，表达研究方法和结果的词，如 results、value、rank、approach 等，出现次数较高。

**表 8.13　各次引用语境中的内容词分布**

| 引次（语境数） | TF × IDF算法 | 对数似然率算法 | 引次（语境数） | TF × IDF算法 | 对数似然率算法 |
|---|---|---|---|---|---|
| | citation (231.37) | patent (7.85) | | citation (139.70) | size (7.85) |
| | research (206.98) | research (7.84) | | paper (133.61) | results (7.49) |
| | index (184.63) | technology (7.65) | | index (126.65) | value (5.78) |
| | science (182.42) | knowledge (7.55) | | results (97.27) | paper (5.70) |
| | journal (175.65) | impact (6.65) | | study (97.07) | definition (3.50) |
| | study (170.88) | evaluation (6.36) | | journal (92.87) | approach (2.80) |
| | publication(168.08) | quality (5.80) | | publication(92.81) | period (2.57) |
| | paper (166.78) | instance (5.58) | | research (90.96) | normalization (2.47) |
| | impact (135.76) | indicator (4.42) | | science (86.68) | document (2.26) |
| 初次（1692） | field (131.60) | performance (4.35) | 再次（1037） | author (84.57) | figure(1.16) |
| | network (130.91) | science (3.89) | | network (84.16) | sample (1.08) |
| | indicator (126.41) | analysis (3.88) | | count (75.55) | index (1.06) |
| | count (124.29) | bibliometrics (3.74) | | distribution(73.35) | author (0.95) |
| | measure (123.19) | peer (3.31) | | article (72.58) | theory (0.93) |
| | analysis (119.29) | development (3.23) | | field (68.24) | order (0.62) |
| | author (118.40) | process (2.55) | | value (66.68) | function (0.61) |
| | article (117.62) | review (2.36) | | rank (66.27) | distribution (0.43) |
| | review (117.37) | subject (2.28) | | measure (65.37) | time (0.43) |
| | method (113.78) | rate (1.98) | | method (64.65) | node (0.41) |
| | distribution (106.80) | search (1.40) | | approach (62.03) | others (0.38) |

从典型程度也就是对数似然率算法的结果来看，同样发现，初次引用时的典型内容词偏重于研究问题，再次引用时的典型内容词偏重于研究方法，前者明显比后者更宏观。

比如，初次引用时，用到的内容词包括 patent、technology、knowledge、performance、science、bibliometrics 等表示研究主题的词，或者如 evaluation、quality、process、rate、search 等表示数据处理的词。而再次引用时，用到的内容词包括 size、results、value、figure、sample、distribution 等表示研究结果的词，以及 definition、approach、period、normalization 等表示研究方法的词。

### 2. 线索词与引用强度的关系

（1）人称代词在多次引用中的词频分布

表 8.14 列出了初次引用和再次引用中最重要和最典型的人称代词。在初次引用和再次引用中，最重要的人称代词都是 we。不过，在再次引用时表示第一人称的 I 和 our 比初次引用时更为靠前。从对数似然率算法的结果来看，在初次引用时最靠前的是表示第三人称的 them，而在再次引用时最靠前的则是 our、we 和 I 等第一人称代词。这表明，初次引用时通常站在引文的第三人称角度，再次引用时则更加侧重于第一人称式的自我描述。

**表 8.14　各次引用语境中的人称代词分布**

| 引次（语境数） | TF×IDF算法 | 对数似然率算法 | 引次（语境数） | TF×IDF算法 | 对数似然率算法 |
|---|---|---|---|---|---|
| 初次（1692） | we (135.84) | them (4.30) | 再次（1037） | we (114.62) | our (9.43) |
| | their (112.70) | us (1.46) | | I (79.63) | we (5.91) |
| | I (83.68) | myself (0.96) | | their (69.16) | I (5.78) |
| | they (81.16) | ours (0.96) | | our (58.67) | she (1.94) |
| | he (50.89) | him (0.03) | | they (57.97) | himself (1.01) |
| | our (44.01) | themselves (0.03) | | he (31.59) | my (1.01) |
| | | | | his (26.49) | they (0.54) |
| | | | | her (13.74) | her (0.36) |
| | | | | us (12.33) | his (0.14) |

（2）行为动词在多次引用中的词频分布

在初次引用和再次引用的引用语境中，最重要的行为动词基本一致。排在第一的行为动词都是 use，排在第二的分别是 measure 和 show，前者一般用来表示研究方法，后两者一般用来表示研究结果。而从两组语境的典型词来看，初次引用时的行为动词以问题的提出和背景的介绍为主，如 use、review、explore、accomplish 等；再次引用时所用的动词比初次引用时所用的动词更为具体，以表示方法的词居多，如 define、target、simulate 等（表 8.15）。

行为动词上的区别反映了初次引用和再次引用在功能上的不同。初次引用位置靠前，更侧重宏观引用，再次引用位置靠后，更侧重微观引用。此外，会被再次引用的引文多为方法类文献，因此对这类引文的引用，尤其是再次引用，更注重研究方法。

**表 8.15 各次引用语境中的行为动词分布**

| 引次（语境数） | TF × IDF算法 | 对数似然率算法 | 引次（语境数） | TF × IDF算法 | 对数似然率算法 |
|---|---|---|---|---|---|
| | use (180.16) | use (5.27) | | use (81.33) | define (5.31) |
| | measure (116.82) | substitute (4.78) | | show (74.98) | target (4.20) |
| | review (112.47) | review (4.39) | | study (69.32) | be analogous to (3.87) |
| | study (111.68) | explore (3.86) | | base (68.40) | minimize (3.87) |
| | base (103.92) | accomplish (2.87) | | propose (66.84) | simulate (3.87) |
| | show (97.34) | build on (2.87) | | measure (64.19) | be based on (3.31) |
| | propose (92.76) | oppose (2.87) | | define (62.41) | decide (3.21) |
| | model (91.70) | summarize (2.87) | | model (56.43) | avoid (3.02) |
| | test (82.20) | compose (2.60) | | consider (52.91) | contrast (3.01) |
| 初次（1692） | count (72.56) | gain (2.60) | 再次（1037） | provide (49.95) | need (2.59) |
| | consider (72.56) | predict (2.60) | | count (46.32) | select (2.47) |
| | give (67.35) | utilize (2.60) | | review (45.26) | check (2.26) |
| | provide (65.56) | claim (2.27) | | test (41.10) | comment (2.26) |
| | present (63.56) | compute (2.27) | | report (40.14) | differentiate (2.26) |
| | define (60.89) | focus (2.27) | | give (40.09) | guarantee (2.26) |
| | introduce (60.81) | apply to (1.91) | | introduce (39.45) | replace (2.26) |
| | structure (55.87) | maximize (1.91) | | present (39.12) | cover (2.10) |
| | increase (55.59) | neglect (1.91) | | suggest (37.30) | point out (2.10) |
| | report (55.19) | overcome (1.91) | | compare (35.46) | yield (2.10) |
| | suggest (54.26) | prevent (1.91) | | describe (34.25) | depend on (2.03) |

（3）连接词在多次引用中的词频分布

从连接词来看，also 和 but 在初次引用和再次引用的引用语境中都是最常出现的连接词，之后的连接词也比较类似，只是顺序略有不同，表示列举的词如 first、for example、for instance 等和表示转折的词如 however、yet 等在初次引用中位次较高，而表示推理的 since、because 等和表示条件的 if、as long as 等在再次引用中的位次较高。

初次引用和再次引用的引用语境中的特有词，进一步体现了初次引用和再次引用中的分化。在初次引用中，常见的连接词主要是表示列举、补充或对比的 for instance、on the contrary、secondly、meanwhile、on the one hand、moreover、for example、e.g. 等；而在再次引用时，常用的连接词主要是表示因果关系的 thus、because 等（表 8.16）。这表明，在初次引用时，一般为轻度的引用，通过列举关系列出，而再次引用时，则为重度的引用，引用切实地参与到文章的推理和论证中。

表 8.16  各次引用语境中的连接词分布

| 引次（语境数） | TF×IDF算法 | 对数似然率算法 | 引次（语境数） | TF×IDF算法 | 对数似然率算法 |
|---|---|---|---|---|---|
| | also (150.46) | for instance (5.58) | | also (103.11) | as long as (5.81) |
| | but (128.22) | the way (4.04) | | but (70.83) | although (4.63) |
| | first (81.36) | as a result (2.87) | | since (57.64) | thus (3.45) |
| | for example (80.96) | on the contrary (1.91) | | if (50.14) | since (2.37) |
| | however (67.62) | secondly (1.91) | | first (45.20) | because (2.32) |
| | since (66.74) | unless (1.91) | | at least (44.55) | whereas (2.10) |
| | , for (65.53) | , for (1.43) | | for example (41.24) | if so (1.94) |
| | at least(65.23) | as a matter of fact (0.96) | | because (40.36) | insofar as (1.94) |
| | if (64.24) | if not (0.96) | | although (38.74) | lastly (1.94) |
| 初次（1692） | while (55.70) | it follows that(0.96) | 再次（1037） | however (38.64) | on the assumption that (1.94) |
| | as well (50.37) | meanwhile (0.96) | | thus (38.29) | even (1.38) |
| | for instance(49.85) | on the one hand(0.96) | | while (37.13) | rather (1.27) |
| | because (42.11) | supposing that(0.96) | | as well (34.74) | e.g. (1.23) |
| | so (40.84) | to the extent that (0.96) | | then (29.88) | in that (1.13) |
| | , as (38.98) | moreover (0.91) | | , as (29.70) | if (1.04) |
| | then (37.36) | so (0.84) | | even (28.96) | assuming that (1.01) |
| | thus (34.64) | yet (0.82) | | , for (28.56) | given that (1.01) |
| | in addition(33.81) | for example (0.62) | | rather (27.42) | consequently (0.99) |
| | yet (31.40) | but (0.41) | | therefore (24.06) | hence (0.95) |
| | although (31.36) | too (0.30) | | instead (22.23) | still (0.80) |

## 8.3 引用语境与引文特征的关系

本节将研究一篇引文的引文特征与引用语境的关系，即不同引文特征的引文被引用时的语境有何不同。分别提取不同被引年龄和被引次数下的引用语境，通过比较文本特征词，探讨引文特征是否以及如何影响引用行为和引用动机。

### 8.3.1 引用语境与引文的被引年龄的关系

首先对被引年龄与引用语境的关系进行分析。根据文献引用的半衰期理论，大部分文献的引用情况会在发表 2～3 年后逐渐衰退，随着被引年龄的不同，引用语境也应该不同。本节我们就来研究这一问题。

首先，按照引文的被引年龄，将引文分成四类，并绘制了不同被引年龄的引文的引用语境分布，如图 8.10 所示。这四类引文分别是：①被引年龄为 0 的引文，即引用的当年发表的引文，称为最新引文；②被引年龄为 1～2 的引文，这类引文的数量最多，称为主流引文；③被引年龄在 3～20 年的引文，其被引次数开始随年龄衰减，称为衰减引文；④被引年龄大于 20 的引文，历久弥新，经久不衰，称为经典引文。

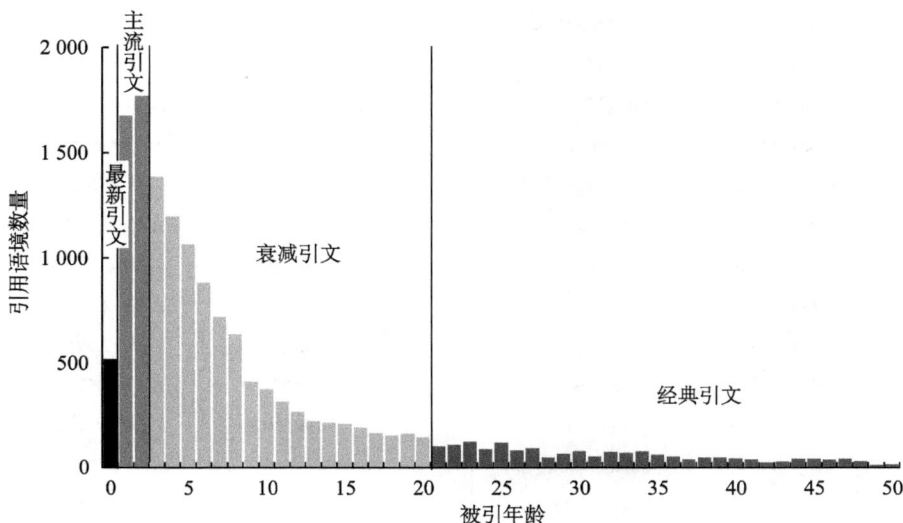

图 8.10 *JOI* 期刊论文中不同被引年龄的引文的引用语境分布

本节将分别对最新引文、主流引文、衰减引文和经典引文的引用语境进行分析，比较施引文献在引用这四种不同年龄的引文时的引用行为、动机和情感。

### 1. 内容词与引文的被引年龄的关系

首先，对这四类不同被引年龄的引文的引用语境进行内容词分析。内容词刻画了引用这些引文时的研究主题，可以通过内容词观察不同年龄的引文的研究主题的演变。表 8.17 是分别从最新引文、主流引文、衰减引文和经典引文的引用语境中，提取得到的在引用该类引文时最重要（TF×IDF 算法）和最典型（对数似然率算法）的内容词。

**表 8.17　不同被引年龄的引文的引用语境中的内容词分布**

| 年份（语境数） | TF×IDF算法 | 对数似然率算法 | 年份（语境数） | TF×IDF算法 | 对数似然率算法 |
|---|---|---|---|---|---|
| 最新（520） | index (111.72) | index (47.50) | 衰减（8730） | citation (1192.99) | network (57.33) |
| | paper (75.35) | case (11.55) | | research (1103.88) | patent (39.36) |
| | citation (69.59) | paper (7.85) | | study (982.28) | collaboration (26.08) |
| | field (59.45) | wos (6.56) | | paper (886.75) | coauthorship (21.11) |
| | publication (54.04) | table (6.31) | | journal (884.78) | system (14.07) |
| | journal (52.82) | field (5.33) | | network (857.19) | research (12.89) |
| | study (52.09) | definition (5.16) | | index (831.83) | search (8.68) |
| | science (49.78) | figure (4.02) | | science (822.87) | country (8.50) |
| | research (43.85) | type (2.77) | | publication (766.42) | structure (6.06) |
| | case (42.03) | problem (2.58) | | author (724.21) | development (5.46) |
| | indicator (41.63) | knowledge (2.44) | | impact (692.95) | growth (5.13) |
| | impact (40.97) | differences (2.21) | | analysis (669.27) | technology (4.37) |
| | count (40.30) | discipline (1.96) | | measure (668.12) | distribution (3.39) |
| | author (39.73) | normalization (1.80) | | field (657.39) | degree (3.01) |
| | rank (38.50) | publication (1.52) | | indicator (638.69) | study (2.39) |
| | article (38.01) | references (1.47) | | model (609.37) | web (2.06) |
| | result (37.71) | way (1.22) | | count (607.02) | algorithm (1.95) |
| | analysis (36.37) | collaboration (1.07) | | article (606.97) | order (1.90) |
| | approach (33.69) | results (0.90) | | distribution (605.39) | figure (1.69) |
| | knowledge (31.43) | performance (0.80) | | data (605.36) | period (1.61) |

续表

| 年份（语境数） | TF × IDF算法 | 对数似然率算法 | 年份（语境数） | TF × IDF算法 | 对数似然率算法 |
|---|---|---|---|---|---|
| 主流（3445） | index (525.76) | index (81.55) | 经典（1951） | science (252.96) | centrality (40.23) |
| | citation (520.51) | scopus (55.29) | | citation (243.57) | cocitation (22.87) |
| | paper (431.79) | *h*-index (42.30) | | journal (210.35) | law (21.31) |
| | journal (425.41) | google (36.78) | | research (202.89) | science (21.07) |
| | research (387.74) | wos (23.78) | | study (194.41) | theory (19.70) |
| | study (370.22) | rank (19.84) | | measure (186.59) | problem (16.48) |
| | publication (336.34) | normalization (19.29) | | field (171.49) | effect (10.30) |
| | field (314.40) | paper (18.76) | | model (170.68) | measure (9.68) |
| | science (307.81) | databases (18.15) | | network (162.79) | literature (9.50) |
| | indicator (305.67) | web (11.73) | | article (160.63) | knowledge (9.46) |
| | author (303.08) | journal (11.10) | | author (149.84) | model (8.51) |
| | impact (300.82) | result (10.56) | | method (149.64) | others (7.70) |
| | rank (298.98) | scientist (9.22) | | distribution (146.17) | document (7.06) |
| | data (272.29) | ranking (8.87) | | analysis (145.49) | node (6.72) |
| | count (265.73) | citation (7.26) | | indicator (139.16) | peer (6.30) |
| | article (259.95) | case (7.20) | | literature (135.37) | degree (4.86) |
| | result (257.25) | indicator (6.76) | | paper (135.23) | influence (4.67) |
| | analysis (236.43) | definition (5.67) | | example (133.08) | function (4.41) |
| | measure (215.48) | data (5.60) | | impact (121.73) | size (4.34) |
| | scientist (212.60) | publication (5.20) | | approach (119.32) | communication (3.90) |

可以看出，在引用最新引文和主流引文时，最重要和最特有的内容词都是 index，这反映了最近几年的研究热点——*h*-index。

在引用最新引文时，其他典型的内容词还包括 case、table、figure 等，表示这一时期的引用以案例研究为主。

在引用主流引文时，比较典型的词还包括 scopus、google、databases 等，表明这一时期的一个研究热点，即对各文献数据库的比较和应用。

在引用衰减引文时，主要出现的内容词变成了 network、patent、collaboration、coauthorship 等知识网络领域的主题词，这表明这一领域的研究，曾经在信息计量学中占有重要地位，而今正处于衰减当中。

在引用经典引文时，主要的内容词包括 centrality、law、theory、effect 等，这些词反映了经典引文更侧重于理论和原理，这与最新引文侧重于案例形成了鲜明的对比。

### 2. 线索词与引文的被引年龄的关系

（1）人称代词在不同被引年龄的引文的引用语境中的分布

表 8.18 比较了人称代词在各类引文的引用语境中的分布情况。对比发现，在对最新引文和主流引文的引用中，主要是采用第一人称的视角，如 we、our、I；而在对衰减引文和经典引文的引用中，则主要采用第三人称的视角，如 they、their、his、them 等。这表明，对历史和经典文献更值得进行描述和评价。

另外，有一个有意思的细节，在对衰减引文的引用中对数似然率最高的是 they，而在对经典引文的引用中对数似然率最高的是 his。从"复数"到"单数"的这一转变，反映了能够一直流传下来的经典文献大多是由单个人做出的，或者说，人们只记得最重要的那一个人。

表 8.18  不同被引年龄的引文的引用语境中的人称代词分布

| 年份（语境数） | TF×IDF算法 | 对数似然率算法 | 年份（语境数） | TF×IDF算法 | 对数似然率算法 |
|---|---|---|---|---|---|
| 最新（520） | we (79.16) | we (19.44) | 衰减（8730） | we (661.83) | they (7.59) |
| | I (40.45) | our (9.43) | | their (635.00) | their (3.20) |
| | our (37.02) | I (2.90) | | they (495.83) | us (2.51) |
| | their (36.54) | he (2.75) | | I (474.25) | her (2.43) |
| | they (26.02) | ours (1.96) | | our (259.16) | myself (2.07) |
| | he (20.94) | ourselves (1.63) | | us (230.77) | she (1.33) |
| | his (15.78) | his (1.03) | | he (205.55) | me (0.57) |
| | us (11.35) | me (0.28) | | them (182.94) | mine (0.42) |
| | them (7.87) | himself (0.23) | | his (145.97) | him (0.00) |
| | her (4.82) | their (0.01) | | her (93.98) | |
| 主流（3445） | we (388.09) | we (28.24) | 经典（1951） | we (150.62) | his (11.15) |
| | their (228.05) | our (10.47) | | their (113.39) | them (1.90) |
| | I (212.02) | herself (2.89) | | I (94.85) | he (1.48) |
| | our (161.55) | themselves (1.78) | | they (82.40) | my (0.62) |
| | they (153.23) | I (1.67) | | his (71.01) | him (0.17) |
| | us (83.23) | himself (1.19) | | he (57.10) | ourselves (0.05) |
| | his (72.99) | ours (0.67) | | them (53.11) | themselves (0.01) |
| | them (64.91) | ourselves (0.30) | | our (52.17) | |
| | he (62.81) | his (0.01) | | us (28.37) | |
| | her (31.33) | my (0.01) | | my (15.81) | |
| | we (388.09) | we (28.24) | | we (150.62) | |

（2）行为动词在不同被引年龄的引文的引用语境中的分布

行为动词在各类不同年龄的引文引用语境中的分布如表 8.19 所示。在引用最新引文时，主要使用的是 show、provide、discuss、argue、present 等表示宏大叙事的动词，而且侧重于表达研究的结果和结论。

**表 8.19 不同被引年龄的引文的引用语境中的行为动词分布**

| 年份（语境数） | TF×IDF算法 | 对数似然率算法 | 年份（语境数） | TF×IDF算法 | 对数似然率算法 |
|---|---|---|---|---|---|
| 最新（520） | show (46.86) | discuss (21.73) | 衰减（8730） | use (998.18) | construct (12.19) |
| | provide (45.79) | provide (13.60) | | measure (646.69) | estimate (11.46) |
| | discuss (45.56) | render (6.84) | | base (643.70) | structure (9.86) |
| | use (43.60) | try (6.71) | | model (567.58) | concern (9.65) |
| | propose (42.47) | argue (6.40) | | study (527.28) | focus (8.13) |
| | study (40.56) | show (6.16) | | show (482.39) | be concerned to (6.70) |
| | give (34.77) | present (6.16) | | propose (446.57) | manage (5.30) |
| | present (34.54) | categorize (5.53) | | review (402.14) | characterise (5.17) |
| | base (32.69) | related to (5.34) | | consider (388.47) | use (4.99) |
| | measure (29.73) | modify (5.34) | | give (363.46) | base (4.60) |
| | define (25.93) | formulate (5.24) | | structure (359.27) | improve (4.24) |
| | review (24.37) | give (4.51) | | count (344.99) | fail (4.00) |
| | model (23.49) | prevent (4.32) | | provide (344.25) | evaluate (3.87) |
| | consider (23.22) | alleviate (3.98) | | define (335.43) | extend (3.67) |
| | count (22.46) | hinder (3.98) | | suggest (296.96) | regard (3.51) |
| | argue (21.01) | inspect (3.98) | | present (279.58) | compose (3.45) |
| | compare (20.53) | allow for (3.88) | | increase (278.64) | concentrate on (3.45) |
| | change (17.35) | propose (3.27) | | report (271.53) | investigate (3.15) |
| | introduce (17.19) | comment (3.09) | | discuss (266.37) | circumvent (3.10) |
| | suggest (16.41) | delineate (3.00) | | compare (258.34) | contradict (3.10) |
| 主流（3445） | use (342.31) | present (17.99) | 经典（1951） | use (219.86) | originate from (19.26) |
| | study (264.29) | take into account (11.45) | | measure (166.01) | suggest (15.86) |
| | propose (217.80) | compare (9.83) | | model (165.71) | motivate(10.81) |
| | base (216.24) | study (8.02) | | propose (147.94) | expect (10.21) |
| | show (213.63) | apply (7.65) | | base (124.47) | model (10.21) |
| | measure (203.17) | modify (7.17) | | suggest (116.49) | minimize (9.27) |
| | model (189.19) | agree (7.09) | | study (108.60) | propose (7.96) |
| | present (184.19) | count (6.79) | | show (100.61) | put forward (6.82) |
| | count (171.69) | comment (6.35) | | define (90.74) | realize (6.64) |
| | provide (162.65) | report (6.35) | | consider (85.12) | hypothesize (6.18) |
| | review (159.94) | remark (6.18) | | introduce (84.21) | suffer from (5.26) |
| | compare (153.98) | calculate (6.12) | | review (80.73) | measure (4.54) |
| | report (144.36) | realize (5.79) | | structure (78.17) | advocate (4.47) |
| | consider (143.93) | upgrade (5.79) | | give (69.53) | elaborate (4.11) |
| | give (139.06) | analyze (5.27) | | describe (69.15) | equate (4.03) |
| | introduce (123.74) | warrant (5.01) | | test (67.83) | originate in (4.03) |
| | suggest (118.13) | prevent (4.25) | | expect (63.40) | recapitulate (4.03) |
| | describe (117.02) | check (3.80) | | obtain (59.53) | stipulate (4.03) |
| | define (115.05) | offer (3.78) | | provide (55.27) | threaten (4.03) |
| | increase (111.81) | point out (3.67) | | compare (53.04) | introduce (4.01) |

在引用主流引文和衰减引文的时候，表示研究方法的动词，如 use、take into account、apply、modify、count、calculate、construct、estimate、be concerned to、manage 等，在引用语境中出现的次数相对较多。

在对经典引文的引用中，引用语境中出现的动词主要有 originate from、originate in、suggest、propose、put forward、introduce 等描述引文的工作或贡献的动词。

各类引文的引用语境在使用行为动词上的分布，体现了人们在引用不同年龄的引文时的动机的区别。对于被引年龄较大的经典引文，引用动机主要是用于交代研究背景，使用一些描述工作和贡献的动词，引用的主要是理论研究；而对于被引年龄较小的最新引文，引用时主要感兴趣的是其在新的案例中得到的研究结果和结论，引用的更多的是案例研究。

理论研究和案例研究的引用时效性不同。理论研究成果需要有时间的积淀，发表的时间越久，接受考验的时间越长，该理论的意义和价值越大，也就越值得进行引用；而案例研究则正好相反，越新的案例研究越有价值，因为案例很容易由于所选数据和研究方法的老化而迅速贬值，所以对于案例类研究，新的研究成果更值得引用。

而对于那些比最新引文要早、比经典引文要新的主流引文和衰减引文，引用时主要是引用其研究方法。方法类研究的时效性介于理论研究和案例研究之间，它比案例研究的耐老化性好，但又不能像理论研究那样历久弥新。

（3）连接词在不同被引年龄的引文的引用语境中的分布

比较连接词在不同被引年龄的引文中的分布，如表 8.20 所示。从 TF×IDF 算法的结果来看，also、but 是在所有四类引文的引用语境中出现最多的两个连接词，表明了并列关系和转折关系的普遍性。

在对最新引文的引用中，表示条件和假设的连接词，如 in that case、given that、if only、if、in doing so、in that 等出现的次数相对较多。条件关系多用于对研究结果和结论的陈述，和前面对行为动词的分析一致，这里再次体现了对最新引文的引用中侧重研究结果的特点。

**表 8.20　不同被引年龄的引文的引用语境中的连接词分布**

| 年份（语境数） | TF × IDF算法 | 对数似然率算法 | 年份（语境数） | TF × IDF算法 | 对数似然率算法 |
|---|---|---|---|---|---|
| 最新（520） | also (57.87) | in that case (9.61) | 衰减（8730） | also (774.76) | as well (6.83) |
| | but (45.24) | given that (7.18) | | but (595.67) | while (6.07) |
| | if (30.88) | if only (6.68) | | for example (382.53) | as a matter of fact (4.14) |
| | although (27.28) | consequently (4.62) | | first (360.39) | assuming that (3.85) |
| | first (26.64) | on the one hand (4.35) | | however (358.44) | as a result (3.45) |
| | because (26.09) | the way (3.74) | | while (333.51) | accordingly (3.03) |
| | however (23.08) | if (3.28) | | since (331.43) | on the assumption that (2.28) |
| | for example (21.59) | having said that (3.00) | | as well (325.36) | at least (2.17) |
| | even (21.19) | in doing so (3.00) | | if (315.33) | it follows that (2.07) |
| | , as (17.19) | insofar as (3.00) | | , for (314.11) | as a consequence (1.90) |
| | then (17.17) | to this end (3.00) | | although (291.52) | even though (1.38) |
| | as well (15.41) | although (2.90) | | , as (268.10) | this way (1.24) |
| | at least (15.02) | because (2.89) | | because (267.84) | despite this (1.03) |
| | so (14.85) | indeed (2.29) | | even (264.91) | in so doing (1.03) |
| | , for (14.80) | also (2.17) | | at least (234.74) | lastly (1.03) |
| | since (12.93) | in that (2.15) | | so (230.16) | supposing that (1.03) |
| | therefore (12.12) | meanwhile (2.12) | | thus (216.43) | this implies that (1.03) |
| | rather (12.01) | but (1.75) | | for instance (214.19) | as long as (0.95) |
| | indeed (11.67) | just as (1.37) | | then (206.07) | yet (0.87) |
| | thus (11.39) | nonetheless (1.15) | | rather (170.12) | instead (0.65) |
| 主流（3445） | also (346.13) | too (7.00) | 经典（1951） | also (151.10) | nevertheless (7.11) |
| | but (253.85) | however (5.29) | | but (123.16) | first (5.34) |
| | however (184.60) | also (4.23) | | first (108.12) | firstly (5.26) |
| | if (154.41) | instantly (2.89) | | for example (94.09) | in addition (3.48) |
| | since (151.97) | summing up (2.89) | | however (84.61) | either (2.29) |
| | for example (148.08) | then again (2.89) | | since (74.37) | to the extent that (2.19) |
| | , for (143.08) | if (2.87) | | , for (72.36) | next (2.12) |
| | although (132.98) | hence (2.71) | | because (66.09) | therefore (1.74) |
| | , as (130.61) | whereas (2.69) | | , as (63.59) | thirdly (1.57) |
| | first (125.35) | clearly (2.51) | | while (62.64) | unless (1.57) |
| | as well (102.74) | insofar as (2.51) | | if (61.76) | so that (1.37) |
| | because (102.61) | on one hand (2.51) | | for instance (59.60) | for instance (1.18) |
| | even (100.66) | actually (2.25) | | even (54.75) | clearly (0.82) |
| | while (94.81) | indeed (2.13) | | so (51.97) | nonetheless (0.78) |
| | for instance (89.40) | , as (2.07) | | therefore (48.47) | otherwise (0.71) |
| | at least (82.63) | although (1.97) | | in addition (48.07) | ever since (0.69) |
| | so (79.81) | since (1.84) | | then (41.98) | for example (0.54) |
| | thus (79.74) | , for (1.37) | | thus (41.77) | if so (0.53) |
| | then (78.23) | secondly (1.34) | | as well (41.10) | e.g. (0.51) |
| | rather (74.05) | thereby (1.19) | | although (39.21) | moreover (0.28) |

在对主流引文的引用中，以表示并列关系和转折关系的连接词为主。其中，表示并列关系的连接词如 too、also、then again，表示转折关系的连接词如 however、whereas。

在对衰减引文的引用中，出现了一些表示因果关系的连接词，如 as a result、assuming that、as a consequence、in so doing 等。

在对经典引文的引用中，一些表示因果关系的连接词，如 firstly、next、in addition、thirdly、for instance、for example、e.g. 等，出现频次相对较高，表明对经典引文的引用更多地采取列举的办法，属于"敷衍"类引用。

## 8.3.2　引用语境与引文的被引次数的关系

引文的被引次数代表该文献的影响力。本节主要研究被引次数较高、影响力较大的引文与被引次数较低的一般引文在引用语境上的不同特点。为此，这里将 *JOI* 期刊论文中的 7760 篇引文依据其在 *JOI* 期刊中的被引次数，划分成高被引引文和低被引引文。其中，被引次数最高的前 1% 的引文（被引次数高于或等于 9 次）作为高被引引文，其他 99% 的被引次数较低的引文（被引次数低于 9 次）作为低被引引文。下面分别对这两类引文的引用语境进行内容词和线索词的分析。

### 1. 内容词与被引次数的关系

在引用高被引引文的引用语境中，出现次数较高的内容词有 index、citation、scientists、measure、impact、model 等与 *h*-index 研究领域有关的内容词，这一领域是近年来 *JOI* 期刊论文的热点研究问题，高被引引文的引用语境体现了这一特点。

在低被引引文的引用语境中，出现最高的内容词主要是一些表示指代的词，如 research、study、journal、science、paper 等，以及 structure、network、patent、peer、web 等研究领域，可以看出，低被引引文的引用语境所表征的研究主题相对比较分散（表 8.21）。

从高被引和低被引引文对应的引用语境中可以看出热点领域与非热点领

域之间的区别。在传统的引文分析方法中，利用高被引引文来识别研究热点也是一种通用的方法，而引用语境的引入，使得对研究热点的识别更加直接和直观。

**表 8.21　不同被引次数的引文的引用语境中的内容词分布**

| 次数<br>（语境数） | TF×IDF算法 | 对数似然率算法 | 次数<br>（语境数） | TF×IDF算法 | 对数似然率算法 |
|---|---|---|---|---|---|
| 高被引<br>（419） | index (156.33) | index (221.45) | 低被引<br>（2955） | citation (358.33) | structure (15.38) |
| | citation (81.09) | *h*-index (58.92) | | study (327.10) | study (14.30) |
| | paper (72.03) | scientists (42.30) | | research (316.17) | system (14.05) |
| | scientists (64.15) | paper (24.55) | | journal (283.85) | network (13.71) |
| | measure (56.65) | power (20.11) | | science (277.31) | patent (11.05) |
| | research (52.85) | measure (17.83) | | analysis (260.42) | method (9.99) |
| | impact (50.13) | instance (16.98) | | paper (245.30) | analysis (9.23) |
| | *h*-index (48.43) | citation (16.92) | | publication (241.12) | approach (8.44) |
| | publication (41.69) | press (11.21) | | data (232.75) | peer (7.73) |
| | model (41.21) | impact (10.12) | | author (220.68) | review (7.36) |
| | journal (40.11) | law (8.83) | | results (216.60) | search (7.14) |
| | field (38.80) | normalization (7.29) | | article (215.13) | test (6.90) |
| | indicator (37.74) | indicator (6.36) | | index (213.68) | literature (5.87) |
| | instance (35.74) | value (5.75) | | review (211.23) | development (5.81) |
| | factor (33.09) | definition (5.01) | | method (209.40) | period (5.16) |
| | power (32.04) | year (4.95) | | model (208.49) | web (4.95) |
| | distribution (31.86) | output (4.57) | | count (197.00) | centrality (4.77) |
| | author (31.35) | bibliometric (4.44) | | field (196.51) | references (4.43) |
| | rank (31.26) | type (4.21) | | impact (195.65) | theory (4.28) |
| | year (30.65) | performance (3.57) | | network (187.12) | effect (3.92) |

## 2. 线索词与被引次数的关系

（1）人称代词在高低被引文献的引用语境中的分布

比较高被引引文的引用语境和低被引引文的引用语境中人称代词的分布，可以发现，高被引引文的引用语境中更多地使用了第一人称，如 we、I、ours 等，而低被引引文的引用语境中则更多地使用了第三人称，如 they、he、them

等（表 8.22）。

**表 8.22　不同被引次数的引文的引用语境中的人称代词词分布**

| 次数（语境数） | TF×IDF算法 | 对数似然率算法 | 次数（语境数） | TF×IDF算法 | 对数似然率算法 |
|---|---|---|---|---|---|
| 高被引（419） | we (72.63) | we (28.72) | 低被引（2955） | we (227.66) | they (9.30) |
| | I (36.09) | I (4.77) | | their (187.24) | my (1.86) |
| | their (31.21) | his (4.54) | | I (154.10) | he (1.11) |
| | his (17.75) | ours (4.17) | | they (150.70) | them (1.07) |
| | her (9.19) | himself (3.33) | | our (94.50) | our (0.94) |
| | us (9.10) | her (1.88) | | he (85.17) | me (0.53) |
| | our (8.75) | themselves (0.94) | | us (81.93) | us (0.29) |
| | he (7.25) | their (0.52) | | them (57.03) | herself (0.27) |
| | | | | his (51.27) | him (0.27) |
| | | | | her (27.57) | myself (0.27) |
| | | | | my (18.38) | she (0.27) |

造成这一区别的原因在于，高被引引文一般为经典文献，而对经典文献的引用，施引文献作者一般不会也不必对其进行过多的交代和描述，而更侧重于对作者自身研究目的的阐述。因此，对于 they、he 等第三人称的使用频率相对较低，而对于 we、I 等第一人称的使用相对较高。

（2）行为动词在高低被引文献的引用语境中的分布

在高被引文献的引用语境中，描述引文贡献的动词，如 propose、introduce、measure、prove、overcome 等，出现频次较高。这些特征词暗示了高被引引文曾经率先"提出""引入"或"证明"了某一个观点和方法，即做出了具有开创性的贡献。

在低被引文献的引用语境中，描述引文工作的动词，如 use、study、test、select、conduct、improve 等，出现频次较高。这些特征词显然不如高被引文献引用语境中的 propose、introduce、prove 等词中暗含的褒义更强，而更像是对其研究工作的一种客观的描述（表 8.23）。

表8.23 不同被引次数的引文的引用语境中的行为动词分布

| 次数（语境数） | TF×IDF算法 | 对数似然率算法 | 次数（语境数） | TF×IDF算法 | 对数似然率算法 |
|---|---|---|---|---|---|
| 高被引（419） | measure (56.85) | propose (22.41) | 低被引（2955） | use (325.57) | use (12.76) |
| | propose (49.39) | introduce (18.63) | | base (230.75) | study (12.75) |
| | model (42.79) | measure (18.37) | | study (224.05) | test (11.93) |
| | introduce (39.27) | modify (14.37) | | review (190.37) | structure (9.09) |
| | give (27.66) | prove (10.47) | | model (190.05) | select (5.57) |
| | show (25.37) | attempt (9.77) | | measure (184.15) | conduct (4.74) |
| | use (23.32) | apply (7.23) | | show (181.56) | improve (4.51) |
| | base (22.83) | note (6.28) | | structure (135.36) | remain (4.51) |
| | define (22.68) | model (5.37) | | suggest (126.39) | review (4.44) |
| | note (22.27) | be derived from (4.99) | | compare (125.53) | analyze (4.31) |
| | suggest (21.58) | address (4.82) | | provide (125.15) | observe (4.31) |
| | count (20.72) | wonder (4.79) | | propose (122.02) | construct (4.24) |
| | prove (19.33) | realize (4.17) | | give (121.42) | allow OTHERS_ACC (3.49) |
| | attempt (19.17) | realize (4.17) | | report (118.24) | confirm (3.45) |
| | provide (17.21) | take into account (3.49) | | discuss (115.85) | integrate (3.45) |
| | discuss (16.09) | depend on (3.45) | | count (114.74) | explore (3.18) |
| | compare (15.69) | capture (3.26) | | describe (111.63) | deal with (2.92) |
| | modify (15.17) | overcome (3.26) | | define (106.90) | illustrate (2.92) |
| | consider (14.98) | derive (3.04) | | consider (104.88) | incorporate (2.92) |
| | review (14.75) | extend (2.98) | | present (103.97) | focus (2.70) |

（3）连接词在高低被引文献的引用语境中的分布

观察高被引引文的引用语境和低被引引文的引用语境中的连接词分布，在前者中，出现较多的连接词包括 for instance、moreover、secondly、now that、hence、since 等表示列举、因果关系的词；而在后者中，出现较多的连接词则是 whereas、but、therefore、rather、nonetheless 等表示转折关系的词（表8.24）。

比较可以看出，高被引引文的引用语境中转折关系较少，更多的是对引文的肯定和积极评价；而低被引引文的引用语境中的转折关系较多，对引文的评价则相对中性和消极。

表 8.24　不同被引次数的引文的引用语境中的连接词分布

| 次数<br>（语境数） | TF×IDF算法 | 对数似然率算法 | 次数<br>（语境数） | TF×IDF算法 | 对数似然率算法 |
|---|---|---|---|---|---|
| 高被引<br>（419） | also (40.19) | for instance (16.98) | 低被引<br>（2955） | also (246.75) | in addition (4.51) |
| | , as (38.13) | now that (16.69) | | but (176.90) | whereas (3.71) |
| | for instance (35.74) | , as (14.73) | | if (119.74) | but (2.93) |
| | since (32.95) | hence (10.63) | | for example (115.77) | so that (2.92) |
| | if (24.88) | since (8.12) | | , for (113.15) | therefore (2.70) |
| | , for (22.31) | moreover (5.66) | | first (112.51) | next (2.65) |
| | hence (20.81) | secondly (4.17) | | however (108.88) | while (2.54) |
| | although (20.42) | at least (3.28) | | since (108.27) | rather (2.51) |
| | however (19.50) | yet (3.03) | | while (101.60) | otherwise (1.86) |
| | as well (18.79) | even though (2.21) | | , as (98.49) | thereby (1.86) |
| | but (15.20) | although (1.80) | | as well (92.26) | too (1.86) |
| | first (14.67) | in fact (1.79) | | although (91.91) | nonetheless (1.59) |
| | at least (14.46) | if (1.78) | | even (90.00) | ever since (1.33) |
| | then (13.19) | assuming that (1.66) | | because (81.17) | thus (1.20) |
| | because (12.63) | though (1.59) | | for instance (76.59) | for example (0.93) |
| | instead (12.31) | instead (1.56) | | so (69.34) | so (0.91) |
| | moreover (11.91) | , for (1.18) | | then (67.85) | as a result (0.80) |
| | for example (11.41) | as well (1.11) | | thus (58.67) | if so (0.80) |
| | now that (11.32) | besides (0.94) | | therefore (55.78) | on the assumption that (0.80) |
| | in fact(10.83) | indeed(0.88) | | previously (54.62) | e.g. (0.67) |

## 8.4 引用语境的基本特征

对引用语境的分析是全文引文分析的重点和难点。如何从纷繁的语境信息中提取出有用和有效的信息，来识别引用行为的动机和被引文献的功能，是全文引文分析中的一个重要挑战。在本章中，我们分别提取了引用语境中的内容词和线索词。前者主要是一些名词或名词短语，用来表示引用的内容和原因；后者包括人称代词、行为动词和连接词，用来表示引用的动机和情感。

研究发现，在不同的引用位置，引用语境不尽相同。首先，在不同节中，引用语境中的内容词不同。例如，在第一节中的内容词主要是表示研究对象和研究背景的词，而在第二节中则主要是表示研究方法的词。其次，不同节中引用语境的线索词也不同。以人称代词为例，第一节中的引用语境主要是第三人称代词，而其后各节中则以第一人称代词为主，反映了学术论文写作中先引用别人的观点，而后阐述自己观点的写作模式。

对于引用强度大于 1 即被多次引用的引文，在施引文献中初次引用和再次引用时的引用语境也不同。在内容词方面，初次引用的内容词比较宏观，而再次引用的内容词比较微观，反映了在对一篇引文进行多次引用时由宏观描述到具体描述的论述思路。在线索词方面，初次引用多采用第三人称视角，再次引用多采用第一人称视角；初次引用中列举词出现较多，而再次引用时表示因果或条件的连接词出现较多，体现了引用强度上的加深。

本章中还比较了不同被引年龄和被引次数的引文在引用语境上的差别。被引年龄不同的引文的引用语境不同。从内容词来看，引用最新文献时的内容词也比较新，如 h-index，而引用较早的经典文献时的内容词也比较旧，如 cocitation。不同年龄的引文的引用语境变化，间接地勾勒出一个领域研究内容随时间的变化。从线索词来看，引用经典引文时更多地采取第三人称视角（站在引文的角度进行描述），而引用最新引文时更多地采取第一人称视角（站在自身的角度进行论述）；引用经典引文时更多地引用其研究方法（引用语境中使用表示方法的动词），而引用最新引文时更多地引用其案例结果（引用语境中使用表示结果的动词）。

最后，不同被引次数的引文被引用时语境也不同。容易理解，从高被引引文的引用语境中提取出来的内容词更多的是热点领域，而从低被引引文的引用语境中提取出来的内容词更多的是非热点领域。对高被引引文和低被引引文的不同评价也可以从引用语境中区别出来。高被引引文的引用语境中会使用一些表示其贡献的行为动词，而低被引引文的引用语境中使用的则主要是客观描述的动词；高被引引文的引用语境中使用表示转折关系的连接词较少，而低被引引文的引用语境中转折关系较多，评价相对消极和负面。

对引用语境的分析和解读，可以更好地了解不同引用位置和强度下的引用行为，以及引用不同被引年龄和被引次数的引文时的动机和情感。可以看出，引用语境既是复杂和多元的，又是规律和规范的。这也是引用行为和引用动机的特点。对引用语境的研究，让我们对引用行为有了更为具体和深入的理解。

引用语境是连接施引文献和被引文献之间的信息交集，既反映了施引文献的内容和特点，也反映了被引文献的内容和特点。将对引用语境的分析引入到传统的引文共被引分析或施引文献的耦合分析中，可以更好地标注知识的网络结构，展现知识的流动脉络。将对引用语境的分析引入到传统的信息检索领域，则可以从内容和结构两个方面提高文献检索的查全率和查准率，更好地辅助学术论文的写作。

# 09

# 断章取义：引用位置在科学知识图谱
# 构建中的应用

在前面三章中，利用 *JOI* 期刊所载论文的案例，本书分别展示了全文引文分析的三个维度：引用位置分析、引用强度分析和引用语境分析。*JOI* 的案例揭示了科学家们在引用行为上的一些特点：引用主要存在于第一节，且成簇出现；对同一篇引文的多次引用一般出现在同一节中；最近发表的论文更容易被多次引用；在第一节中的引用语境更多地站在引文的角度，而其后的引用更多地站在施引自身的角度。

从这一章开始，本书将探索全文引文分析在实际科研问题中的应用。具体包括：①在科学知识图谱中的应用；②在学术论文评价中的应用；③在科学文献检索中的应用。

在本章中，我们将尝试将对引用位置的要素考量加入到科学知识图谱的绘制中。众所周知，表示研究背景的经典文献主要出现在第一节中，而方法类引文主要出现在第二节中，实证类和案例类研究则更多地在第三节和第四节中出现。根据这一特点，可以将引文按照其经常被引的位置进行分类，分别绘制在各节中的引文之间的共被引网络。

## 9.1 科学知识图谱方法及其功能

科学知识图谱方法，主要是通过文献共被引关系、共词关系、作者合作关系、期刊共现关系等，识别出具有相似主题、相同作者或发表在同一期刊的相关文献，然后用可视化的方法和工具，如 CiteSpace（Chen, 2006）、VOSviewer（van Eck & Waltman, 2009）、Pajek（Batagelj & Mrvar, 2003）、Ucnet、SPSS 等，展现文献之间的这种知识关联。

利用施引文献和被引文献之间的引用关系构建科学知识图谱，是引文分析中的另一个基本功能。利用文献之间的引用关系（Garfield et al., 1964）、文献耦合关系（Kessler, 1963）和共被引关系（Small, 1973），可以表征文献之间的相关性，并且基于这种相关性对科学知识的结构进行可视化。

基于引文的科学知识图谱方法，将科学计量学与科学史、科学社会学（尤其是建构主义的科学社会学）和科学哲学（如库恩的科学范式转移理论）巧妙地结合在一起，并利用可视化的方法展示了科学的分布地图或科学发展的脉络。

一般的科学知识图谱方法注重的是从宏观上展现文献之间的逻辑关联性，或者说主要关心文献之间是否存在关联性，以及关联性的强弱。而基于全文的引用行为研究，深入到施引文献引用被引文献的具体语境，构建出施引文献与被引文献之间的内容关联性。通过对文献之间的这种内容关联性的挖掘，可以让科学知识图谱的绘制更为准确和具体，也使得最终得到的科学知识图谱更易解读也更有说服力。

将引用行为上的相似性和关联性投射到存在共被引关系的引文之间，就可以绘制出各不同引用行为下具有不同特征的科学知识图谱。下面以 *JOI* 期刊论文中的四节式论文为例，具体展示各节中的科学知识图谱。

## 9.2 统计论文各节中被引次数最高的论文列表

传统的引文分析方法中，一般只统计在施引文献中被引次数最高的论文。在这一应用案例中，结合对引用位置的分析，我们应用"节高被引论文"的概念，来表示在各节中被引次数最高的论文。

根据引文的引用位置信息，对 *JOI* 期刊刊载的四节式论文中各节引用的引文进行统计，如表 9.1 所示。可以看出，各节中被引次数最高的论文较为一致，但也存在着一定的不同。

表 9.1 *JOI* 期刊论文各节中的高被引论文列表

| 节 | 引文 | 被引次数 |
|---|---|---|
| 1. Introduction | Hirsch JE, 2005, P NATL ACAD SCI USA, V102, P16569 | 12 |
| | Egghe L, 2005, LIBR INFORM SCI SER, P1 | 4 |
| | Egghe L, 2006, SCIENTOMETRICS, V69, P131 | 4 |
| | **Garfield Eugene, 1979, CITATION INDEXING IT** | 4 |
| | King DA, 2004, NATURE, V430, P311 | 4 |
| | Radicchi F, 2008, P NATL ACAD SCI USA, V105, P17268 | 4 |
| | Redner S, 2005, PHYS TODAY, V58, P49 | 4 |
| | Batista PD, 2006, SCIENTOMETRICS, V68, P179 | 3 |
| | Bollen J, 2006, SCIENTOMETRICS, V69, P669 | 3 |
| | Bornmann L, 2007, J AM SOC INF SCI TEC, V58, P1381等 | 3 |
| 2. Data and Methods | Hirsch JE, 2005, P NATL ACAD SCI USA, V102, P16569 | 9 |
| | Egghe L, 2006, SCIENTOMETRICS, V69, P131 | 7 |
| | **Pinski G, 1976, INFORM PROCESS MANAG, V12, P297** | 4 |
| | Bollen J, 2006, SCIENTOMETRICS, V69, P669 | 3 |
| | **Brin S, 1998, COMPUT NETWORKS ISDN, V30, P107** | 3 |
| | **Egghe L, 1990, INTRO INFORMETRICS Q** | 3 |
| | Kousha K, 2007, J AM SOC INF SCI TEC, V58, P1055 | 3 |
| | **Andrews GE, 1998, THEORY PARTITIONS** | 2 |
| | Bergstrom CT, 2008, J NEUROSCI, V28, P11433 | 2 |
| | Bornmann L, 2007, J INFORMETR, V1, P204等 | 2 |
| 3. Results | Hirsch JE, 2005, P NATL ACAD SCI USA, V102, P16569 | 6 |
| | Egghe L, 2005, LIBR INFORM SCI SER, P1 | 4 |
| | Bollen J, 2006, SCIENTOMETRICS, V69, P669 | 3 |
| | Egghe L, 2006, SCIENTOMETRICS, V69, P121 | 3 |
| | Egghe L, 2006, SCIENTOMETRICS, V69, P131 | 3 |
| | Hirsch JE, 2007, P NATL ACAD SCI USA, V104, P19193 | 3 |
| | Jin BH, 2007, CHINESE SCI BULL, V52, P855 | 3 |
| | King DA, 2004, NATURE, V430, P311 | 3 |
| | Redner S, 2005, PHYS TODAY, V58, P49 | 3 |
| | Abramo G, 2011, J INFORMETR, V5, P659等 | 2 |
| 4. Discussion and Conclusions | Bornmann L, 2008, J DOC, V64, P45 | 2 |
| | Bornmann L, 2008, ETHICS SCI ENV POLIT, V8, P93 | 2 |
| | **Cole S, 1992, MAKING SCI NATURE SO** | 2 |
| | Franceschini F, 2010, EUR J OPER RES, V203, P494 | 2 |
| | Garcia SM, 2009, PSYCHOL SCI, V20, P871 | 2 |
| | **Herbertz H, 1995, SCIENTOMETRICS, V33, P117** | 2 |
| | Moed H, 2005, CITATION ANAL RES EV | 2 |
| | Opthof T, 2010, J INFORMETR, V4, P423 | 2 |
| | Abramo G, 2011, J INFORMETR, V5, P659 | 1 |
| | Abramo G, 2012, J INFORMETR, V6, P470等 | 1 |

从相同点来看，在第一节到第三节中，被引次数最高的论文都是"Hirsch JE, 2005""Egghe L, 2005""Egghe L, 2006""Bollen J, 2006"等，可以说，前三节中的引文列表具有更大的相似性。

从不同点来看，第二节引用早期的文献较多，而第三节中引用早期的文献较少。第二节引用了"Pinski G, 1976""Egghe L, 1990""Brin S, 1998""Andrews GE, 1998"等经典文献，而第三节没有引用早于2000年的引文。这是因为，方法类的引文一般都是发表时间较早的文献，它们一般在第二节引用；而实证类的引文一般都是较新的文献，这类引文一般在第三节引用。

## 9.3 利用CiteSpace绘制共被引关系的科学知识图谱

由陈超美开发的CiteSpace软件，作为绘制科学知识图谱的主要工具之一，在国内外都已经得到了非常广泛的应用。陈超美2006年发表的 *CiteSpaceII: Detecting and Visualizing Emerging Trends* 一文（Chen, 2006），被引次数已经高达790次（Google Scholar，2014年4月）；在CNKI数据库中检索使用CiteSpace的中文文章，检索结果多达640余篇（2014年4月）。可以说，CiteSpace已经成为科学知识图谱绘制的一种重要的软件（侯剑华和胡志刚，2013）。

我们利用CiteSpace软件，基于 *JOI* 期刊论文的引文数据绘制出共被引关系的科学知识图谱，如图9.1所示。该图是CiteSpace生成的时间线（Time Line）视图，主要用来展示生成的聚类数量，以及各个聚类的时间演进脉络。

图9.1点表示一篇篇引文，连线表示引文之间的共被引关系。每一行表示一个聚类，红色字体是聚类编号（按照聚类的大小）和根据各聚类中施引文献的标题自动生成的聚类标签。例如，最大的聚类 #0 的聚类标签是 scientific researcher，第二大的聚类 #1 的聚类标签是 research assessment，聚类 #2 的聚类标签是 google，聚类 #3 的聚类标签是 prestige……

按照发表年份，各聚类中的引文从左到右依次排列。例如，聚类 #0 中，最早的引文来源于1965年左右，但主要集中在2000年之后，包括"Hirsch JE,

2005""Egghe L, 2006"等；聚类 #1 中，最早的引文可以追溯到 20 世纪 30 年代，在 20 世纪 80 年代得到较密集的研究，并一直持续到现在。

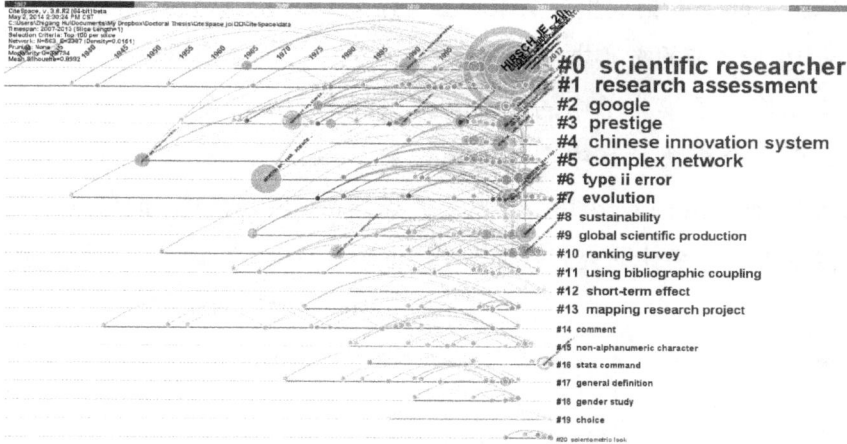

图 9.1 *JOI* 期刊论文的文献共被引图谱（见彩图）

## 9.4 将引用位置的考量加入到科学知识图谱的绘制中

引用位置的章节不同，引文的类型和功能也不同，由此形成的共被引网络应该也不同。接下来，我们将对引用位置的考量加入到科学知识图谱的绘制中，分别生成几类不同类型和特色的科学知识图谱。

我们的研究假设是，基于第一节中引文的科学图谱主要是一个关于研究内容和研究背景的科学知识图谱，它展现的是一个领域的研究背景的全景图。基于第二节中引文的科学图谱，主要是一个关于数据来源和研究方法的科学知识图谱，它展现的是一个领域的研究方法的全景图。基于第三节中引文的科学图谱，主要是一个关于实证研究和研究结果的科学知识图谱，它展现的是一个领域的应用研究的全景图。基于第四节中引文的科学图谱，主要是一个关于研究结论和相关讨论的科学知识图谱，它展现的是一个领域的研究展望的全景图。

为了对上面的假设进行验证，利用 CiteSpace 软件绘制出各节中引文的科学知识图谱，以展示如何利用引用位置对科学知识图谱的方法进行扩展。

分别抽取 *JOI* 期刊论文中第一节、第二节、第三节和第四节中的引文，并按照 Web of Science 的格式生成文本数据，作为 CiteSpace 软件的输入，载入 CiteSpace 中生成各节的文献共被引图谱，如图 9.2～图 9.5 所示。

图 9.2 中展示了第一节中的文献共被引图谱。在该图谱中，共被引网络共分成了 26 个聚类，其中主要的聚类包括 h-index、research assessment、scientific collaboration network 等。这些聚类都是 *JOI* 期刊论文中的热点研究问题，该图充分展示了各个研究问题近半个多世纪以来随着时间不断发展和演化的过程。

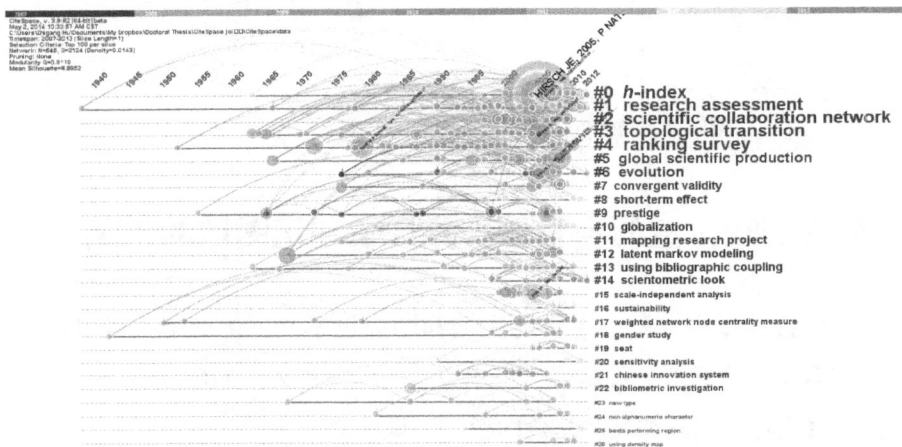

图 9.2　*JOI* 期刊论文第一节中的文献共被引图谱（见彩图）

图 9.3 展示了第二节中的文献共被引图谱。在该图谱中，共被引网络共分成了 24 个聚类，其中主要的聚类包括 journal ranking、combining mapping、h index 等。研究发现，在第二节中的共被引聚类中各聚类回溯到的年份都比较久远，期刊研究（journal ranking）最早的引文被回溯到 20 世纪 20 年代，而聚类 #5 更是回溯到 1900 年左右。这反映了方法论的引文一般都比较经典，可追溯的年份一般较长。

图 9.4 展示的是第三节中的文献共被引图谱。图中，主要的聚类包括 research assessment、caveat、structure、scientific output 等。其中，聚类 caveat

的相关研究脉络最为久远。另外，可以看出，各聚类中的引文数量远少于前面
两节尤其是第一节中的引文数量。

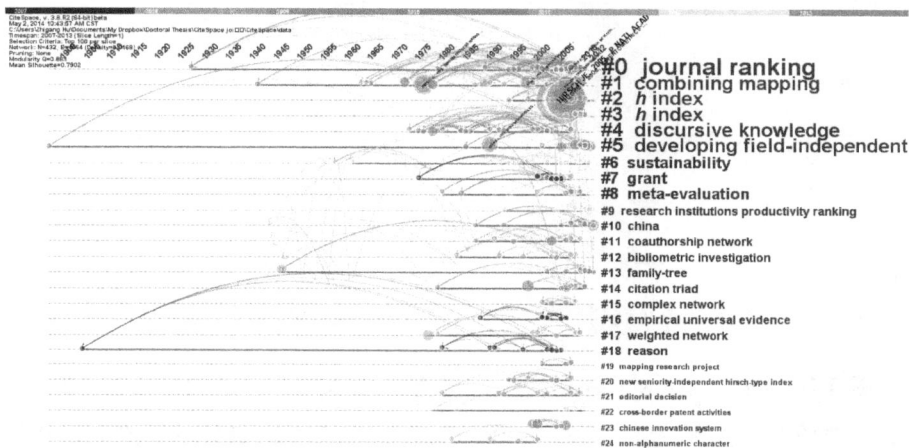

图 9.3 *JOI* 期刊论文第二节中的文献共被引图谱（见彩图）

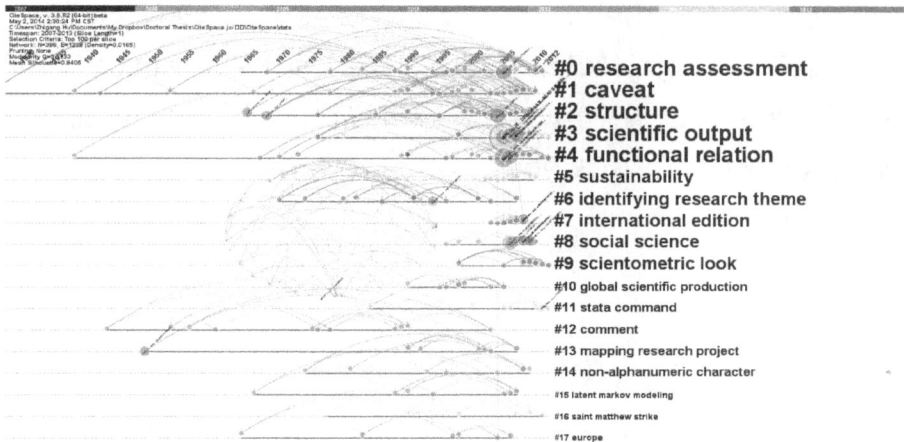

图 9.4 *JOI* 期刊论文第三节中的文献共被引图谱（见彩图）

图 9.5 给出了第四节中的文献共被引图谱，可以看出，本节中的共被引
网络结点和连线最少，最大的两个聚类分别是 frationalised counting method 和
scientometric look，其余 15 个聚类较小。

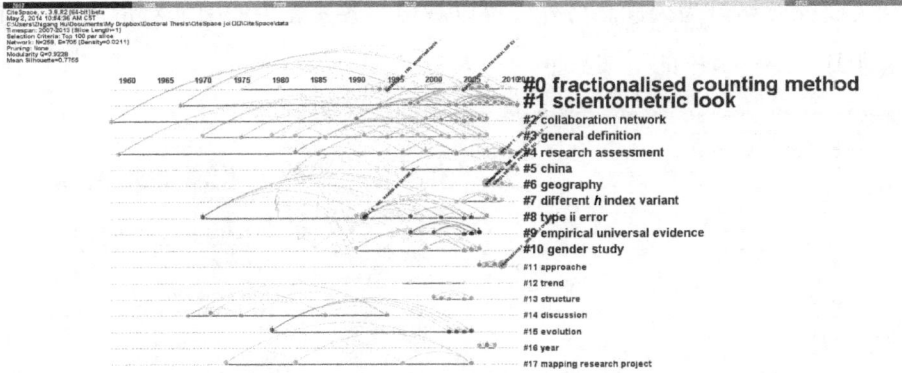

图 9.5　*JOI* 期刊论文第四节中的文献共被引图谱（见彩图）

　　图 9.2～图 9.5 展示了各不同引用位置的引文构成的文献共被引图谱。本章从聚类数量、主要聚类、聚类中历史演进、结点和连线数量等方面，比较了不同章节的文献共被引图谱，展现了各科学知识图谱之间的区别。

　　通过引入基于全文的引用位置分析，构建在不同引用位置和章节的科学知识图谱，识别出不同科学知识图谱的特点和特色。可以说，引用位置和引用行为的分析，可以大大扩展科学知识图谱方法的功能，深化科学知识图谱方法的内涵，拓宽科学知识图谱方法的应用。

# 10

# 引新吐故：引用强度在论文评价中的应用

通过被引次数对论文或其作者进行评价是一种常用的科学评价方法。传统的学术论文评价方法，只计算论文在数据库中的总被引次数。这种方式简单，但也过于简单；有效，但又不够有效。原因在于，有的引文在施引文献中被引一次，而有的引文在施引文献中被引多次。由于引用强度的差异，同样的被引次数，被关注的程度和产生的影响可能有很大差异。

传统的学术论文评价的另一个问题是其迟滞性。由于引文的被引次数的积累可能需要较长的时间，因此无法利用被引次数进行及时有效的评价。为解决这一问题，相关研究分化为两条路径：一条是近两年炙手可热的替代计量学研究，即选用一些可以替代传统引文指标的新型网络指标；另一条路径则是对传统的基于被引次数的评价方法的修补和改进，如通过对不同类型的引文赋予不同的权重，来得到新的被引次数指标。

本章通过引入引用强度，提出一种新的对论文的总被引次数进行统计的方法。这一方法不仅统计一篇引文被多少篇施引文献所引用，而且统计其在每篇施引文献中的被引次数大小。

## 10.1 传统被引次数评价的局限

在科学评价中，由于被引次数易于计算且准确客观，因此被认为是测度文献影响力的一个合适的指标。然而，单纯的引用次数作为引文影响力的测度的有效性也具有一定的争议（Vanclay, 2011）。对引用的质疑的核心观点是认为被引次数和引文的重要性不能画等号（Garfield, 1980）。一个显而易见的原因是引用次数没有考虑到引用的动机和类型差异。利用被引次数来衡量一篇文献的质量，就像用心率来衡量一个人的健康水平一样，它具有一定的价值，但是真的要测量健康水平的话显然还需要更多的信息。

从被引文献的角度来看，被引文献的被引次数与该文献的类型有很大关系。比如，方法类文献比实证类文献容易获得更多的引用，综述类文献比原创文献也容易获得更多的引用（Cano & Lind, 1991; MacRoberts & MacRoberts, 1996; Shaw, 1987）。因此，如果不考虑文献类型的差异性而单纯依靠被引次数，可能会低估实证类文献和原创文献的价值和影响力。另外，被引次数与文献的作者数量（Beaver, 2004; Lawani, 1986）、参考文献数量（Peters & van Raan, 1994）、文章长度（Abt, 1998）存在正相关关系。

从施引文献的角度来看，施引文献的引用动机不尽相同。有些引用是正面引用，是对前人研究的一种认可和发展；有些引用是负面引用，是对前人成果的一种质疑和批评。显然，这两种情况下所进行的引用背后代表的科学评价是截然不同的。在更为细节的层面上，引用的位置和章节也反映了引用动机上的差异，而这种差异也与对论文的评价有关。

而全文引文分析，却可以刻画引文每一次被引用的具体情形，了解引文每一次引用时的特点和作用，从而更准确、更全面地对引文的影响力进行评价。

## 10.2　一种基于引用的统计引文被引次数的方法

在传统的基于被引次数的科学评价方法中，引文的被引次数实际上指的是被引"篇数"，即引文被多少篇施引文献所引用。在全文引文分析中，通过引入引用强度的概念，我们可以真正地统计引文在施引文献中被引用的"次数"。

丁颖等在 2013 年发表的一篇论文（Ding et al., 2013）中，提出了一种通过统计引文在论文中被提及的次数来计算总被引次数的方法（CountX）。本书研究通过利用引用强度对被引次数进行加权求和的方法，实现了与丁颖等的论文相一致的被引次数统计方法。具体方法如下：如果一篇引文被 $n$ 篇论文引用，且其在第 $i$ 篇论文（$1 \leqslant i \leqslant n$）中被引用了 $C_i$ 次，那么总被引次数为

$TC = \sum_{i=1}^{n} C_i$。当不考虑在各篇论文中的被引次数（即定义所有的 $C_i = 1$）时，这种方法即简化为传统的总被引次数的计算方法。

图 10.1 中以 Hirsch 2005 一文为例展示了两种计算方法的不同。传统方法统计的是施引文献的篇数，即柱体的个数，得到的被引次数为 127 次；而新方法统计的是施引文献中的引用数，即圆点的个数，得到的被引次数为 245 次。

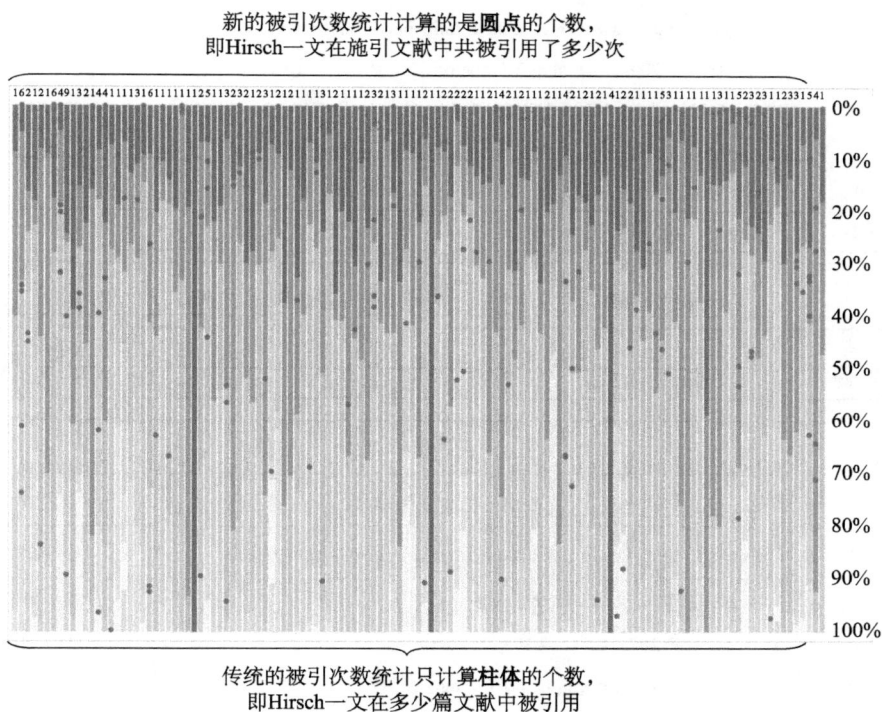

图 10.1　传统方法和新方法下 Hirsch 2005 一文的被引次数（见彩图）

实际上，新方法的被引次数可以用传统被引次数的值乘以平均引用强度得到。在本例中，Hirsch 2005 在 127 篇文章中的平均引用强度为 1.93，因此新被引次数即为 127 乘以 1.93，等于 245 次。

选取 *JOI* 期刊论文作为案例，分别利用传统方法和新方法的高被引论文，统计在 *JOI* 期刊论文中被引次数最高的高被引论文列表，如表 10.1 和表 10.2 所示。

**表 10.1 基于传统方法得到的 *JOI* 期刊高被引论文列表**

| 排序（传统/新） | 高被引论文列表（传统方法） | 被引次数（新/传统） |
|---|---|---|
| 1 / 1 | Hirsch JE, 2005, PNAS, V102, P16569 | **132** / 257 |
| 2 / 2 | Egghe L, 2006, Scientometrics, V69, P131 | **61** / 128 |
| 3 / 3 | Jin BH, 2007, Chinese Science Bulletin, V52, P855 | **32** / 72 |
| 4 / 5 | Egghe L, 2006, Scientometrics, V69, P121 | **29** / 45 |
| 5 / 4 | Egghe L, 2005, Power Laws in the Information Production Process | **27** / 65 |
| 6 / 9 | Lundberg J, 2007, Journal of Informetrics, V1, P145 | **26** / 37 |
| 7 / 17 | **Garfield E, 1972, Science, V178, P471** | **25** / 32 |
| 8 / 11 | **Pinski G, 1976, Information Processing & Management, V12, P297** | **24** / 35 |
| 8 / 9 | Opthof T, 2010, Journal of Informetrics, V4, P423 | **24** / 37 |
| 8 / 7 | Egghe L, 2006, ISSI Newsletter, V2, P8 | **24** / 41 |

**表 10.2 基于新方法得到的 *JOI* 期刊高被引论文列表**

| 排序（传统/新） | 高被引论文列表（新方法） | 被引次数（新/传统） |
|---|---|---|
| 1 / 1 | Hirsch JE, 2005, PNAS, V102, P16569 | 132 / **257** |
| 2 / 2 | Egghe L, 2006, Scientometrics, V69, P131 | 61 / **128** |
| 3 / 3 | Jin BH, 2007, Chinese Science Bulletin, V52, P855 | 32 / **72** |
| 5 / 4 | Egghe L, 2005, Power Laws in the Information Production Process | 27 / **65** |
| 4 / 5 | Egghe L, 2006, Scientometrics, V69, P121 | 29 / **45** |
| 22 / 6 | **Radicchi F, 2008, PNAS, V105, P17268** | 18 / **42** |
| 8 / 7 | Egghe L, 2006, ISSI Newsletter, V2, P8 | 24 / **41** |
| 24 / 8 | **Bornmann L, 2008, JASIST, V59, P830** | 17 / **40** |
| 6 / 9 | Lundberg J, 2007, Journal of Informetrics, V1, P145 | 26 / **37** |
| 8 / 9 | Opthof T, 2010, Journal of Informetrics, V4, P423 | 24 / **37** |

　　可以看出，两种方法得到的排在前五位的高被引论文列表差别不大。排在前 3 位的论文相同，且顺序也一致；排在第 4 位和第 5 位的论文相同，但在传统方法中排在第 4 位的论文在新方法中排在第 5 位。

　　在传统方法得到的高被引论文中，有两篇论文没有在新的高被引论文列表中出现。一篇是 Garfield 于 1972 年发表在 *Science* 上的论文，它在传统方法统计得到的高被引论文列表中排在第 7 位，但在新的高被引论文列表中的排名则降为第 17 位。另一篇为 Pinski 等 1976 年发表于 *Information Processing & Management* 上的一篇论文，它在两个高被引论文列表中的排序分别是第 8 位和第 11 位，新方法下降了 3 个位次。

观察这两篇论文，可以发现它们有一个共同的特点，即发表的时间都比较早（1972 年和 1976 年），属于引文年龄较大的文献。这类经典论文在被引用的时候，多是出于对其学术地位的尊重而非它对文章的实际帮助，因此在施引文章中的引用强度通常不高。在新统计方法中，由于考虑了引用强度的大小，这类文章的排名通常会有所下降。

而在新方法得到的高被引论文列表中，也有两篇论文在传统的高被引论文列表中没有出现。一篇是 Radicchi 在 2008 年发表在 *PNAS* 上的论文，另一篇是 Bornmann 在 2008 年发表在 *JASIST* 上的论文。这两篇论文，在传统方法得到的高被引论文列表中均排在 20 名开外。但是在新方法中排名都比较靠前，一个排在了第 6 位，另一个排在了第 8 位。

与传统高被引论文列表中那两篇文章正好相反，这两篇论文的共同特点是引文年龄较小。相较于其他主要发表在 2005～2007 年的论文，这两篇论文发表在 2008 年，属于较新的引文。这类论文在被引用的时候，通常因为其新鲜性而被着重论述，因此引用强度较大，加权后得到的被引次数较高，相对于其在传统方法中的排名大幅上升。

通过对比表 10.1 和表 10.2 可以得到如下结论：新的统计被引次数的方法，相对于传统方法，可以发现较新的高被引论文。换句话说，新方法可以比传统方法更早更快地识别出高被引论文。因此，新的统计方法可以更好地用于预测和挖掘将来的研究热点，在科学评价和科学预见等领域有着非常重要的应用价值。

## 10.3 新方法可以更早地对高被引论文做出评价和预见

评价的滞后性一直以来被认为是被引次数作为科学评价方法的主要缺陷。

被引次数的积累需要一个时间过程。即便是最具开创性和最炙手可热的研究成果，从看到该成果到对它进行引用并将文章发表出来，至少需要一年的时间。而在大部分时候，这个过程可能会更长。在传统的方法中，一篇有潜力的论文可能要花 10 年才能积累到足够高的被引次数，从而在众多的普通文章中脱颖而出。

新的被引次数统计方法，通过引入引用强度的概念，可以在很大程度上弥补传统方法的这一缺陷。在 10.2 节中我们已经看到，Radicchi 和 Bornmann 在 2008 年发表的两篇文章都进入了新方法得到的前 10 位的高被引论文列表中，而其在传统方法的统计排名还排在 20 名之外，可能还需要等很久，甚至可能永远没有机会出现在前 10 位的高被引论文列表中。

在本节中，我们将揭示新统计方法为什么会比传统统计方法更早地发现高被引文献，或者说更早地积累起较高的被引次数。图 10.2 展示了一篇典型的潜在高被引论文的被引历史。在传统的统计方法中，论文的被引次数在发表后的第 3 年达到峰值，而在新方法中发表后第 2 年即可达到峰值，比传统方法早一年。而从累计被引次数的变化曲线来看，两者之间的差异更为明显。新方法比传统方法的累计增长曲线更为陡峭，可以更快地积累到足够多的被引次数，从而获得较高的关注。

而造成这一区别的关键，是随时间递减的引用强度。在第 7 章中，我们曾指出，引文的引用强度随时间逐渐降低。由于新方法的被引次数为传统方法乘以平均引用强度，因此在新方法中，早期较高的平均引用强度使得被引次数可以得到更多、更快的累计。

实际上，图 10.2 为我们勾勒出一幅高被引论文的被引历史图景。通常，一篇具有高被引潜力的文章的被引是这样开始的：在发表后早期只是获得一部分人的注意，但在这一部分文献中得到引用强度较高的重度引用；这些重度引用促进了其他科学家对这篇引文的关注，从而逐渐成为一篇热点文献。可以说，引用强度的大小决定了将来被引次数的高低。正是引文发表初期的重度引用和讨论，促成了之后引文获得广泛关注。

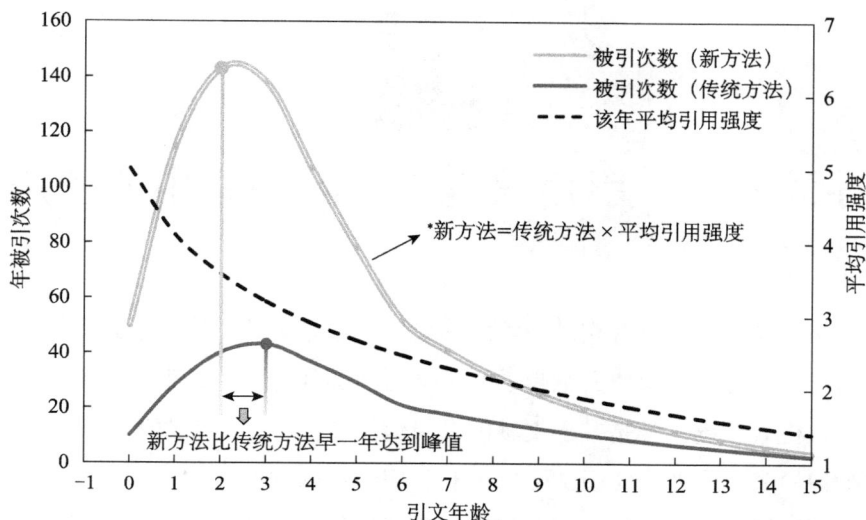

（a）年被引次数变化曲线

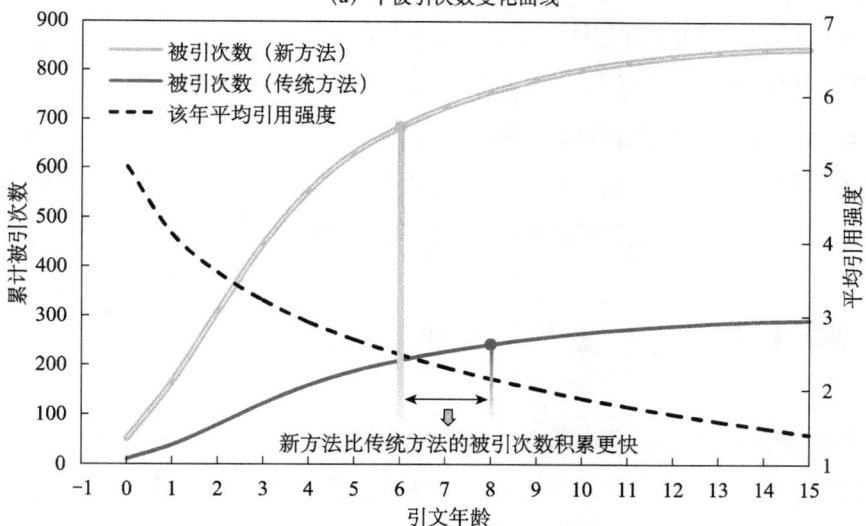

（b）累计被引次数变化曲线

图 10.2　被引次数统计新方法与传统方法的优势比较

　　高被引论文的被引历史曲线，为我们更好更快地对高被引论文进行评价奠定了理论基础。这不仅有效避免了传统科学评价方法的时滞性，增加了科学评价的效率，还有助于我们更早地预见研究热点，捕捉学科动态。而在以发现的优先权为核心竞争力的科学共同体中，有时候哪怕仅仅是一年的差异，可能会决定一个科学家是一个先驱者还是一个追随者。

# 11

# 寻词摘句：引用语境在文献检索中的应用

全文引文分析还具有文献检索的功能。学术论文的写作离不开对学术论文的引用。找到合适的参考文献是学术论文写作前和写作中的重要任务之一。传统的文献检索系统，都是基于文献的题录信息（如标题、摘要、关键词等）进行文献的检索。借助全文引文分析中对引用语境的抽取和索引，可以设计一种基于引用语境的文献检索系统。借助引用语境检索系统，可以方便地查找更合适的参考引文，并查找到引用这些引文的语境信息。

本章也将构建一个引用语境检索系统，对含有引文的句子进行索引，从而大大地提高科学文献检索的查全率和查准率。我们希望，也相信，将来必将迎来引用语境索引的新时代，这将再一次改变科学家进行科学文献检索的方式，让科学文献检索系统可以更好地辅助科学研究和学术论文写作。

## 11.1 科学文献检索与学术论文写作

从科学文献索引的方式来看，主要分为两种：一种是题录索引，另一种是引文索引。前者记录的是文献的自身属性，后者记录的是文献之间的链接。通过引文索引构建的链接，用户可以在文献海洋里腾挪跳跃。例如，当我们发现了一篇有用的文献时，就可以通过点击"引用文献"、"施引文献"、"相关文献"（即同引文献）等进行扩展，找到更多重要的文献，从而大大提高检索的效率。

全文引文分析可以将这两种方式有机地结合起来，一方面利用题录索引在内容分析方面的优势，另一方面利用引文索引在结构分析方面的特长。这就是已经有人试图进行构建的引用语境检索系统。奥康纳（J. O'Connor）最早研究了对引用语境进行索引的问题（O'Connor, 1982），他指出，将"引用陈述"（citing statement）添加到传统的引文索引中，可以提高引用检索的查全率。布拉德肖（S. Bradshaw）则提出了一种引文引导索引（Reference-Directed Indexing）方法（Bradshaw, 2003），他认为一篇论文在被引用时的"参考文字"（referential text）比该文献自身的题目、摘要、关键词可能更准确而全面地表达其要义，并且由于施引文献会将自己的想法和新的研究进展加入到这种"参考文字"中，因此这一索引方法可以随时间与时俱进，为文献本身赋予新的生命，从而延缓其衰老的时间。剑桥大学的里奇（A. Ritchie）在其博士论文（Ritchie, 2008）中提到一种对引用语境进行索引的方法。他参照网页索引（web page indexing）的技术，提出了一种与之类似的对引用（类似于 link）和引用语境（类似于 anchor）同时进行索引的方法。

在第 6～8 章中，通过对 *JOI* 期刊论文的实证研究，本书已经展示科学家们引用行为的一般特点和规律。这些规律在一定程度上可以作为学术论文写作中如何进行引用的行为规范。比如，在引言一节中应该引用经典文献对研究问题和研究背景进行论述；对于非综述类论文，引言一节的引用数应该占全部引用数的 1/3 左右；发表时间越早的引文应该越早被引用；引文中三成左右的重要引文应该进行多次引用；在就理论问题进行引用时应该引用发表时间较早的经典文献；就方法问题进行引用时则应该引用较新的文献；对高被引论文的引用通常采用第一人称视角；对低被引论文的引用通常采用第三人称视角；等等。

但对于学术论文的写作来说，科学家们最关心的是以下两个问题：①怎么去查找可以引用的引文？②如何去引用这些引文呢？

利用 Web of Science、Scopus、Google Scholar 等文献数据库或许是个不错的办法。但是，这些数据库都只能查找题录上符合条件的文献。比如，我们想检索 citation behavior 的相关文献，就只能检索到在题目、关键词或摘要中含有 citation behavior 的文章。如果一篇文章中题目、关键词和摘要中都没有出现 citation behavior，但是在正文中提到了它，就无法被检索到。

而基于全文的引用语境分析，却可以轻松地解决这一问题。基于对全文中引用语境的提取，它不仅能够更全地找出在正文中出现的含有检索词的语句，还能告诉我们，在出现该检索词的上下文中引用了哪些参考文献，它们是如何被引用的，以及对它们的评价是怎样的。

下面就来介绍我们开发和实现的一个专门用来进行引用语境检索的搜索引擎，我们称之为 Search of Sentence 或 SOS 系统，该检索系统可以通过地址 http://sos.huzhigang.info 进行访问。

## 11.2 基于全文的引用语境检索系统的设计

借鉴 Google Scholar 的样式和 Web of Science 的检索功能，我们设计了如图 11.1 所示的引用语境检索入口，包括一个检索框和若干复选框。

其中，前面三个复选框是关于引用语境的选取的，分别是引用前面一句（the sentence before citation）、引用语境（citation sentence）和引用后面一句（the sentence after citation）。除引用语境外还另外选择引用前面和后面一句是因为引用语境的上下文中可能包含对该次引用的描述和评价。

后面两个复选框是关于数据库的选取的。在本案例中，我们做了两个数据库，分别包含了图书情报学（Library and Information Science）领域的期刊和生物信息学（Biomedical Informatics）领域的期刊。

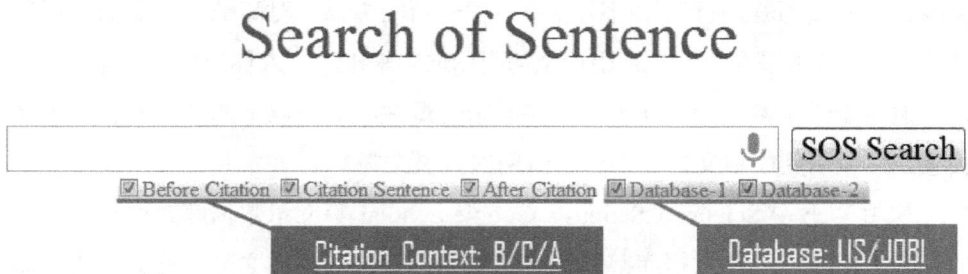

图 11.1　基于全文的引用语境检索系统的检索入口（见彩图）

在检索框中输入检索词，点击 SOS Search，即可得到检索结果的页面。与传统的文献检索数据库不同，引用语境检索得到的结果是一条条的句子，包括：引用语境所在施引文献的标题、作者、期刊和年份；引用语境所在的章节和章节标题；引用语境及其上下文；引用语境所引用的参考文献。引用语境的检索结果构成，决定了它所能提供信息的丰富性。

图 11.2 展示了检索得到的含有 citation analysis 的一条引用语境信息。可以看出，这篇文章的标题中并没有出现 citation analysis，事实上在关键词和摘要中也没有，但是在正文中却找到如下一条句子中含有 citation analysis。为了更全面地展示该语境信息，系统中还给出了它的前面一句和后面一句的句子。

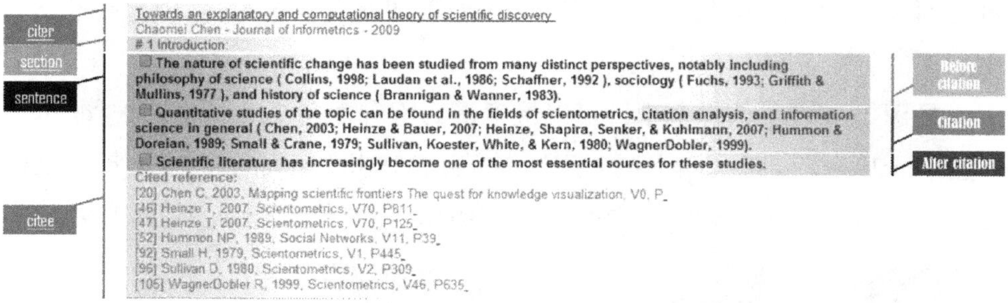

图 11.2　基于全文的引用语境检索系统的检索结果（见彩图）

另外，该引用语境中标有 7 条参考文献，也列在检索结果下方。这些引文显然都是与 citation analysis 更为相关的引文。之所以称之为"更为相关"，是因为在其他文献检索数据库中得到的参考文献只是在文章层面上的宏观相关，而不是在语境层面上的微观相关。在进行学术论文写作的时候，这些微观相关的引文更值得进行参考和引用。

## 11.3　基于全文的引用语境检索系统的使用

本节将简单介绍一下基于全文的引用语境检索系统的功能和使用方法。在传统的文献数据库或引文数据库中，检索式主要围绕标题、关键词、摘要，作者、期刊、年份，引文作者、引文期刊和引文年份等进行。而在本系统中，则可以从以下四个方面对引用语境进行检索。

1）引用语境：直接输入检索词，用来检索所有包含给定检索词的引用语境。支持"$""?""*"等通配符和双引号等检索策略的使用。

2）施引文献：标识词为"citer:"，限定引用语境所在的施引文献，检索所有在施引文献的题目（title）、作者（author）、年份（year）或期刊（journal）上出现检索词的引用语境。

3）引用章节：标识词为"section:"，限定引用语境所在的章节，检索所有在章节的题目（section title）出现检索词的引用语境。

4）被引文献：标识词为"citee:"，限定引用语境中引用的引文，检索所有在题目（title）、作者（author）、年份（year）和期刊（journal）中含有检索词的引文的引用语境。

在图11.3所示的样例中，可以检索得到所有含有"citation"和"analy*"（包括analysis、analyze等）的引用语境，并且施引文献发表于2008年或2009年，引用语境出现的章节为引言，且其中引用了作者为"Chen*"的引文。

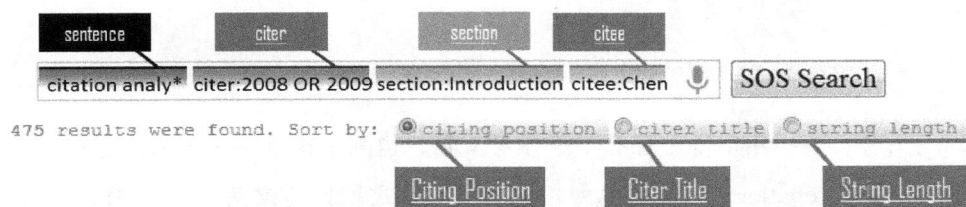

图11.3　基于全文的引用语境检索系统的检索式（见彩图）

对于得到的检索结果，可以按照不同的顺序进行显示，如该引用语境出现的位置（citing position）、施引文献的标题（citer title）和引用语境的长度（string length）。

## 11.4　学术论文写作中引用语境检索系统的应用

在学术论文的写作中，通过使用引用语境检索系统，可以：①检索值得引用的引文；②了解对某引文的评价；③学习英语写作的表达。下面将用几个例子演示如何通过基于全文的引用语境检索系统实现上面的功能和需求。

实例一，假如想要检索在cocitation领域值得引用的引文，可以利用检索式cocitation进行检索，得到的检索结果如图11.4所示。

可以看出，在 cocitation 有关的引用语境中，怀特、斯莫尔、麦凯恩等的文章相对被引用得较多，因此可以重点进行参考。

Visualising semantic spaces and author cocitation networks in digital libraries
Chaomei Chen - Information Processing and Management - 1999
# 4 Visualising predominant research areas in hypertext:
  The raw cocitation counts were transformed into Pearson's correlation coefficients.
  Pearson's r was used as a measure of similarity between author pairs, because, according to (White & McCain, 1998), it registers the likeness in shape of their cocitation count profiles over all other authors in the set.
Cited reference:
[40] White HD, 1998, Journal of the American Society for Information Science, V49, P327

Identifying research themes with weighted direct citation links
Olle Persson - Journal of Informetrics - 2010
# 3 Results:
  It appears to have two parts, and three central nodes.White and Griffith (1981)
  introduces the author cocitation method in a study of library and information science, and White and McCain (1998) is a follow up study of the same field.McCain (1991)
  is a journal cocitation study of economics.
Cited reference:
[34] White HD, 1998, Journal of the American Society for Information Science, V49, P327
[19] McCain KW, 1991, Journal of the American Society for Information Science, V42, P290

Comparing allauthor and firstauthor cocitation analyses of information science
Dangzhi Zhao - Journal of Informetrics - 2008
# 3 Methodology:
  We followed commonly accepted steps and techniques of ACA ( McCain, 1990 ; White & McCain, 1998 ; Zhao, 2003) except for the different definitions of cocitation as discussed earlier.
  Core sets of authors were selected based on "citedness"—the number of citations they received.
Cited reference:
[6] McCain KW, 1990, Journal of the American Society for Information Science, V41, P433
[14] White HD, 1998, Journal of the American Society for Information Science, V49, P327
[15] Zhao D, 2003, , V0, P0

A relational database for bibliometric analysis
Nicolai Mallig - Journal of Informetrics - 2010
# 3 Requirement analysis:
  The types of bibliometric networks used are quite diverse, ranging from coauthorship networks ( Glänzel & Schubert, 2004 ) over citation and cocitation networks ( Small & Garfield, 1985 ) to coword networks ( Callon, Courtial, Turner, & Bauin, 1983).
Cited reference:
[8] Glänzel W, 2004, Analyzing scientific networks through coauthorship, V0, P257
[23] Small H, 1985, Journal of Information Science, V11, P147
[2] Callon M, 1983, Social Science Information, V22, P191

图 11.4　基于全文的引用语境检索系统的检索实例一

实例二，假如想要了解前人对 Hirsch 2005 一文的评价，可以利用检索式"citee:Hirsch JE, 2005, Proceedings of the National Academy of Sciences"进行检索，得到的检索结果如图 11.5 所示。

Gatekeepers of science—Effects of external reviewers' attributes on the assessments of fellowship applications
Lutz Bornmann - Journal of Informetrics - 2007
# 4 Results:
　has proposed the h index as a singlenumber criterion to evaluate the scientific output of a researcher ( Ball, 2005).
　The h index depends on both the number of an applicant's articles, and their impact on his or her peers: "A scientist has index h if h of his or her Np papers have at least h citations each and the other (Np − h ) papers have ≤ h citations each" ( Hirsch, 2005, p.
　16569).
Cited reference:
[14] Hirsch JE, 2005, Proceedings of the National Academy of Sciences of the United States of America, V102, P16569

A research impact indicator for institutions
E.S. Vieira - Journal of Informetrics - 2010
# 1 Introduction:
　Hirsch proposed a new indicator, now called the " h index", as a particularly simple and useful way to characterize the scientific output of a researcher.
　A scientist has h index h if h of his or her N p papers have at least h citations each and the other ( N p h ) papers have h or less citations each ( Hirsch, 2005).
　The scientific community has shown great interest in this indicator as it has the advantage of combining a measure of quantity (number of publications) and impact (number of citations) in a single indicator.
Cited reference:
[15] Hirsch JE, 2005, Proceedings of the National Academy of Sciences of the United States of America, V102, P16569

Generalizing the h and gindices
Nees Jan van Eck - Journal of Informetrics - 2008
# 1 Introduction:
　This measure, which is referred to as the h index or the Hirsch index, is based on the number of times the papers of a scientist have been cited.
　A scientist has h index h if h of his n papers have at least h citations each and the other n − h papers have fewer than h + 1 citations each (Hirsch, 2005).
　After its introduction, the h index received a lot of attention in the scientific community (e.g., Ball, 2005 ; for an overview, see Bornmann & Daniel, 2007) and quickly gained popularity.
Cited reference:
[15] Hirsch JE, 2005, Proceedings of the National Academy of Sciences, V102, P16569

How to modify the gindex for multiauthored manuscripts
Michael Schreiber - Journal of Informetrics - 2010
# 2 The h -index and its variants for fractionalised counting of papers or citations:
　For the determination of the Hirsch index the publication list should be arranged in decreasing order according to the number of citations c ( r ), where each paper is fully counted for the trivial determination of its rank (1) r = ∑ r ' = 1 r 1 .
　Then the h index can be read off this list easily as (2) h ≤ c ( h )　while　c ( h + 1 ) < h + 1 or, equivalently, as (3) h ≤ c ( h )　while　c ( h + 1 ) ≤ h according to the original definition ( Hirsch, 2005).
　To avoid misunderstanding, I note that in Hirsch's first preprint versions the second inequality in (3) did not comprise the possibility h = c ( h + 1 ) which made the definition not well defined in all cases.
Cited reference:
[11] Hirsch JE, 2005, Proceedings of the National Academy of Sciences of the United States of America, V102, P16569

图 11.5　基于全文的引用语境检索系统的检索实例二

实例三，对于英语为非母语的学者来说，掌握英文的用词和造句，写出地道的英语表达，通常不是一件简单的事。假如想要了解 influenced by 一词的英文表达，得到在学术论文中的具体实例，可以利用检索式 influenced by 进行检索，得到的检索结果如图 11.6 所示。

Retrospective data collection and analytical techniques for patient safety studies
Matthew B. Weinger - Journal of Biomedical Informatics - 2003
# 4 Discussion:

In addition, retrospective analysis of adverse events or near misses is often contaminated by cognitive biases (especially hindsight and attribution bias) [11,56] and influenced by the context and the perspective of event participants and analysts [57].

Because of these limitations, the most important causes of future adverse events may remain invisible to those striving to improve safety.
Cited reference:
[21] Caplan RA, 1991, JAMA, V265, P1957
[58] Posner K, 1996, Anesthesiology, V85, P1049

Library and information science practice, theory, and philosophical basis
Birger Hjørland - Information Processing and Management - 2000
# 4 Institutional affiliations:

What I would like to ask at this place is this: Is the content (and the truth) of research in LIS influenced by its institutional affiliations? My answer is yes.

Psychologists, for example, tend to develop universal theories about thinking and cognitive development as opposed to domain specific theories, and librarians also tend to neglect domain specific factors in information work.
Cited reference:

Retrospective data collection and analytical techniques for patient safety studies
Matthew B. Weinger - Journal of Biomedical Informatics - 2003
# 4 Discussion:

For a number of reasons, only a small proportion of adverse events are ever reported [12], resulting in a potentially biased sample from which to draw conclusions.

Importantly, the results of adverse event analysis are strongly influenced by knowledge of their outcome [21,58].
Cited reference:
[11] Woods DD, 1999, Perspectives on human error hindsight biases and local rationality, V0, P
[56] Tversky A, 1974, Science, V185, P1124
[57] Rasmussen J, 1994, Cognitive systems engineering, V0, P

Translational cognition for decision support in critical care environments A review
Vimla L. Patel - Journal of Biomedical Informatics - 2008
# 3 Theoretical and methodological foundations:

Important to this analysis is the identification of the points where the action cycle can break down, which are primarily at the interface of execution and evaluation of the task.

The evaluation is influenced by the degree to which the user can perceive and interpret the state of the system and determine how well the user's expectations have been met (e.g., feedback).
Cited reference:

图 11.6　基于全文的引用语境检索系统的检索实例三

　　这些实例不同于普通的英文词典中的例句，它们往往更有学术性。尤其是加入其他检索条件的情况下，可能得到更为鲜活的案例。比如，将引用语境的出处限定为某一个特定期刊或某一个具体研究领域，这样就可能得到非常生动的表达方法，甚至是学术思想上的启发。例如，将 citation 检索词和 influenced by 同时使用，就可能检索得到"引用"的"影响因素"。

　　上面三个实例为我们展现了引用语境检索系统的基本功能和应用场景，尤其是如何借助这一系统更好地辅助学术论文的写作。通过引用语境检索的方法，不仅可以深入到正文中，查看出现某一检索词的引用语境中所引用的引文，而且可以反过来查看引用一篇引文的时候的引用语境是怎样的。也就是说，引用语境检索方法一方面可以告诉我们引用哪些引文，另一方面还可以告诉我们怎么引用它——而这同样也是全文引文分析试图告诉我们的重要信息。

正如引文分析方法催生了引文索引方式一样，对引用语境的研究必将带给我们一个引用语境索引的新时代。正是在这种意义上，全文引文分析将从根本上改变传统的文献检索方法，从而更好地辅助科学研究和学术论文的写作。

# 参 考 文 献

陈晓丽. 1998. 引文类型比较分析. 图书与情报, (4): 50–53.

董坚峰, 张少龙. 2009. 国内外全文文献数据描述发展研究. 图书馆学刊, (9): 98–101.

何佳讯. 1991. 引用深度: 概念、评价指标及引用领域若干关系的研究. 情报科学, 12 (6): 1–30.

何佳讯. 1992a. 评价性引文分析的批判性研究述评. 情报学刊, 13 (3): 161–169.

何佳讯. 1992b. 引文分析的理论基础. 情报理论与实践, (4): 14–18.

何佳讯. 1992c. 引用行为的新模型——对评价性引证分析和引文检索有效性的讨论. 情报科学, 13 (2): 46–51.

侯剑华, 胡志刚. 2013. CiteSpace 软件应用研究的回顾与展望. 现代情报, 33 (4): 99–103.

胡志刚. 2014. 全文引文分析方法与应用. 大连理工大学博士学位论文.

胡志刚, 陈超美, 刘则渊, 等. 2012. 基于 XML 全文数据引文分析系统的设计与实现. 现代图书情报技术, (11): 71–77.

胡志刚, 陈超美, 刘则渊, 等. 2013. 从基于引文到基于引用——一种统计引文总被引次数的新方法. 图书情报工作, 57 (21): 5–10.

李春旺. 2005. 网络环境下学术信息的开放存取. 中国图书馆学报, (1): 33–37.

梁问渼. 2001. 科技期刊全文上网及其技术方式的比较研究. 中国科学技术信息研究所硕士学位论文.

刘丹. 2010. 基于 XML 的中文博硕论文检索系统设计. 现代图书情报技术, (5): 50–57.

刘丹, 孔少华, 陆伟. 2010. XML 检索研究综述. 现代图书情报技术, (4): 24–34.

刘丹, 陆伟, 张宓. 2009. XML 结构化检索研究及实现. 现代图书情报技术, (3): 52–56.

刘茜, 王健, 王剑, 等. 2013. 引文位置时序变化研究及其认知解释. 情报杂志, 32 (5): 166–169.

邱均平. 1988. 文献计量学. 北京: 科学技术文献出版社.

沈锡宾, 顾恬, 吕小东, 等. 2011. 国外一基于 XML 的科技期刊出版工作流个案剖析. 中国科技期刊研究, 22 (4): 581–583.

王剑, 高峰, 满芮, 等. 2013. 基于引用频次和内容分析的引文分布与动机关系研究. 情报杂志, 32 (9): 100–103.

赵蓉英, 曾宪琴, 陈必坤. 2014. 全文本引文分析——引文分析的新发展. 图书情报工作，58（9）：129–135.

祝清松，冷伏海．2013．引文内容分析方法研究综述．情报资料工作，（5）：39–43.

祝清松，冷伏海．2014．基于引文内容分析的高被引论文主题识别研究．中国图书馆学报，40（1）：39–49.

Abt，H. A. 1998. Why some papers have long citation lifetimes. *Nature*，395: 756–757.

Agarwal, S., Choubey, L. & Yu, H. 2010. Automatically classifying the role of citations in biomedical articles. *AMIA Annual Symposium Proceeding*. 2010: 11–15.

Agarwal, S. & Yu, H. 2009. Automatically classifying sentences in full-text biomedical articles into Introduction, Methods, Results and Discussion. *Bioinformatics*, 25(23): 3174–3180. doi:10.1093/bioinformatics/btp548.

Baldi, S. 1998. Normative versus social constructivist processes in the allocation of citations: A network-analytic model. *American Sociological Review*, 63(6): 829–846. http://www.jstor.org/stable/10.2307/2657504.

Batagelj, V. & Mrvar, A. 1998. Pajek-program for large network analysis. *Connections*, 21(2):47-57.

Beaver, D. B. 2004. Does collaborative research have greater epistemic authority? *Scientometrics*, 60(3): 399–408. doi:10.1023/B:SCIE.0000034382.85360.cd.

Bonzi S. 1982. Characteristics of a literature as predictors of rlatedness between cited and citing works. *Journal of the American Society for Information Science*, 33(4):208–216.

Bradford, S. C. 1948. *Documentation*. London: Crosby Lockwood.

Bradshaw, S. 2003. Reference directed indexing: Redeeming relevance for subject search in citation indexes. *Proceedings of Research and Advanced Technology for Digital Libraries (ECDL)* (pp. 499–510). http://www.springerlink.com/index/5hj073kcydn5901x.pdf.

Brooks, T. A. 1985. Private acts and public objects: An investigation of citer motivations. *Journal of the American Society for Information Science*, 36(4): 223–229. doi:10.1002/asi.4630360402.

Brooks, T. A. 1986. Evidence of complex citer motivations. *Journal of the American Society for Information Science*, 37(1): 34–36. https://courses.washington.edu/infx598/win12/complexCiterMotivations.pdf.

Camacho-Miñano, M.-M. & Núñez-Nickel, M. 2009. The multilayered nature of reference selection. *Journal of the American Society for Information Science and Technology*, 60(4): 754–777.

Cano, V. 1989. Citation behavior: Classification, utility, and location. *Journal of the American Society for Information Science*, 40(4): 284–290. doi:10.1002/(SICI)1097-4571(198907)40:4<284::AID-ASI10>3.0.CO;2-Z.

Cano, V. & Lind, N. C. 1991. Citation life cycles of ten citation classics. *Scientometrics*,

22(2): 297–312.

Case, D. O. & Higgins, G. M. 2000. How can we investigate citation behavior? A study of reasons for citing literature in communication. *Journal of the American Society for Information Science*, 51(7): 635–645.

Chen, C. 2006. CiteSpace II : Detecting and visualizing emerging trends. *Journal of the American Society for Information Science*, 57(3): 359–377. doi:10.1002/asi.

Chou, W., Juang, B.-H., Kawahara, T., et al. 1998. Method of key-phase detection and verification for flexible speech understanding. Google Patents.

Chubin, D. E. & Moitra, S. D. 1975. Content analysis of references: Adjunct or alternative to citation counting? *Social Studies of Science*, 5(4): 423–441. doi:10.1177/ 0306312 77500500403.

Cole, F. J. & Eales, N. B. 1917. The history of comparative anatomy. Part I: A statistical analysis of the literature. *Science Progress*, (11): 578–596.

Collins, H. M. 1999. Tantalus and the aliens: Publications, audiences and the search for gravitational waves. *Social Studies of Science*, 29(2): 163–197.

Cronin, B. 1984. *The Citation Process. The Role and Significance of Citations in Scientific Communication*. London: Taylor Graham. http://adsabs.harvard.edu/abs/1984cprs. book.....C.

Cui, B.-G., & Chen, X. 2010. *An Improved Hidden Markov Model for Literature Metadata Extraction* (pp. 205–212). Berlin:Springer Berlin Heidelberg. doi:10.1007/978-3-642-14922-1_26

de Solla Price, D. J. 1963. *Little Science, Big Science.* New York: Columbia University Press.

de Solla Price, D. J. 1965. Networks of scientific papers. *Science*, 149(3683): 510–515. doi:10.1126/science.149.3683.510

Ding, Y., Liu, X., Guo, C., et al. 2013. The distribution of references across texts: Some implications for citation analysis. *Journal of Informetrics*, 7(3): 583–592. doi:10.1016/ j.joi.2013.03.003.

Ding, Y., Zhang, G., Chambers, T., et al. 2014. Content-basedcitation analysis: The next generation of citation analysis. *Journal of the Association for Information Science and Technology*, 65(9): 1820–1833. doi:10.1002/asi.

Dunning, T. 1993. Accurate methods for the statistics of surprise and coincidence. *Computational Linguistics*, 19(1): 61–74. http://dl.acm.org/citation.cfm?id=972454.

Egghe, L. 2006. An improvement of the h-index: The g-index. *ISSI Newsletter*, 2(1): 8–9.

Egghe, L. 2007. General evolutionary theory of information production processes and applications to the evolution of networks. *Journal of Informetrics*, 1(2): 115–122. doi:10.1016/j.joi.2006.10.003.

Egghe, L. & Rousseau, R. 2006. An informetric model for the Hirsch-index. *Scientometrics*, 69(1): 121–129. http://www.akademiai.com/index/u104552167x14603.pdf.

Finney, B. 1979. *The Reference Characteristics of Scientific Ttexts*. City University (London, England).

Flynn, P., Zhou, L., Maly, K., et al. 2007. Automated template-based metadata extraction architecture. Goh,D.H.,Cao T.H.,et al. *Proceedings of the 10th international conference on Asian digital libraries: looking back 10 years and forging new frontiers*. Berlin Springer-Verlag:327-336.

Frenken, K., Hardeman, S. & Hoekman, J. 2009. Spatial scientometrics: Towards a cumulative research program. *Journal of Informetrics*, 3(3): 222–232. doi:10.1016/j.joi.2009.03.005.

Frøsig, R. E. 2011. *Citation Classification Based on Genre: The Significance of the Textual Location of Citations* (Master thesis). University of Copenhagen.

Garfield, E. 1955. Citation index for science. *Science*, 122(3159): 108–111.

Garfield, E. 1962. Can citation indexing be automated? *Essays of an Information Scientist*, 1: 84–90. http://books.google.com/books?hl=en&lr=&id=r56ZrbfTdkYC&oi=fnd&pg=PA189&dq=Can+citation+indexing+be+automated%3F&ots=2uZvygSc6w&sig=HmuKpFmgE-C0dMkZOOLyeZd9qlA.

Garfield, E. 1973. Citation analysis of pathology athology  journals reveals need for a journal of applied virology. *Current Contents*, 16(3): 5–8.

Garfield, E. 1980. Is citation analysis a legitimte evaluation tool – reply. *Scienometrics*, 2(1): 92–94.

Garfield, E., Sher, I. H. & Torpie, R. J. 1964. *The Use of Citation Data inWriting the History of Science*. Philadelphia: DTIC Document.

Garzone, M. & Mercer, R. 2000. Towards an automated citation classifier. *Advances in Artificial Intelligence* (pp. 337–346).  http://www.springerlink.com/index/R8EXUQW5B76JNQEV.pdf.

Gilbert, G. 1977. Referencing as persuasion. *Social Studies of Science*, 7: 113–122. http://www.jstor.org/stable/10.2307/284636.

Giuffrida, G., Shek, E. C. & Yang, J. 2000. Knowledge-based metadata extraction from PostScript files.  Proceedings of the fifth ACM conference on Digital libraries-DL '00 (pp. 77–84). New York, USA: ACM Press. doi:10.1145/336597.336639.

Gordon, M. & Dumais, S. 1998. Using latent semantic indexing for literature based discovery. *Journal of the American Society for Information Science*, 49(8): 674–685. doi:10.1002/(SICI)1097-4571(199806)49:8<674::AID-ASI2>3.0.CO;2-T.

Groza, T., Handschuh, S. & Hulpus, I. 2009. *A Document Engineer Appoach to Automatic Extraction of Shallow Metadata from Scientific Publications*. Galway, Ireland.

Han, H., Giles, C. L., Manavoglu, E., et al. 2003. Automatic document metadata extraction using support vector machines. Joint Conference on Digital Libraries (pp. 37–48). http:// ieeexplore.ieee.org/xpls/abs_all.jsp?arnumber=1204842.

Hanney, S., Frame, I., Grant, J., et al. 2005. Using categorisations of citations when assessing the outcomes from health research. *Scientometrics*, 65(3): 357–379. doi:10.1007/s11192-005-0279-y.

Herlach, G. 1978. Can retrieval of information from citation indexes be simplified? Multiple mention of a reference as a characteristic of the link between cited and citing article. *Journal of the American Society for Information Science*, 29(6): 308–310.

Hetzner, E. 2008. A simple method for citation metadata extraction using hidden markov models. Joint Conference on Digital Libraries (pp. 280–284). doi:10.1145/ 1378889. 1378937.

Hirsch, J. E. 2005. An index to quantify an individual's scientific research output. *Proceedings of the National Academy of Sciences*, 102(46):16569–16572. doi:10.1073/pnas.0507655102.

Hu, Z., Chen, C. & Liu, Z. 2013. Where are citations located in the body of scientific articles? A study of the distributions of citation locations. *Journal of Informetrics*, 7(4): 887–896.

Huang, I. A., Ho, J. M., Kao, H. Y., et al. 2004. Extracting citation metadata from online publication lists using BLAST. Advances in Knowledge Discovery and Data Mining, Proceedings (vol. 3056, pp. 539–548). http://link.springer.com/chapter/ 10.1007/978-3-540-24775-3_64

Hyland, K. 1999. Academic attribution: Citation and the construction of disciplinary knowledge. *Applied linguistics*, (Gosden 1993): 341–367. http://applij.oxfordjournals.org/ content/20/3/341.short.

Inera™ Incorporated . 2001. E-Journal Archive DTD Feasibility Study. http://www.diglib.org/ preserve/hadtdfs.pdf[2011-04-27].

Kessler, M. M. 1963. Bibliographic coupling between scientific papers. *American Documentation*, 14(1): 10–25.

Kontogiannis, K. A., DeMori, R., Merlo, E., et al. 1996. Pattern matching for clone and concept detection. *Automated Software Engineering*, 3(1):77-108.

Lawani, S. M. 1986. Some bibliometric correlates of quality in scientific research. *Scientometrics*, 9(1): 13–25.

Lipetz, B. 1965. Improvement of the selectivity of citation indexes to science literature through inclusion of citation relationship indicators. *American Documentation*, 16(2): 81–90.

Liu, X., Zhang, J. & Guo, C. 2013. Full-text citation analysis: A new method to enhance scholarly networks. *Journal of the American Society for Information Science and*

*Technology*, 64(July): 1852–1863. doi:10.1002/asi.

Lotka, A. J. 1926. The frequency distribution of scientific production. *Journal of the Washington Academy of Science*, 16: 317–323.

Lovins, J. B.1968. *Development of a Stemming Algorithm*. Boston: MIT Information Processing Group, Electronic Systems Laboratory.

MacRoberts, M. H. & MacRoberts, B. R. 1996. Problems of citation analysis. *Scientometrics*, 36(3): 435–444. doi:10.1002/(SICI)1097-4571(198909)40:5&lt;342::AID-ASI7&gt;3.0.CO;2-U.

Mao, Song, S., Jong Woo Kim, J. W. & Thoma, G. R. 2004. A dynamic feature generation system for automated metadata extraction in preservation of digital materials. First International Workshop on Document Image Analysis for Libraries, 2004. Proceedings. (pp. 225–232). IEEE. doi:10.1109/DIAL.2004.1263251.

Maričić, S., Spaventi, J., Pavičić, L., et al. 1998. Citation context versus the frequency counts of citation histories. *Journal of the American Society for Information Science*, 49(6): 530–540.

McCain, K. & Turner, K. 1989. Citation context analysis and aging patterns of journal articles in molecular genetics. *Scientometrics*, 17(1-2): 127–163.

Merton, R. K. 1973. *The Sociology of Science: Theoretical and Empirical Investigations*. Chicago: University of Chicago Press.

Moravcsik, M. J. & Murugesan, P. 1975. Some results on the function and quality of citations. *Social Studies of Science*, (5): 86–92. doi:10.2144/000113869.

Nanba, H. & Okumura, M. 1999. Towards multi-paper summarization using reference information. *Procedings of International Joint Conference on Artificial Intelligence*, 926–931.

O'Connor, J. 1982. Citing statements: Computer recognition and use to improve retrieval. *Information Processing and Management*, 19: 361–368.

Ojokoh, B., Zhang, M. & Tang, J. 2011. A trigram hidden Markov model for metadata extraction from heterogeneous references. *Information Sciences*, 181(9): 1538–1551. doi:10.1016/j.ins.2011.01.014.

Oppenheim, C. & Renn, S. P. 1978. Highly cited old papers and the reasons why they continue to be cited. *Journal of the American Society for Information Science*, 29(5): 225–231.

Peng, F. & McCallum, A. 2006. Information extraction from research papers using conditional random fields. *Information Processing & Management*, 42(4): 963–979. doi:10.1016/j.ipm.2005.09.002.

Peritz, B. C. 1983. A classification of citation roles for the social sciences and related fields. *Scientometrics*, 5(5): 303–312. doi:10.1007/BF02147226.

Peters, H. P. F. & van Raan, A. F. J. 1994. On determinants of citation scores: A case study in chemical engineering. *Journal of the American Society for Information Science*, 45(1): 39–49.

Pinto, D., McCallum, A., Wei, X.,et al. 2003. Table extraction using conditional random fields. Proceedings of the 26th annual international ACM SIGIR conference on Research and development in informaion retrieval, 235–242. doi:10.1145/860476.860479.

Radoulov, R. 2008. *Exploring Automatic Citation Classification*. Waterloo: University of Waterloo.

Ritchie, A. 2008. *Citation Context Analysis for Information Retrieval*. Cambridge: University of Cambridge.

Ritchie, A., Robertson, S. & Teufel, S. 2008. Comparing citation contexts for information retrieval. *Proceeding of the 17th ACM Conference on Information and Knowledge Mining - CIKM '08* (p. 213). New York: ACM Press. doi:10.1145/1458082.1458113.

Saffran, J. R., Newport, E. L. & Aslin, R. N. 1996. Word segmentation: The role of distributional cues. *Journal of Memory and Language*, 35(4): 606–621.

Salton, G. & McGill, M. J. 1983. *Introduction to Modern Information Retrieval*. Auckland: McGraw-Hill New York.

Schmid, H. 1994. Probabilistic part-of-speech tagging using decision trees. *Proceedings of International Conference on New Methods inLanguage Processing* (vol. 12, pp. 44–49). Manchester, UK.

Schwartz, A. S., Divoli, A. & Hearst, M. A. 2007. Multiple alignment of citation sentences with conditional random fields and posterior decoding example of unaligned citances. *Computational Linguistics*, (June): 847–857.

Shadish, W. R., Tolliver, D., Gray, M., et al. 1995. Author judgements about works they cite: Three studies from psychology journals. *Social Studies of Science*, 25(3): 477–498. doi:10.1177/030631295025003003.

Shaw, J. G. 1987. Article-by-article citation analysis of medical journals. *Scientometrics*, 12(1): 101–110.

Small, H. 1973. Co-citation in the scientific literature: A new measure of the relationship between two documents. *Journal of the American Society for Information Science*, 24(4): 265–269.

Small, H. 1980. Co-Citation Context Analysis and the Structure of Paradigms. *Journal of Documentation,* 36(3):83–196. doi:10.1108/eb026695.

Small, H. 1982. Citation context and content analysis. *Progress in Cmmunication Siences*, 3: 87–310.

Soon, W. M., Ng, H. T. & Lim, D. C. Y. 2001. A machine learning approach to coreference resolution of noun phrases. *Computational inguistics*, 27(4): 1–544.

SPARC, PLOS & OASPA. 2014. How Open Is It? Open Access Spectrum. http://www.plos. org/wp-content/uploads/2014/10/hoii-guide_V2_FINAL.pdf.

Spiegel-Rosing, I. 1977. Science sudies: Bibliometric and cntent anlysis. *Social Studies of Science*, 7(1):7–113. doi:10.1177/030631277700700111.

Swanson, D. R. 1986a. Fish oil, Raynaud's syndrome, and undiscovered public knowledge. *Perspectives in biology andMedicine*, 30(1):7-18.

Swanson, D. R. 1986b. Undiscovered public knowledge. *The Library Quarterly*, 56(2): 103–118.

Teufel, S. 1999. *Argumentative Zoning: InformationExtraction from Scientific Ttext*. University of Edinburgh.

Teufel, S. & Moens, M. 2002. Summarizing sientific aticles: Experiments with rlevance and retorical satus. *Computational Linguistics*, 28(4): 409–445. doi:10.1162/089120102762671936.

Teufel, S., Siddharthan, A. & Tidhar, D. 2006. Automatic classification of citation function. *Proceeding EMNLP '06 Proceedings of the 2006 Conference on Empirical Methods in Natural Language Processing* (pp.103–110). http://dl.acm.org/citation.cfm?id=1610091.

Tjong Kim Sang, E. F. & de Meulder, F. 2003. Introduction to the CoNLL-2003 shared task: Language-independent named entity recognition. *Proceedings of the Seventh Conference on Natural Language Learning at HLT-NAACL 2003-Volume 4* (pp.142–147). Stroudsburg: Association for Computational Linguistics.

van den Besselaar, P. 2012. Selection committee membership: Service or self-service. *Journal of Informetrics*, 6(4): 580–585. doi:http://dx.doi.org/10.1016/j.joi.2012.05.003.

van Eck, N. J. & Waltman, L. 2009. VOSviewer: A computer program for bibliometric mapping.*ERIM Report Series Reference No. ERS-2009-005-LIS*.http://SSrn.com/abstract=1346848.

Vanclay, J. K. 2011. Impact factor: Outdated artefact or stepping-stone to journal certification? *Scientometrics*, 92(2): 211–238. doi:10.1007/s11192-011-0561-0.

Vinkler, P. 1987. A quasi-quantitative citation model. *Scientometrics*, 12: 47–72.

Voos, H. & Dagaev, K. S. 1976. Are all citations equal? Or did we op. cit. your idem? *Journal of Academic Librarianship*, 1(1): 20–21.

White, H. D. 2004. Reward, persuasion, and the Sokal Hoax: A study in citation identities. *Scientometrics*, 60(1): 93–120. doi:10.1023/B:SCIE.0000027313.91401.9b.

White, H. D. & Griffith, B. C. 1981. Author cocitation: A literature measure of intellectual structure. *Journal of the American Society for Information Science*, 32(3):163–171.

Wilbur, W. J. & Sirotkin, K. 1992. The automatic identification of stop words. *Journal of*

*Information Science*, 18(1): 45–55.

Yarowsky, D. 1995. Unsupervised word sense disambiguation rivaling supervised methods. *Proceedings of the 33rd Annual Meeting on Association for Computational Linguistics* (pp.189–196). Stroudsburg: Association for Computational Linguistics.

Yu, H., Agarwal, S. & Frid, N. 2009. Investigating and annotating the role of citation in biomedical full-text articles. *Proceedings. IEEE International Conference on Bioinformatics and Biomedicine*, 1-4 *Nov* 2009, 308–313. doi:10.1109/BIBMW.2009.5332080.

Zhang, G., Ding, Y. & Milojević, S. 2013. Citation content analysis (CCA): A framework for syntactic and semantic analysis of citation content. *Journal of the American Society for Information Science and Technology*, 64(7): 1490–1503. doi:10.1002/asi.

Zhang, L., Thijs, B. & Glänzel, W. 2011. The diffusion of H-related literature. *Journal of Informetrics*, 5(4): 583–593. doi:10.1016/j.joi.2011.05.004.

Zipf, G. K. 1949. *Human Behavior and the Principle of Least Effort*. Cambridge: Addison-Wesley Press.

# 附录A　人称代词列表

| 人称代词类型 | 正则表达式 |
| --- | --- |
| SELF | (((((us\|me))\|((we\|i\|ours\|mine))\|((my\|our))\|((ourselves\|myself)))) |
| SELF_ACC | ((us\|me)) |
| SELF_NOM | ((we\|i\|ours\|mine)) |
| SELF_POSS | ((my\|our)) |
| SELF_RFX | ((ourselves\|myself)) |
| OTHERS | (((((her\|him\|them))\|((they\|he\|she\|theirs\|hers\|his))\|((their\|his\|her))\|((themselves\|himself\|herself)))) |
| OTHERS_ACC | ((her\|him\|them)) |
| OTHERS_NOM | ((they\|he\|she\|theirs\|hers\|his)) |
| OTHERS_POSS | ((their\|his\|her)) |
| OTHERS_RFX | ((themselves\|himself\|herself)) |

——参考自（Teufel, 1999）

# 附录B 行为动词列表

| 行为动词 | 正则表达式 |
|---|---|
| @be alike | (((am\|is\|are\|was\|were\|been\|being)) alike\|((am\|is\|are\|was\|were\|been\|being)) alike\|((am\|is\|are\|was\|were\|been\|being)) alike\|((am\|is\|are\|was\|were\|been\|being)) alike) |
| @be analogous to | (((am\|is\|are\|was\|were\|been\|being)) analogous to\|((am\|is\|are\|was\|were\|been\|being)) analogous to\|((am\|is\|are\|was\|were\|been\|being)) analogous to\|((am\|is\|are\|was\|were\|been\|being)) analogous to) |
| @be aware | (((am\|is\|are\|was\|were\|been\|being)) aware\|((am\|is\|are\|was\|were\|been\|being)) aware\|((am\|is\|are\|was\|were\|been\|being)) aware\|((am\|is\|are\|was\|were\|been\|being)) aware) |
| @be based on | (((am\|is\|are\|was\|were\|been\|being)) based on\|((am\|is\|are\|was\|were\|been\|being)) based on\|((am\|is\|are\|was\|were\|been\|being)) based on\|((am\|is\|are\|was\|were\|been\|being)) based on) |
| @be closely related to | (((am\|is\|are\|was\|were\|been\|being)) closely related to\|((am\|is\|are\|was\|were\|been\|being)) closely related to\|((am\|is\|are\|was\|were\|been\|being)) closely related to\|((am\|is\|are\|was\|were\|been\|being)) closely related to) |
| @be concerned | (((am\|is\|are\|was\|were\|been\|being)) concerned\|((am\|is\|are\|was\|were\|been\|being)) concerned\|((am\|is\|are\|was\|were\|been\|being)) concerned\|((am\|is\|are\|was\|were\|been\|being)) concerned) |
| @be cursed | (((am\|is\|are\|was\|were\|been\|being)) cursed\|((am\|is\|are\|was\|were\|been\|being)) cursed\|((am\|is\|are\|was\|were\|been\|being)) cursed\|((am\|is\|are\|was\|were\|been\|being)) cursed) |
| @be dependent on | (((am\|is\|are\|was\|were\|been\|being)) dependent on\|((am\|is\|are\|was\|were\|been\|being)) dependent on\|((am\|is\|are\|was\|were\|been\|being)) dependent on\|((am\|is\|are\|was\|were\|been\|being)) dependent on) |
| @be derived from | (((am\|is\|are\|was\|were\|been\|being)) derived from\|((am\|is\|are\|was\|were\|been\|being)) derived from\|((am\|is\|are\|was\|were\|been\|being)) derived from\|((am\|is\|are\|was\|were\|been\|being)) derived from) |
| @be different from | (((am\|is\|are\|was\|were\|been\|being)) different from\|((am\|is\|are\|was\|were\|been\|being)) different from\|((am\|is\|are\|was\|were\|been\|being)) different from\|((am\|is\|are\|was\|were\|been\|being)) different from) |
| @be distinct from | (((am\|is\|are\|was\|were\|been\|being)) distinct from\|((am\|is\|are\|was\|were\|been\|being)) distinct from\|((am\|is\|are\|was\|were\|been\|being)) distinct from\|((am\|is\|are\|was\|were\|been\|being)) distinct from) |
| @be familiar with | (((am\|is\|are\|was\|were\|been\|being)) familiar with\|((am\|is\|are\|was\|were\|been\|being)) familiar with\|((am\|is\|are\|was\|were\|been\|being)) familiar with\|((am\|is\|are\|was\|were\|been\|being)) familiar with) |
| @be forced to | (((am\|is\|are\|was\|were\|been\|being)) forced to\|((am\|is\|are\|was\|were\|been\|being)) forced to\|((am\|is\|are\|was\|were\|been\|being)) forced to\|((am\|is\|are\|was\|were\|been\|being)) forced to) |
| @be in a similar vein to | (((am\|is\|are\|was\|were\|been\|being)) in a similar vein to\|((am\|is\|are\|was\|were\|been\|being)) in a similar vein to\|((am\|is\|are\|was\|were\|been\|being)) in a similar vein to\|((am\|is\|are\|was\|were\|been\|being)) in a similar vein to) |
| @be incapable of | (((am\|is\|are\|was\|were\|been\|being)) incapable of\|((am\|is\|are\|was\|were\|been\|being)) incapable of\|((am\|is\|are\|was\|were\|been\|being)) incapable of\|((am\|is\|are\|was\|were\|been\|being)) incapable of) |
| @be inspired by | (((am\|is\|are\|was\|were\|been\|being)) inspired by\|((am\|is\|are\|was\|were\|been\|being)) inspired by\|((am\|is\|are\|was\|were\|been\|being)) inspired by\|((am\|is\|are\|was\|were\|been\|being)) inspired by) |

续表

| 行为动词 | 正则表达式 |
|---|---|
| @be interested | (((am\|is\|are\|was\|were\|been\|being)) interested\|((am\|is\|are\|was\|were\|been\|being)) interested\|((am\|is\|are\|was\|were\|been\|being)) interested\|((am\|is\|are\|was\|were\|been\|being)) interested) |
| @be limited to | (((am\|is\|are\|was\|were\|been\|being)) limited to\|((am\|is\|are\|was\|were\|been\|being)) limited to\|((am\|is\|are\|was\|were\|been\|being)) limited to\|((am\|is\|are\|was\|were\|been\|being)) limited to) |
| @be motivated | (((am\|is\|are\|was\|were\|been\|being)) motivated\|((am\|is\|are\|was\|were\|been\|being)) motivated\|((am\|is\|are\|was\|were\|been\|being)) motivated\|((am\|is\|are\|was\|were\|been\|being)) motivated) |
| @be not aware | (((am\|is\|are\|was\|were\|been\|being)) not aware\|((am\|is\|are\|was\|were\|been\|being)) not aware\|((am\|is\|are\|was\|were\|been\|being)) not aware\|((am\|is\|are\|was\|were\|been\|being)) not aware) |
| @be originated in | (((am\|is\|are\|was\|were\|been\|being)) originated in\|((am\|is\|are\|was\|were\|been\|being)) originated in\|((am\|is\|are\|was\|were\|been\|being)) originated in\|((am\|is\|are\|was\|were\|been\|being)) originated in) |
| @be problematic | (((am\|is\|are\|was\|were\|been\|being)) problematic\|((am\|is\|are\|was\|were\|been\|being)) problematic\|((am\|is\|are\|was\|were\|been\|being)) problematic\|((am\|is\|are\|was\|were\|been\|being)) problematic) |
| @be related to | (((am\|is\|are\|was\|were\|been\|being)) related to\|((am\|is\|are\|was\|were\|been\|being)) related to\|((am\|is\|are\|was\|were\|been\|being)) related to\|((am\|is\|are\|was\|were\|been\|being)) related to) |
| @be reliant on | (((am\|is\|are\|was\|were\|been\|being)) reliant on\|((am\|is\|are\|was\|were\|been\|being)) reliant on\|((am\|is\|are\|was\|were\|been\|being)) reliant on\|((am\|is\|are\|was\|were\|been\|being)) reliant on) |
| @be reminiscent of | (((am\|is\|are\|was\|were\|been\|being)) reminiscent of\|((am\|is\|are\|was\|were\|been\|being)) reminiscent of\|((am\|is\|are\|was\|were\|been\|being)) reminiscent of\|((am\|is\|are\|was\|were\|been\|being)) reminiscent of) |
| @be restricted to | (((am\|is\|are\|was\|were\|been\|being)) restricted to\|((am\|is\|are\|was\|were\|been\|being)) restricted to\|((am\|is\|are\|was\|were\|been\|being)) restricted to\|((am\|is\|are\|was\|were\|been\|being)) restricted to) |
| @be similar to | (((am\|is\|are\|was\|were\|been\|being)) similar to\|((am\|is\|are\|was\|were\|been\|being)) similar to\|((am\|is\|are\|was\|were\|been\|being)) similar to\|((am\|is\|are\|was\|were\|been\|being)) similar to) |
| @be the same as | (((am\|is\|are\|was\|were\|been\|being)) the same as\|((am\|is\|are\|was\|were\|been\|being)) the same as\|((am\|is\|are\|was\|were\|been\|being)) the same as\|((am\|is\|are\|was\|were\|been\|being)) the same as) |
| @be troubled | (((am\|is\|are\|was\|were\|been\|being)) troubled\|((am\|is\|are\|was\|were\|been\|being)) troubled\|((am\|is\|are\|was\|were\|been\|being)) troubled\|((am\|is\|are\|was\|were\|been\|being)) troubled) |
| @be unable to | (((am\|is\|are\|was\|were\|been\|being)) unable to\|((am\|is\|are\|was\|were\|been\|being)) unable to\|((am\|is\|are\|was\|were\|been\|being)) unable to\|((am\|is\|are\|was\|were\|been\|being)) unable to) |
| @be unaware | (((am\|is\|are\|was\|were\|been\|being)) unaware\|((am\|is\|are\|was\|were\|been\|being)) unaware\|((am\|is\|are\|was\|were\|been\|being)) unaware\|((am\|is\|are\|was\|were\|been\|being)) unaware) |
| abound | (abound\|abounded\|abounded\|abounds) |
| accept | (accept\|accepted\|accepted\|accepts) |
| accomplish | (accomplish\|accomplished\|accomplished\|accomplishs) |
| account for | (account for\|accounted for\|accounted for\|accounts for) |
| achieve | (achieve\|achieved\|achieved\|achieves) |
| adapt | (adapt\|adapted\|adapted\|adapts) |
| address | (address\|addressed\|addressed\|addresses) |
| adjust | (adjust\|adjusted\|adjusted\|adjusts) |

续表

| 行为动词 | 正则表达式 |
| --- | --- |
| adopt | (adopt\|adopted\|adopted\|adopts) |
| advocate | (advocate\|advocated\|advocated\|advocates) |
| afford | (afford\|afforded\|afforded\|affords) |
| aggravate | (aggravate\|aggravated\|aggravated\|aggravates) |
| agree | (agree\|agreed\|agreed\|agrees) |
| agree with CITE | (agree with \b\w+\b\|agreed with \b\w+\b\|agreed with \b\w+\b\|agrees with \b\w+\b) |
| aim | (aim\|aimed\|aimed\|aims) |
| alleviate | (alleviate\|alleviated\|alleviated\|alleviates) |
| allow @OTHERS_ACC | (allow ()\|allowed ()\|allowed ()\|allows ()) |
| allow @SELF_ACC | (allow ()\|allowed ()\|allowed ()\|allows ()) |
| allow for | (allow for\|allowed for\|allowed for\|allows for) |
| analyse | (analyse\|analysed\|analysed\|analyses) |
| analyze | (analyze\|analyzed\|analyzed\|analyzes) |
| answer | (answer\|answered\|answered\|answers) |
| apply | (apply\|applyed\|applyed\|applys) |
| apply | (apply\|applyed\|applyed\|applys) |
| apply to | (apply to\|applyed to\|applyed to\|applys to) |
| argue | (argue\|argued\|argued\|argues) |
| arise | (arise\|arose\|arisen\|arises) |
| ask @OTHERS_RFX | (ask ()\|asked ()\|asked ()\|asks ()) |
| ask @SELF_RFX | (ask ()\|asked ()\|asked ()\|asks ()) |
| attempt | (attempt\|attempted\|attempted\|attempts) |
| augment | (augment\|augmented\|augmented\|augments) |
| avoid | (avoid\|avoided\|avoided\|avoids) |
| base | (base\|based\|based\|bases) |
| bear comparison | (beared comparison\|beared comparison\|bears comparison\|bear comparison) |
| begin by | (began by\|begun by\|begins by\|begin by) |
| believe | (believed\|believed\|believes\|believe) |
| benefit | (benefitted\|benefitted\|benefits\|benefit) |
| boost | (boosted\|boosted\|boosts\|boost) |
| borrow | (borrowed\|borrowed\|borrows\|borrow) |
| build | (built\|built\|builds\|build) |
| build on | (built on\|built on\|builds on\|build on) |
| calculate | (calculated\|calculated\|calculates\|calculate) |
| capture | (captured\|capture\|captured\|captures) |
| categorise | (categorise\|categorised\|categorised\|categorises) |
| categorize | (categorize\|categorized\|categorized\|categorizes) |
| change | (change\|changed\|changed\|changes) |

续表

| 行为动词 | 正则表达式 |
|---|---|
| characterise | (characterise\|characterised\|characterised\|characterises) |
| characterize | (characterize\|characterized\|characterized\|characterizes) |
| check | (check\|checked\|checked\|checks) |
| choose | (choose\|chose\|chosen\|chooses) |
| circumvent | (circumvent\|circumvented\|circumvented\|circumvents) |
| claim | (claim\|claimed\|claimed\|claims) |
| clarify | (clarify\|clarifyed\|clarifyed\|clarifys) |
| clash | (clash\|clashed\|clashed\|clashs) |
| classify | (classify\|classifyed\|classifyed\|classifys) |
| collect | (collect\|collected\|collected\|collects) |
| combine | (combine\|combined\|combined\|combines) |
| comment | (comment\|commented\|commented\|comments) |
| compare | (compare\|compared\|compared\|compares) |
| compete | (compete\|competed\|competed\|competes) |
| compose | (compose\|composed\|composed\|composes) |
| compute | (compute\|computed\|computed\|computes) |
| concentrate on | (concentrate on\|concentrated on\|concentrated on\|concentrates on) |
| concern | (concern\|concerned\|concerned\|concerns) |
| concern @OTHERS_ACC | (concern ()\|concerned ()\|concerned ()\|concerns ()) |
| concern @SELF_ACC | (concern ()\|concerned ()\|concerned ()\|concerns ()) |
| conclude | (conclude\|concluded\|concluded\|concludes) |
| conclude by | (conclude by\|concluded by\|concluded by\|concludes by) |
| conduct | (conduct\|conducted\|conducted\|conducts) |
| confict | (confict\|conficted\|conficted\|conficts) |
| confirm | (confirm\|confirmed\|confirmed\|confirms) |
| consider | (consider\|considered\|considered\|considers) |
| construct | (construct\|constructed\|constructed\|constructs) |
| contradict | (contradict\|contradicted\|contradicted\|contradicts) |
| contrast | (contrast\|contrasted\|contrasted\|contrasts) |
| contribute | (contribute\|contributed\|contributed\|contributes) |
| cope with | (cope with\|coped with\|coped with\|copes with) |
| count | (count\|counted\|counted\|counts) |
| cover | (cover\|covered\|covered\|covers) |
| cure | (cure\|cured\|cured\|cures) |
| damage | (damage\|damaged\|damaged\|damages) |
| deal with | (deal with\|delt with\|delt with\|deals with) |
| decide | (decide\|decided\|decided\|decides) |
| decrease | (decrease\|decreased\|decreased\|decreases) |

续表

| 行为动词 | 正则表达式 |
|---|---|
| defeat | (defeat\|defeated\|defeated\|defeats) |
| defend | (defend\|defended\|defended\|defends) |
| define | (define\|defined\|defined\|defines) |
| degenerate | (degenerate\|degenerated\|degenerated\|degenerates) |
| degrade | (degrade\|degraded\|degraded\|degrades) |
| delineate | (delineate\|delineated\|delineated\|delineates) |
| demonstrate | (demonstrate\|demonstrated\|demonstrated\|demonstrates) |
| depend on | (depend on\|depended on\|depended on\|depends on) |
| derive | (derive\|derived\|derived\|derives) |
| describe | (describe\|described\|described\|describes) |
| detect | (detect\|detected\|detected\|detects) |
| determine | (determine\|determined\|determined\|determines) |
| develop | (develop\|developped\|developped\|develops) |
| devise | (devise\|devised\|devised\|devises) |
| differ from | (differ from\|differed from\|differed from\|differs from) |
| differentiate | (differentiate\|differentiated\|differentiated\|differentiates) |
| disagree | (disagree\|disagreed\|disagreed\|disagrees) |
| disagreeing | (disagreeing\|disagreeinged\|disagreeinged\|disagreeings) |
| discover | (discover\|discovered\|discovered\|discovers) |
| discuss | (discussed\|discussed\|discusses\|discuss) |
| dissent | (dissented\|dissented\|dissents\|dissent) |
| distin guish @RFX | (distinned guish ()\|distinned guish ()\|distins guish ()\|distin guish ()) |
| elaborate | (elaborated\|elaborated\|elaborates\|elaborate) |
| elucidate | (elucidated\|elucidated\|elucidates\|elucidate) |
| embrace | (embraced\|embraced\|embraces\|embrace) |
| employ | (employyed\|employyed\|employs\|employ) |
| enhance | (enhanced\|enhanced\|enhances\|enhance) |
| equate | (equated\|equated\|equates\|equate) |
| escape | (escaped\|escaped\|escapes\|escape) |
| estimate | (estimated\|estimated\|estimates\|estimate) |
| evaluate | (evaluated\|evaluated\|evaluates\|evaluate) |
| examine | (examined\|examined\|examines\|examine) |
| expand | (expanded\|expanded\|expands\|expand) |
| expect | (expected\|expected\|expects\|expect) |
| expect to | (expected to\|expected to\|expects to\|expect to) |
| explain | (explained\|explained\|explains\|explain) |
| explore | (explored\|explored\|explores\|explore) |
| extend | (extended\|extended\|extends\|extend) |
| fail | (failed\|failed\|fails\|fail) |

续表

| 行为动词 | 正则表达式 |
|---|---|
| fall prey | (fell prey\|fallen prey\|falls prey\|fall prey) |
| fall short | (fell short\|fallen short\|falls short\|fall short) |
| feel | (felt\|felt\|feels\|feel) |
| fix | (fixxed\|fixxed\|fixs\|fix) |
| focus | (focussed\|focussed\|focuss\|focus) |
| follow CITE | (followed \b\w+\b\|followed \b\w+\b\|follows \b\w+\b\|follow \b\w+\b) |
| force @OTHERS_ACC | (forced ()\|forced ()\|forces ()\|force ()) |
| force @SELF_ACC | (forced ()\|forced ()\|forces ()\|force ()) |
| formalise | (formalised\|formalised\|formalises\|formalise) |
| formalize | (formalized\|formalized\|formalizes\|formalize) |
| formulate | (formulated\|formulated\|formulates\|formulate) |
| gain | (gained\|gained\|gains\|gain) |
| gather | (gathered\|gathered\|gathers\|gather) |
| give | (gave\|given\|gives\|give) |
| go a long way | (went a long way\|gone a long way\|goes a long way\|go a long way) |
| go beyond | (went beyond\|gone beyond\|goes beyond\|go beyond) |
| guarantee | (guaranteed\|guaranteed\|guarantees\|guarantee) |
| handle | (handled\|handled\|handles\|handle) |
| have a lot in common with | (had a lot in common with\|had a lot in common with\|haves a lot in common with\|have a lot in common with) |
| have much in common with | (had much in common with\|had much in common with\|haves much in common with\|have much in common with) |
| help | (helped\|helped\|helps\|help) |
| hinder | (hindered\|hindered\|hinders\|hinder) |
| hope | (hoped\|hoped\|hopes\|hope) |
| hypothesize | (hypothesized\|hypothesized\|hypothesizes\|hypothesize) |
| identify | (identifyed\|identifyed\|identifys\|identify) |
| illustrate | (illustrated\|illustrated\|illustrates\|illustrate) |
| imagine | (imagined\|imagined\|imagines\|imagine) |
| impair | (impaired\|impaired\|impairs\|impair) |
| impede | (impeded\|impeded\|impedes\|impede) |
| implement | (implemented\|implemented\|implements\|implement) |
| implement | (implemented\|implemented\|implements\|implement) |
| imply | (implyed\|implyed\|implys\|imply) |
| improve | (improved\|improved\|improves\|improve) |
| incorporate | (incorporated\|incorporated\|incorporates\|incorporate) |
| increase | (increased\|increased\|increases\|increase) |
| indicate | (indicated\|indicated\|indicates\|indicate) |
| inhibit | (inhibitted\|inhibitted\|inhibits\|inhibit) |

续表

| 行为动词 | 正则表达式 |
|---|---|
| insist | (insisted\|insisted\|insists\|insist) |
| inspect | (inspected\|inspected\|inspects\|inspect) |
| integrate | (integrated\|integrated\|integrates\|integrate) |
| intend to | (intended to\|intended to\|intends to\|intend to) |
| intend to | (intended to\|intended to\|intends to\|intend to) |
| interpret | (interpretted\|interpretted\|interprets\|interpret) |
| introduce | (introduced\|introduced\|introduces\|introduce) |
| investigate | (investigated\|investigated\|investigates\|investigate) |
| isolate | (isolated\|isolated\|isolates\|isolate) |
| justify | (justifyed\|justifyed\|justifys\|justify) |
| know of | (knew of\|know of\|known of\|knows of) |
| lack | (lack\|lacked\|lacked\|lacks) |
| lend itself | (lend itself\|lent itself\|lent itself\|lends itself) |
| like to | (like to\|liked to\|liked to\|likes to) |
| look at how | (look at how\|looked at how\|looked at how\|looks at how) |
| make progress | (make progress\|made progress\|made progress\|makes progress) |
| make use | (make use\|made use\|made use\|makes use) |
| manage | (manage\|managed\|managed\|manages) |
| manipulate | (manipulate\|manipulated\|manipulated\|manipulates) |
| maximise | (maximise\|maximised\|maximised\|maximises) |
| maximize | (maximize\|maximized\|maximized\|maximizes) |
| measure | (measure\|measured\|measured\|measures) |
| mend | (mend\|mended\|mended\|mends) |
| minimise | (minimise\|minimised\|minimised\|minimises) |
| minimize | (minimize\|minimized\|minimized\|minimizes) |
| misclassify | (misclassify\|misclassifyed\|misclassifyed\|misclassifys) |
| misjudge | (misjudge\|misjudged\|misjudged\|misjudges) |
| mistake | (mistake\|mistaked\|mistaked\|mistakes) |
| misuse | (misused\|misuses\|misuse\|misused) |
| mitigate | (mitigated\|mitigated\|mitigates\|mitigate) |
| model | (modeled\|modeled\|models\|model) |
| modify | (modifyed\|modifyed\|modifys\|modify) |
| motivate @OTHERS_ACC | (motivated ()\|motivated ()\|motivates ()\|motivate ()) |
| motivate @SELF_ACC | (motivated ()\|motivated ()\|motivates ()\|motivate ()) |
| necessitate | (necessitated\|necessitated\|necessitates\|necessitate) |
| need | (needed\|needed\|needs\|need) |
| neglect | (neglected\|neglected\|neglects\|neglect) |
| note | (noted\|noted\|notes\|note) |

续表

| 行为动词 | 正则表达式 |
|---|---|
| notice | (noticed\|noticed\|notices\|notice) |
| obscure | (obscured\|obscured\|obscures\|obscure) |
| observe | (observed\|observed\|observes\|observe) |
| obtain | (obtained\|obtained\|obtains\|obtain) |
| offer | (offered\|offered\|offers\|offer) |
| oppose | (opposed\|opposed\|opposes\|oppose) |
| optimise | (optimised\|optimised\|optimises\|optimise) |
| optimize | (optimized\|optimized\|optimizes\|optimize) |
| organise | (organised\|organised\|organises\|organise) |
| organize | (organized\|organized\|organizes\|organize) |
| originate from | (originated from\|originated from\|originates from\|originate from) |
| originate in | (originated in\|originated in\|originates in\|originate in) |
| outline | (outlined\|outlined\|outlines\|outline) |
| outperform | (outperformed\|outperformed\|outperforms\|outperform) |
| outweigh | (outweighed\|outweighed\|outweighs\|outweigh) |
| overcome | (overcomed\|overcomed\|overcomes\|overcome) |
| overestimate | (overestimated\|overestimated\|overestimates\|overestimate) |
| over-estimate | (over-estimated\|over-estimated\|over-estimates\|over-estimate) |
| overfit | (overfitted\|overfitted\|overfits\|overfit) |
| over-fit | (over-fitted\|over-fitted\|over-fits\|over-fit) |
| overgeneralise | (overgeneralised\|overgeneralised\|overgeneralises\|overgeneralise) |
| over-generalise | (over-generalised\|over-generalised\|over-generalises\|over-generalise) |
| overgeneralize | (overgeneralized\|overgeneralized\|overgeneralizes\|overgeneralize) |
| over-generalize | (over-generalized\|over-generalized\|over-generalizes\|over-generalize) |
| overgenerate | (overgenerated\|overgenerated\|overgenerates\|overgenerate) |
| over-generate | (over-generated\|over-generated\|over-generates\|over-generate) |
| overlook | (overlook\|overlooked\|overlooked\|overlooks) |
| pattern with | (pattern with\|patterned with\|patterned with\|patterns with) |
| perform | (perform\|performed\|performed\|performs) |
| perform better | (perform better\|performed better\|performed better\|performs better) |
| plague | (plague\|plagued\|plagued\|plagues) |
| plan on | (plan on\|planned on\|planned on\|plans on) |
| plan to | (plan to\|planned to\|planned to\|plans to) |
| point out | (point out\|pointed out\|pointed out\|points out) |
| pose | (pose\|posed\|posed\|poses) |
| posit | (posit\|positted\|positted\|posits) |
| postulate | (postulate\|postulated\|postulated\|postulates) |
| preclude | (preclude\|precluded\|precluded\|precludes) |
| predict | (predict\|predicted\|predicted\|predicts) |

续表

| 行为动词 | 正则表达式 |
| --- | --- |
| present | (present\|presented\|presented\|presents) |
| preserve | (preserve\|preserved\|preserved\|preserves) |
| prevent | (prevent\|prevented\|prevented\|prevents) |
| propose | (propose\|proposed\|proposed\|proposes) |
| prove | (prove\|proved\|proved\|proves) |
| provide | (provide\|provided\|provided\|provides) |
| pursue | (pursue\|pursued\|pursued\|pursues) |
| put forward | (put forward\|put forward\|put forward\|puts forward) |
| realise | (realise\|realised\|realised\|realises) |
| realise | (realise\|realised\|realised\|realises) |
| realize | (realize\|realized\|realized\|realizes) |
| realize | (realize\|realized\|realized\|realizes) |
| reason | (reason\|reasonned\|reasonned\|reasons) |
| recapitulate | (recapitulate\|recapitulated\|recapitulated\|recapitulates) |
| recommend | (recommend\|recommended\|recommended\|recommends) |
| recon rm | (recon rm\|reconned rm\|reconned rm\|recons rm) |
| rectify | (rectify\|rectifyed\|rectifyed\|rectifys) |
| refine | (refine\|refined\|refined\|refines) |
| refrain from | (refrain from\|refrained from\|refrained from\|refrains from) |
| regard | (regard\|regarded\|regarded\|regards) |
| rely on | (rely on\|relyed on\|relyed on\|relys on) |
| remain | (remain\|remained\|remained\|remains) |
| remark | (remark\|remarked\|remarked\|remarks) |
| remedy | (remedy\|remedyed\|remedyed\|remedys) |
| render | (render\|rendered\|rendered\|renders) |
| replace | (replace\|replaced\|replaced\|replaces) |
| report | (report\|reported\|reported\|reports) |
| require | (require\|required\|required\|requires) |
| resemble | (resemble\|resembled\|resembled\|resembles) |
| resolve | (resolve\|resolved\|resolved\|resolves) |
| resort to | (resort to\|resorted to\|resorted to\|resorts to) |
| restrain | (restrain\|restrained\|restrained\|restrains) |
| return to | (return to\|returned to\|returned to\|returns to) |
| reveal | (reveal\|revealed\|revealed\|reveals) |
| review | (review\|reviewed\|reviewed\|reviews) |
| revise | (revise\|revised\|revised\|revises) |
| run into | (runs into\|run into\|ran into\|run into) |
| say | (said\|said\|says\|say) |
| scale up | (scaled up\|scaled up\|scales up\|scale up) |

续表

| 行为动词 | 正则表达式 |
|---|---|
| seek | (sought\|sought\|seeks\|seek) |
| select | (selected\|selected\|selects\|select) |
| settle for | (settled for\|settled for\|settles for\|settle for) |
| show | (showed\|shown\|shows\|show) |
| side with | (sided with\|sided with\|sides with\|side with) |
| sidestep | (sidestepped\|sidestepped\|sidesteps\|sidestep) |
| simulate | (simulated\|simulated\|simulates\|simulate) |
| sketch | (sketched\|sketched\|sketchs\|sketch) |
| solve | (solved\|solved\|solves\|solve) |
| specify | (specifyed\|specifyed\|specifys\|specify) |
| speculate | (speculated\|speculated\|speculates\|speculate) |
| spoil | (spoilt\|spoilt\|spoils\|spoil) |
| start by | (started by\|started by\|starts by\|start by) |
| state | (stated\|stated\|states\|state) |
| stipulate | (stipulated\|stipulated\|stipulates\|stipulate) |
| structure | (structured\|structured\|structures\|structure) |
| study | (studyed\|studyed\|studys\|study) |
| substitute | (substituted\|substituted\|substitutes\|substitute) |
| succeed | (succeeded\|succeeded\|succeeds\|succeed) |
| suffer from | (suffered from\|suffered from\|suffers from\|suffer from) |
| suggest | (suggested\|suggested\|suggests\|suggest) |
| summarise | (summarised\|summarised\|summarises\|summarise) |
| summarize | (summarized\|summarize\|summarized\|summarizes) |
| surpass | (surpass\|surpassed\|surpassed\|surpasses) |
| suspect | (suspect\|suspected\|suspected\|suspects) |
| tackle | (tackle\|tackled\|tackled\|tackles) |
| tailor | (tailor\|tailored\|tailored\|tailors) |
| take care of | (take care of\|took care of\|taken care of\|takes care of) |
| take into account | (take into account\|took into account\|taken into account\|takes into account) |
| talk about | (talk about\|talked about\|talked about\|talks about) |
| target | (target\|targetted\|targetted\|targets) |
| test | (test\|tested\|tested\|tests) |
| test | (test\|tested\|tested\|tests) |
| think | (think\|thought\|thought\|thinks) |
| threaten | (threaten\|threatenned\|threatenned\|threatens) |
| thwart | (thwart\|thwarted\|thwarted\|thwarts) |
| treat | (treat\|treated\|treated\|treats) |
| trust | (trust\|trusted\|trusted\|trusts) |
| try | (try\|tryed\|tryed\|trys) |

续表

| 行为动词 | 正则表达式 |
|---|---|
| turn to | (turn to\|turned to\|turned to\|turns to) |
| underestimate | (underestimate\|underestimated\|underestimated\|underestimates) |
| under-estimate | (under-estimate\|under-estimated\|under-estimated\|under-estimates) |
| undergenerate | (undergenerate\|undergenerated\|undergenerated\|undergenerates) |
| under-generate | (under-generate\|under-generated\|under-generated\|under-generates) |
| upgrade | (upgrade\|upgraded\|upgraded\|upgrades) |
| use | (use\|used\|used\|uses) |
| utilize | (utilize\|utilized\|utilized\|utilizes) |
| verify | (verify\|verifyed\|verifyed\|verifys) |
| violate | (violate\|violated\|violated\|violates) |
| want | (want\|wanted\|wanted\|wants) |
| warrant | (warrant\|warranted\|warranted\|warrants) |
| waste | (waste\|wasted\|wasted\|wastes) |
| wish | (wish\|wished\|wished\|wishs) |
| wonder | (wonder\|wondered\|wondered\|wonders) |
| work well | (work well\|worked well\|worked well\|works well) |
| worsen | (worsen\|worsenned\|worsenned\|worsens) |
| yield | (yield\|yielded\|yielded\|yields) |

——参考自（Teufel, 1999）

# 附录C　连接词列表

| | | | |
|---|---|---|---|
| even | if | to sum up | so |
| on the contrary | then | summing up | first |
| in fact | if so | to recap | firstly |
| in actual fact | in that case | or rather | to start with |
| actually | either | at any rate | to begin with |
| as a matter of fact | while | at least | first of all |
| in truth | whereas | it follows that | for one thing |
| in point of fact | on one hand | this implies that | for a start |
| indeed | on the one hand | hence | lastly |
| insofar as | though | thus | next |
| in that | although | clearly | secondly |
| to the extent that | even though | plainly | thirdly |
| considering that | but | obviously | furthermore |
| given that | yet | for example | what is more |
| seeing as | however | for instance | moreover |
| in case | all the same | e.g. | on top of this |
| because | still | therefore | for another thing |
| now that | even so | consequently | besides |
| on the grounds that | nevertheless | to this end | in addition |
| , as | nonetheless | as a result | just as |
| , for | despite this | as a consequence | the way |
| incidentally | in spite of this | thereby | also |
| by the way | having said that | in so doing | too |
| as long as | unless | in doing so | as well |
| on condition that | then again | accordingly | while |
| supposing that | otherwise | instantly | meanwhile |
| suppose that | if not | immediately | beforehand |
| on the assumption that | rather | at once | previously |
| assuming that | instead | so that | ever since |
| if ever | unless | this way | since |
| if only | to summarise | in order that | |

——参考自（Knott, 1996）

# 彩　　图

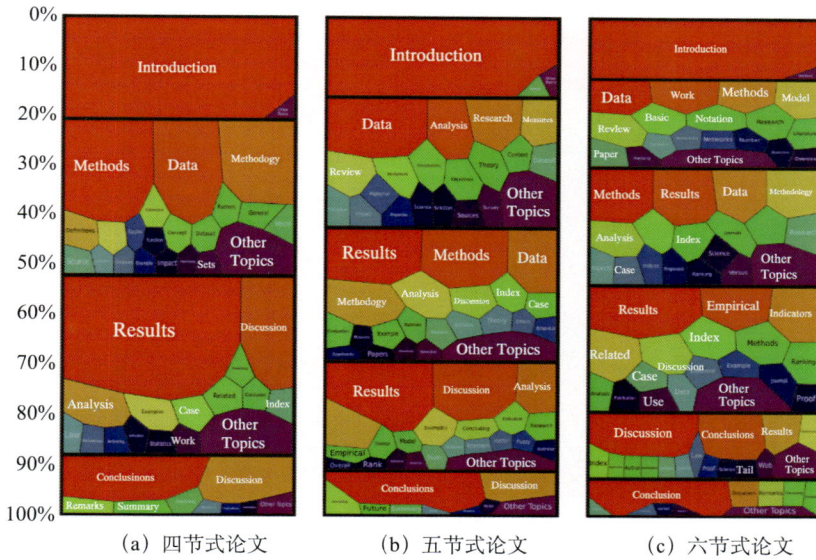

（a）四节式论文　　　　（b）五节式论文　　　　（c）六节式论文

图 6.6　*JOI* 期刊论文的章节结构和标题

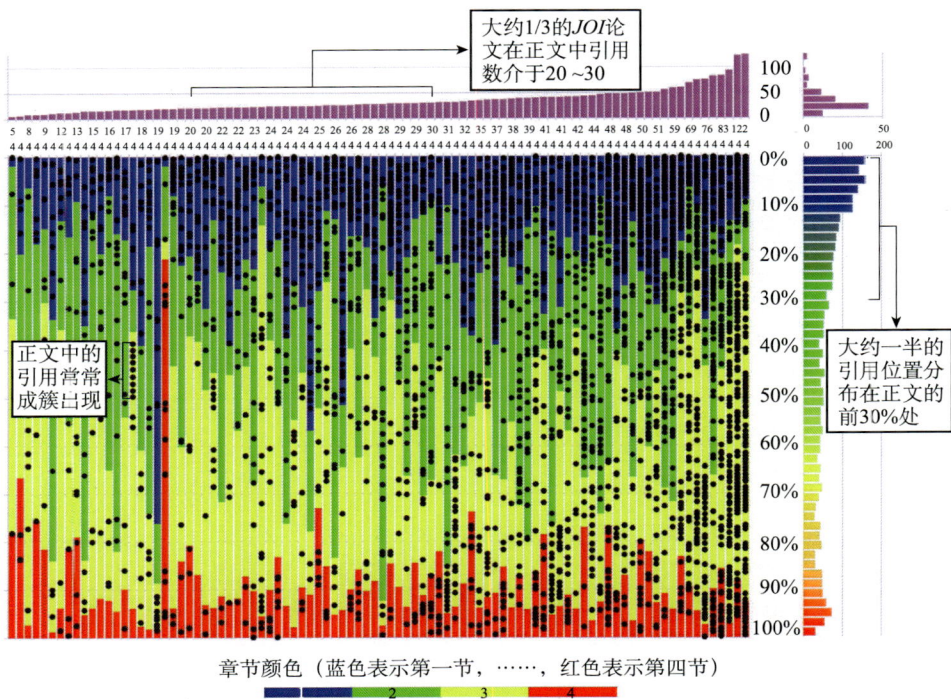

大约1/3的JOI论文在正文中引用数介于20~30

正文中的引用常常成簇出现

大约一半的引用位置分布在正文的前30%处

章节颜色（蓝色表示第一节，……，红色表示第四节）

图 6.9　*JOI* 期刊论文中引用位置的分布

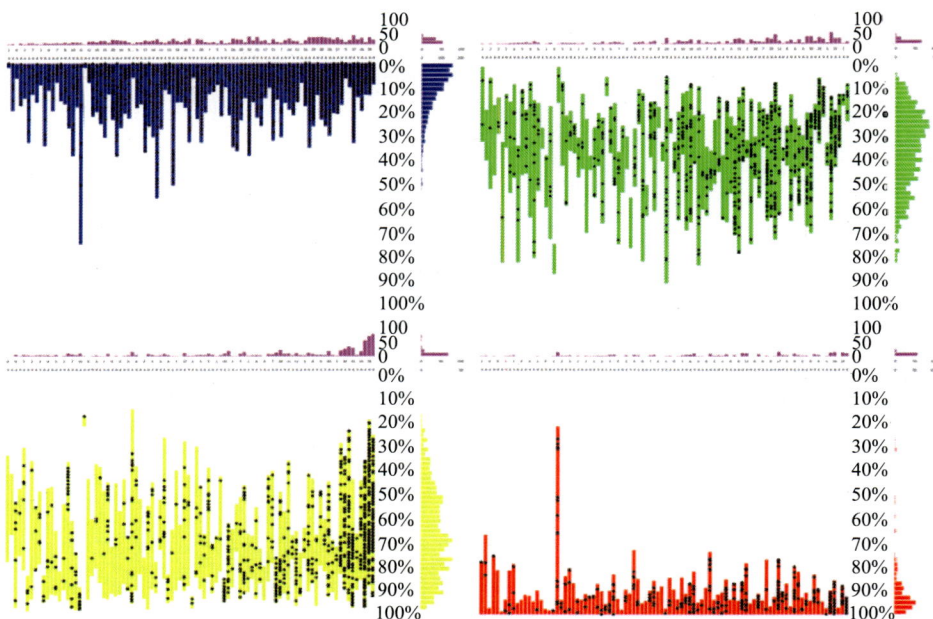

图 6.10　*JOI* 期刊论文中的各节引用位置的分布

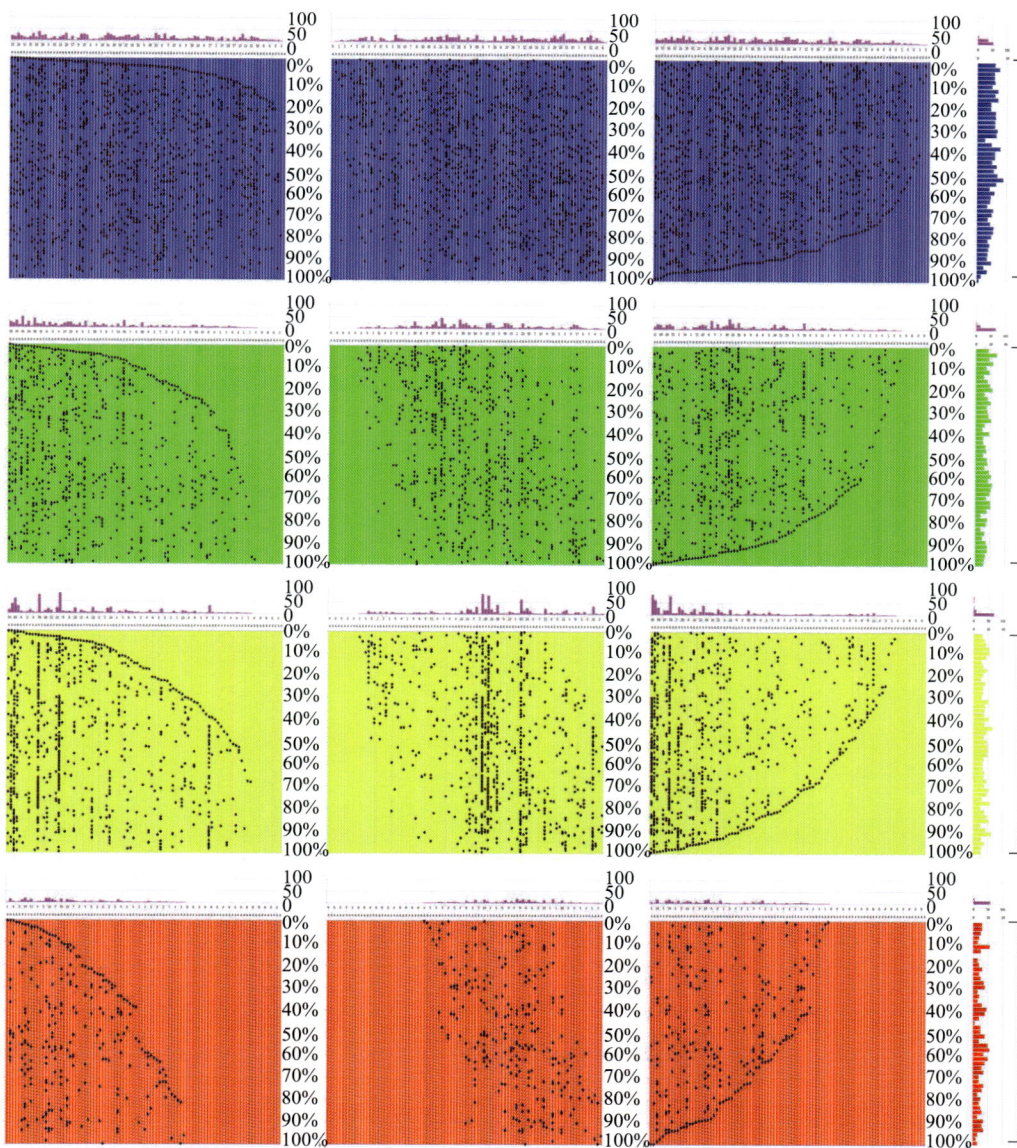

大约1/3的JOI论文在最后一节没有引用参考文献

各节内部的引用位置分布基本保持均衡，节首略多，节尾略少

图 6.11 *JOI* 期刊论文中的各节引用位置的分布（归一化）

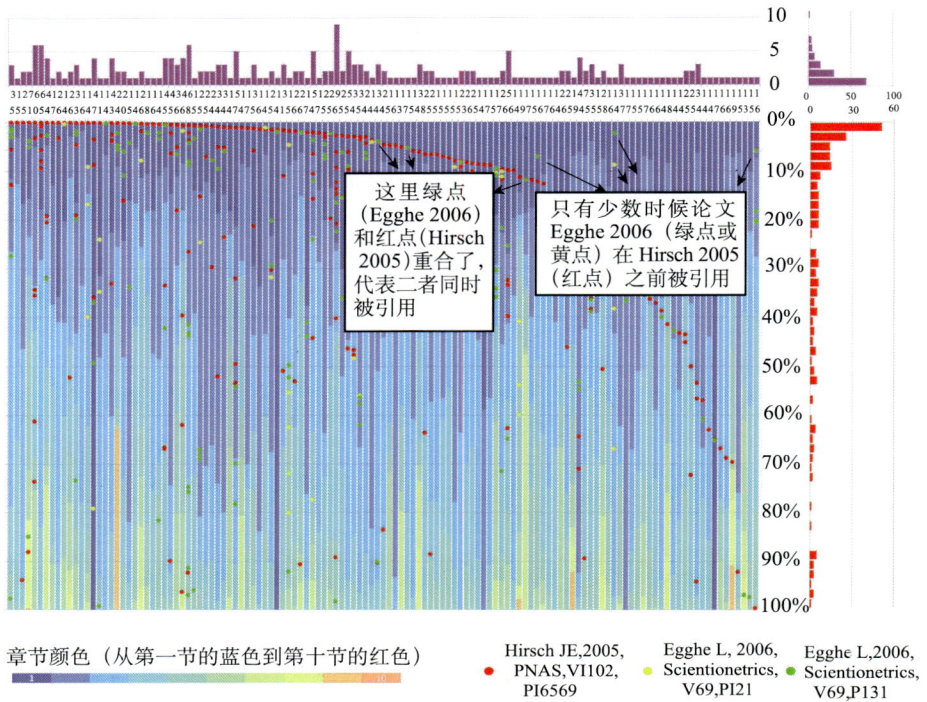

这里绿点
（Egghe 2006）
和红点(Hirsch
2005)重合了，
代表二者同时
被引用

只有少数时候论文
Egghe 2006（绿点或
黄点）在 Hirsch 2005
（红点）之前被引用

章节颜色（从第一节的蓝色到第十节的红色）

- Hirsch JE,2005,
  PNAS,VI102,
  PI6569

- Egghe L, 2006,
  Scientionetrics,
  V69,PI21

- Egghe L,2006,
  Scientionetrics,
  V69,P131

图 6.12　Hirsch 2005、Egghe 2006a 和 Egghe 2006b 三篇论文的引用位置分布比较

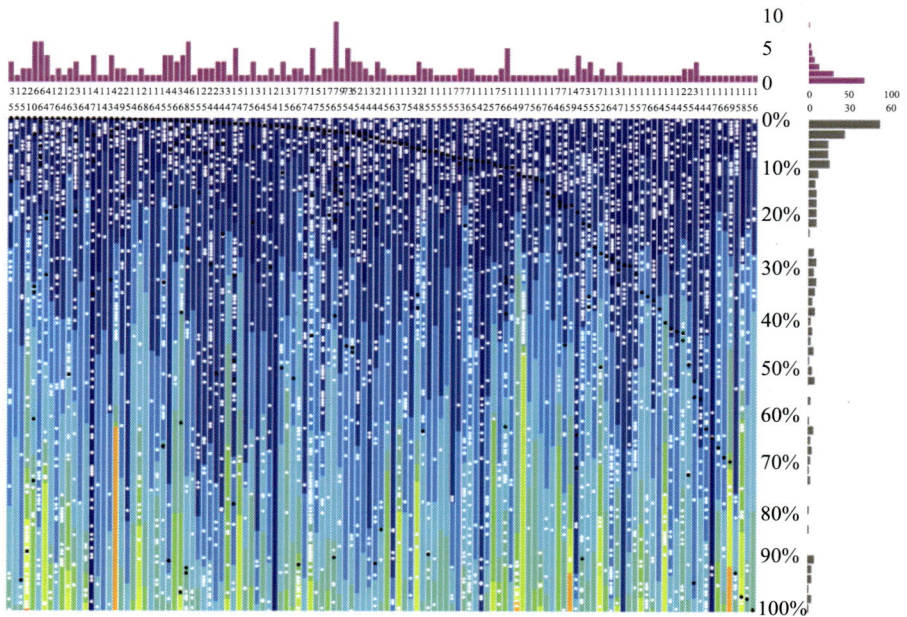

图 6.13　Hirsch 2005 在 JOI 期刊论文中的引用位置分布

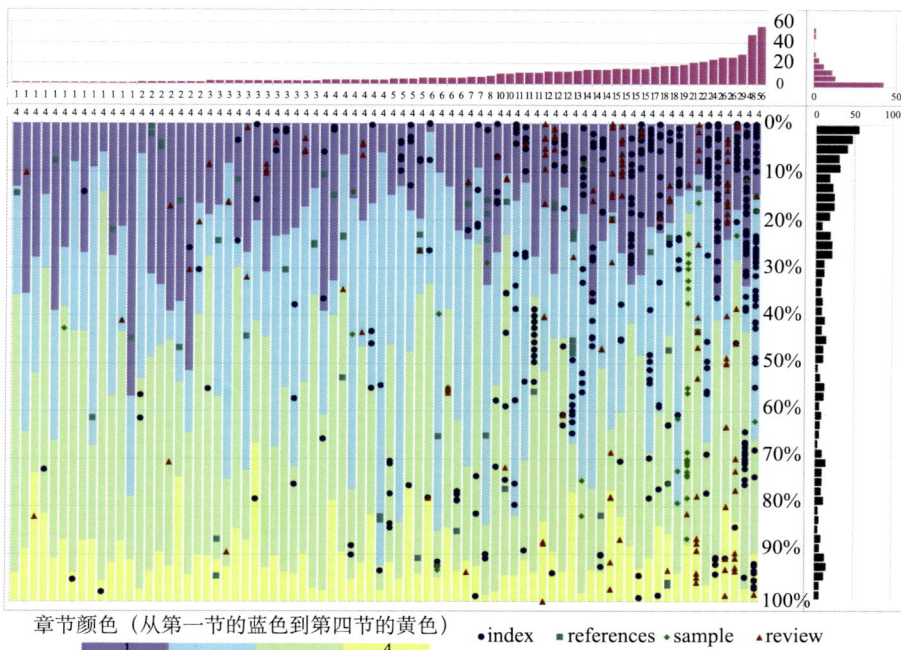

图 8.6　内容词 index 等在 *JOI* 期刊论文正文中的位置分布

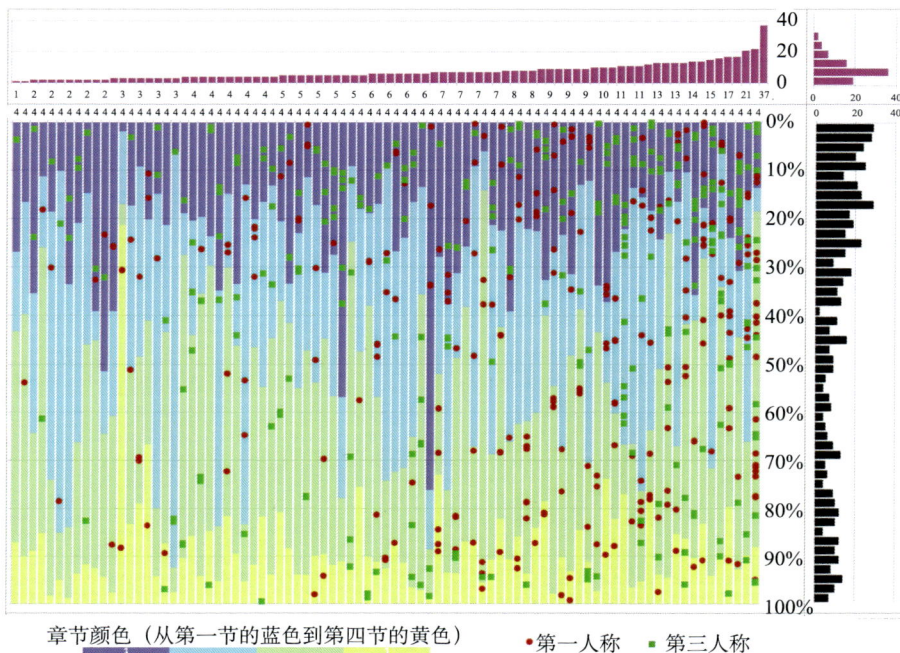

图 8.7　第一人称和第三人称代词在 *JOI* 期刊论文正文中的位置分布

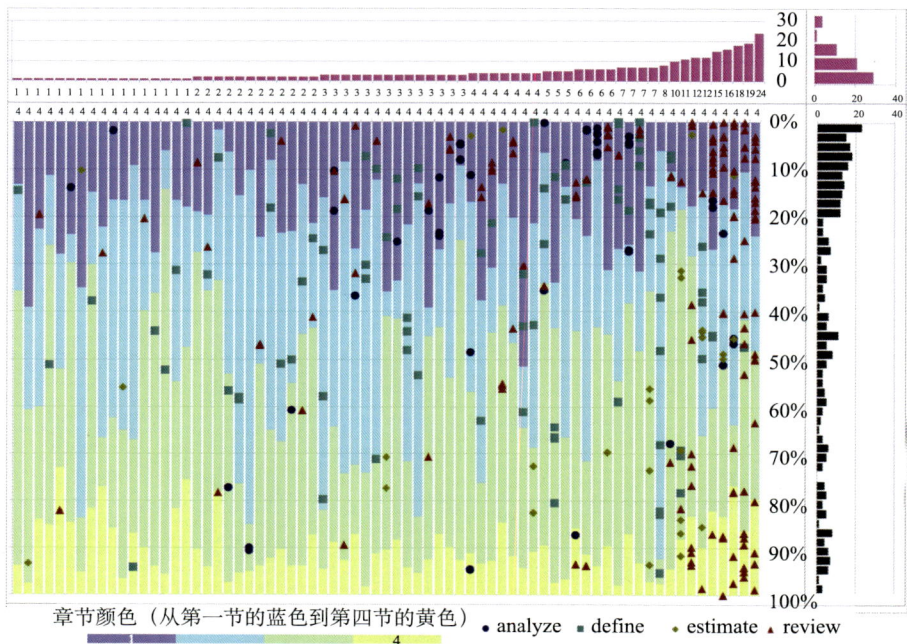

图 8.8　行为动词 analyze 等在 *JOI* 期刊论文正文中的位置分布

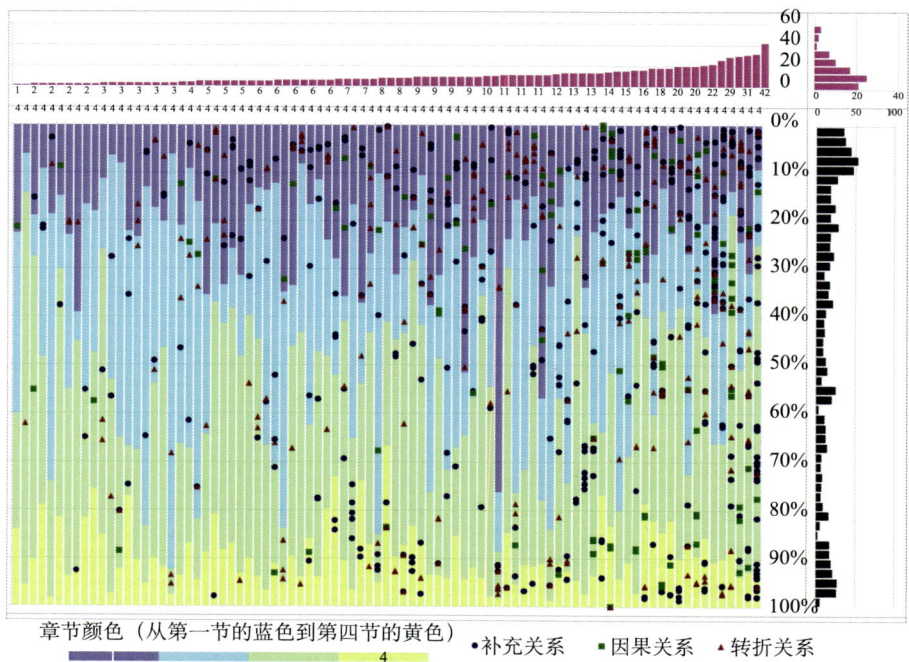

图 8.9　各类连接词在 *JOI* 期刊论文正文中的位置分布

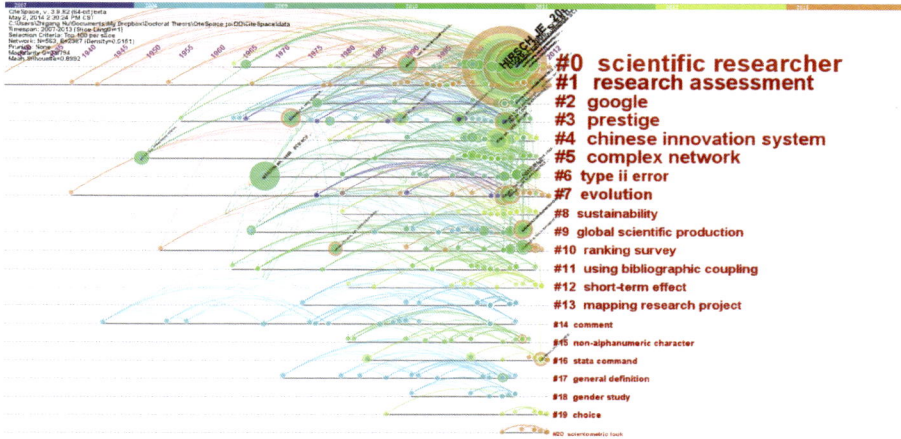

图 9.1　*JOI* 期刊论文的文献共被引图谱

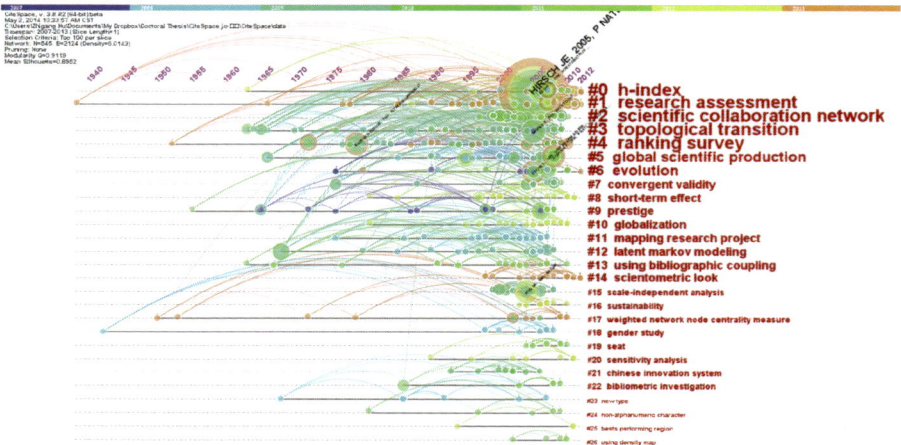

图 9.2　*JOI* 期刊论文第一节中的文献共被引图谱

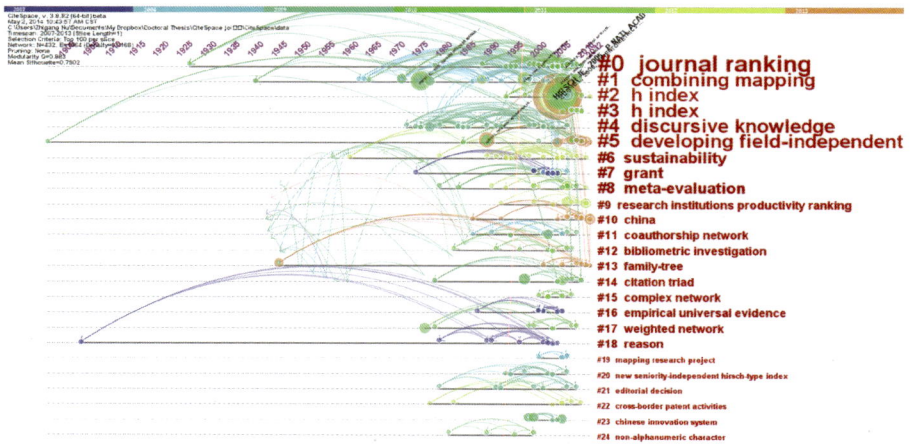

图 9.3　*JOI* 期刊论文第二节中的文献共被引图谱

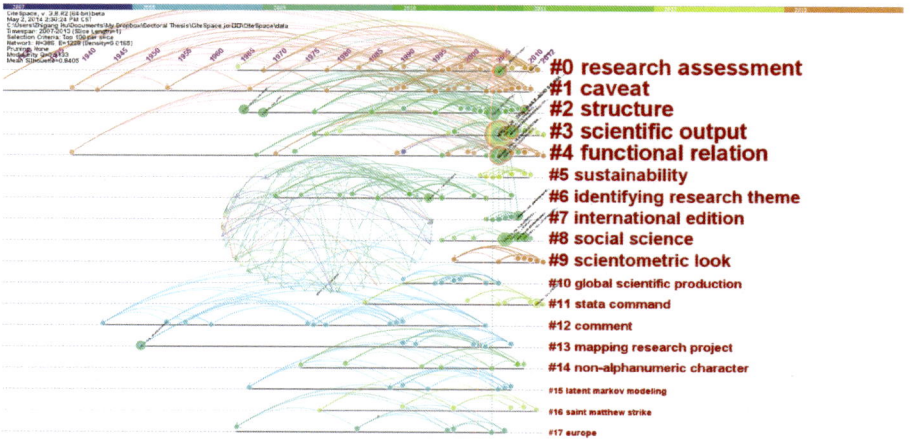

图 9.4　*JOI* 期刊论文第三节中的文献共被引图谱

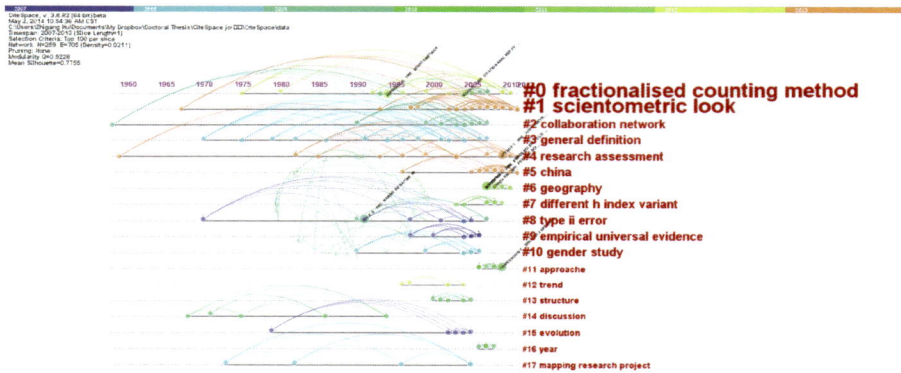

图 9.5　*JOI* 期刊论文第四节中的文献共被引图谱

新的被引次数统计计算的是**圆点**的个数，
即 Hirsch 一文在施引文献中共被引用了多少次

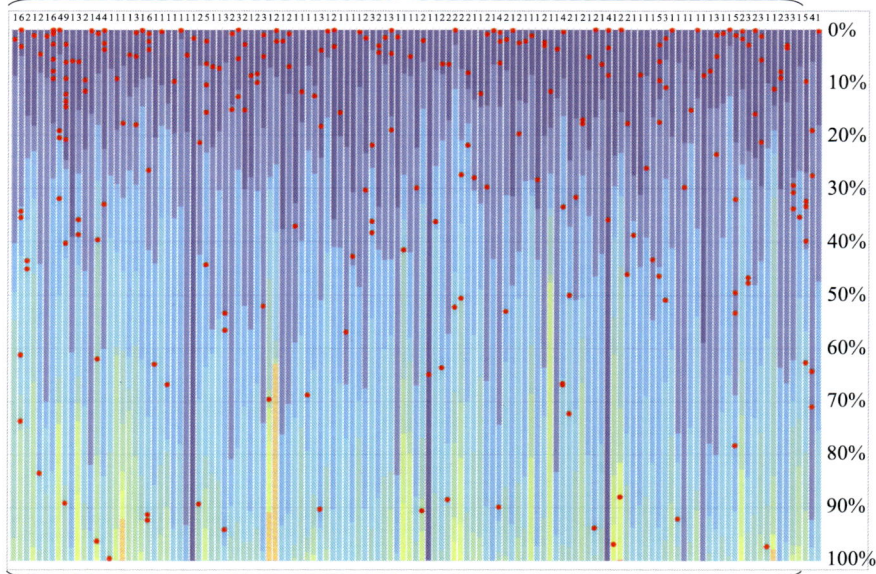

传统的被引次数统计只计算**柱体**的个数，
即 Hirsch 一文在多少篇文献中被引用

图 10.1　传统方法和新方法下 Hirsch 2005 一文的被引次数

# Search of Sentence

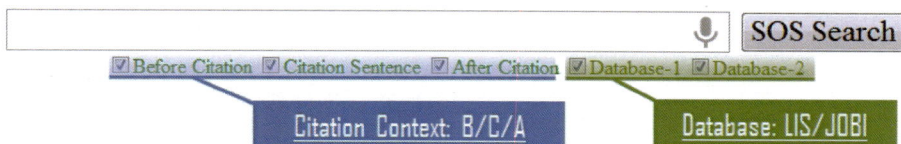

图 11.1　基于全文的引用语境检索系统的检索入口

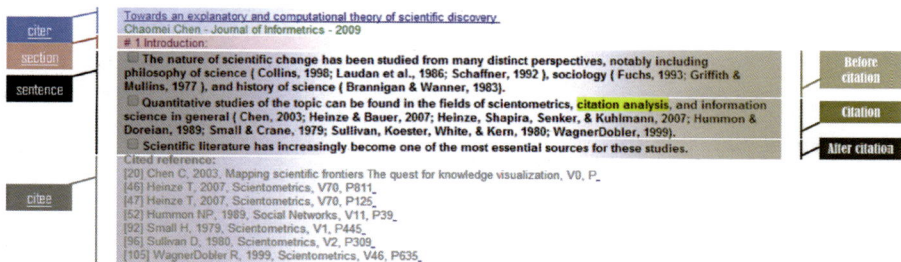

图 11.2　基于全文的引用语境检索系统的检索结果

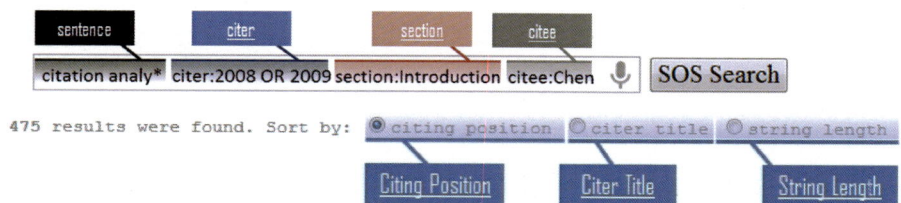

图 11.3　基于全文的引用语境检索系统的检索式